미치도록 기발한 수학 천재들

미치도록 기발한 수학 천재들

송명진 지음

∘ 수학에 빠진 천재들이 바꿔온 인류의 역사 ∘

블랙피쉬
Black Fish

차례

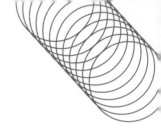

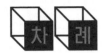

프롤로그

퍼즐 맞추기, 좋아하세요? 저는 무척 좋아합니다. 흩어진 천 개의 작은 조각들에게 제자리를 찾아주어 하나의 큰 그림이 완성될 때의 성취감을 즐깁니다. 그런데 마지막 순간의 성취감보다 더 큰 즐거움이 있습니다. 퍼즐을 맞추는 시간 내내 이어지는 긴 즐거움이죠. 퍼즐을 맞추려면 그림을 제대로 봐야 합니다. 작은 조각 하나가 전체 그림의 어느 부분에 해당하는지 알아내려면 그림을 멀리서도 보고, 가까이서도 봐야 합니다. 전체를 보면서 작가가 그림을 통해 어떤 이야기를 하고 있는지 읽어내고, 가까이 보면서 작가가 어떤 수고로 그림을 그려냈는지 알게 됩니다. 전시회에 걸린 그림은 잠깐 보고 돌아서게 되지만, 그 그림을 퍼즐로 맞추면 퍼즐을 맞추는 내내 보고 또 보게 됩니다. 조각과 전체를 동시에 보면서 그림을 알아가는 즐거움을 누리는 겁니다.

수학자라는 퍼즐 조각들

이 책을 쓰는 과정은 퍼즐 맞추기와 닮아 있었습니다. 처음 원고를 시작할 때, 각 시대를 대표하는 수학자들의 이야기를 담아보려 했습니다. 어려운 수학에 능통한 대단한 천재들이 이룩한 위대한 업적 몇 가지를 골라 꼼꼼하게 정리하면 충분히 원고가 될 거라 여겼던 겁니다. 그런데 별로 재미있는 이야기가 나오지 않더군요. 수학자의 업적이라는 퍼즐 조각만 들여다보고 있었으니 각각의 수학자들 사이에 연결되는 부분이 보이지 않았던 거죠. 그래서 찬찬히 수학자들의 삶을 살펴보기 시작했고, 그러면서 수학자들에 대해 가지고 있던 선입견이 깨지게 되었습니다.

위대한 수학자라고 하면 타고난 재능을 가지고 홀로 연구에 집중해서 성과를 얻었을 거라 쉽게 생각합니다. 하지만 그들 곁에는 그가 가진 재능을 발견하고 그를 수학의 길로 이끈 사람들이 있었습니다. 위대한 업적은 천재의 고독한 작업 끝에 탄생하는 듯 보이지만 그 이전에 동료와 교류하며 지적 자극을 받는 시간이 있다는 것도 발견하게 되었고요. 비슷한 시대를 살았던 동료에게서 영향을 받는 건 물론이고 시대를 훌쩍 뛰어넘어 선대의 업적에서 아이디어를 얻어 발전시켜 나가는 수학자들의 모습에서 수학은 가장 오래된, 그리고 가장 새로운 학문이란 생각이 들었습니다. 논리적으로 명확한 수학의 특성상, 수학자의 발견은 세상에 나오자마자 인정받을 것 같은데, 꼭 그렇지 않다는 것도 의외였습니다. 자신의 발견이 아무리 논리적으로 옳다고 해도 사회적으로 받아들여지지 않는 상황에서 서로 다른 태도를 취한 두 수학자의 모습을 보며 이 둘의 차이를 만든 건 무엇일까 궁금해지기도 했습니다.

이렇게 수학자들의 삶을 자세히 들여다보니 연결고리가 눈에 띄기 시작했고, 이야기가 풍성해지면서 그들이 살았던 시대가 차츰 보였습니다. 수학자로 시작한 이야기가 수학이 생겨나고 걸어온 길을 보여주게 된 겁니다. 퍼즐 조각이 맞춰지면서 전체 그림이 눈앞에 펼쳐지게 된 거죠.

수학과 인류사, 서로를 그리다

인류의 발전은 수학에 영향을 미쳤습니다. 국가가 생기면서 세금 제도가 생겨나자, 땅 넓이를 재야 할 필요도 생겼죠. 세금을 제대로 걷기 위해서는 땅 넓이를 측정하는 학문, '기하학'이 중요했던 겁니다. 상업과 무역업이 성행하며 이자 계산을 위해 '삼차방정식' 풀이가 나왔고, 판돈을 공정하게 나누고 싶었던 도박사의 질문에서 '확률론'이 시작됐습니다. 한편 새로운 수학의 발견은 인류사에 큰 영향을 미쳤습니다. 원근법과 수학 지식을 이용해 르네상스 시대 예술가들은 생동감 넘치는 걸작들을 창조해낼 수 있었습니다. 미적분의 발명으로 자연 속의 모든 현상을 방정식으로 표현할 수 있게 된 인류는 이 방정식을 풀기 위해 다양한 방법을 찾았으며, 마침내 사람이 직접 손으로 풀기 어려운 방정식을 풀기 위해 빠르게 계산을 해주는 컴퓨터를 만들어내기에 이릅니다. 이렇게 수학과 인류사는 서로 영향을 주고받으며 발전해왔습니다. 수학과 인류사는 떼려 해도 뗄 수 없는 관계입니다.

수학자들의 업적 정리로 시작한 원고 작업이 확장되어 수학사를 그려내는 책으로 마무리되었습니다. 12명의 수학자라는 퍼즐 조각 하나하나를 알아가는 즐거움과 함께 고대부터 현대에 이르는 수학사라는 큰 그림을 완성하는 성취감을 맛보는 시간이 되길 바랍니다.

2022년 여름, 송명진 드림

PART 01

직각삼각형의 비밀을 밝힌 피타고라스

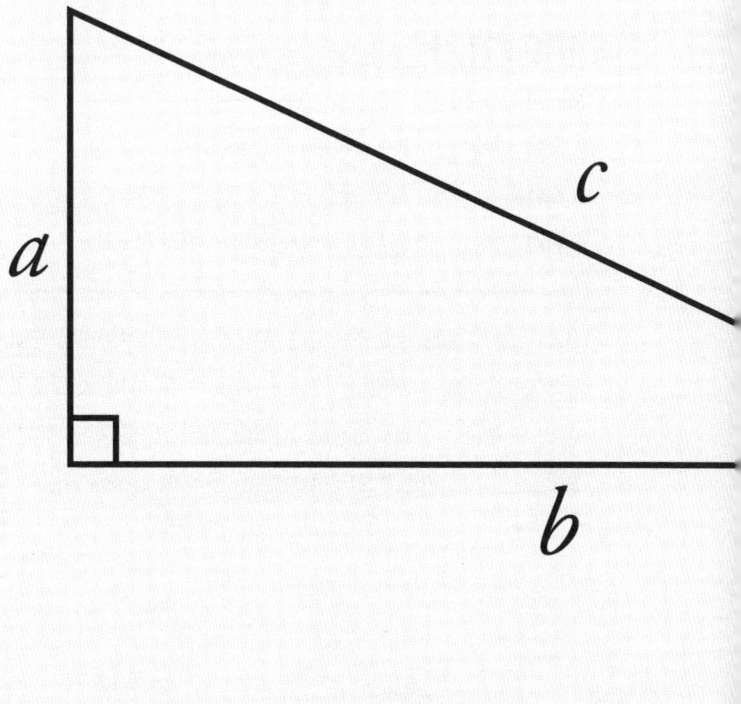

피타고라스 Pythagoras

출생 - 사망	B.C. 570년경~B.C. 495년경
출생지	사모스섬
직업	정치가, 수학자, 철학자, 종교 지도자

이집트와 바빌론 유학으로 얻은 수학 지식과 놀라운 관찰력을 결합해 사물에 숨어 있는 질서를 발견했다. '만물은 수'라고 주장하며 제자들의 연구 성과까지 자신의 이름으로 전해지게 만든 강력한 카리스마를 지닌 수학 숭배자. 그 덕분에 인류는 '피타고라스 학파'가 발견한 많은 수학 지식을 가질 수 있었다.

사실은 수학을 '신'처럼 모시는 종교집단 수장이었다?

세상에서 가장 유명한 공식, 피타고라스 정리

세상에서 가장 유명한 수학 공식은 무엇일까요? 중학생 때 배워서 평생 써먹는 정리, 바로 '피타고라스 정리'입니다. 무척 단순하지만 중요해서 널리 사용되는 수학 공식이죠. 그래서인지 '피타고라스'란 이름이 들어간 수학 학원 간판을 자주 보게 됩니다. 피타고라스 정리는 직각삼각형의 세 변 사이에는 다음과 같은 관계가 있다는 겁니다.

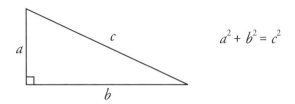

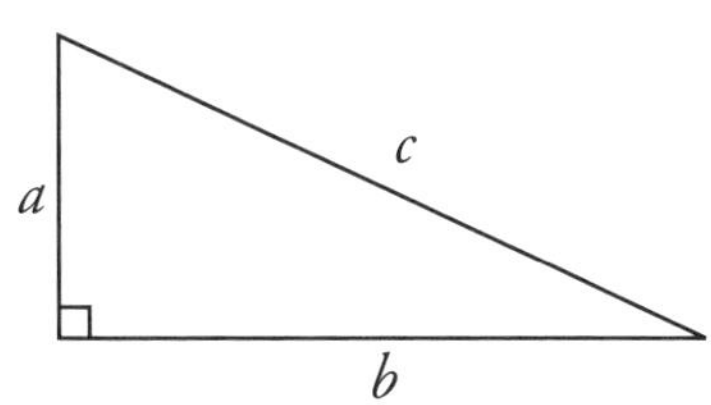

$$a^2 + b^2 = c^2$$

피타고라스 정리를 만족시키는 가장 간단한 정수는 (3, 4, 5)입니다. $3^2 + 4^2 = 9 + 16 = 25 = 5^2$ 이기 때문에 (3, 4, 5)를 세 변으로 하는 삼각형은 직각삼각형이 된다는 것이죠.

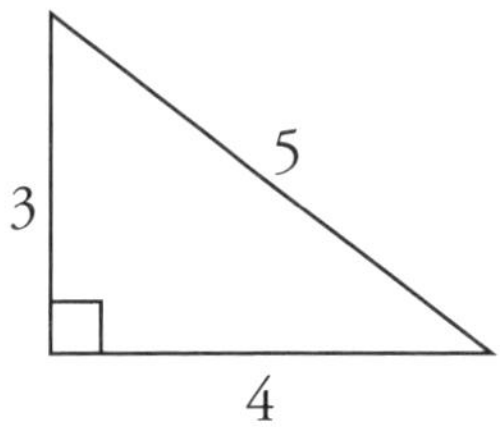

$$3^2 + 4^2 = 5^2$$

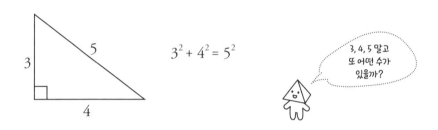

피타고라스 정리는 매우 중요한 수학적 의미를 갖습니다. 수학은 크게 모양과 형태를 다루는 기하학과 수들 사이의 관계를 다루는 대수학으로 나뉩니다. 어떤 삼각형이 직각삼각형인지 아닌지는 모양과 형태에 관한 기하학의 질문이고, $3^2 + 4^2 = 5^2$와 같은 것은 대수학 문제입니다. 그런데 피타고라스 정리는 기하학과 대수학을 연결시켰습니다. 서로 다른 것이 연결될 때, 창의성이 폭발합니다. 피타고라스 정리는 구체적 사물을 다루는 기하학과 추상적 기호로 서술하는 대수학을 연결시켰고, 이는 수학이 폭발적으로 발전하는 계기가 됩니다.

예를 들어 밧줄로 세 변의 길이가 (5, 10, 12)가 되는 삼각형을 만든다고 생각해봅시다. 땅을 측량하고 건물을 만들기 위해서는 직각삼각형이 필요한데, 이렇게 만들어진 삼각형은 직각삼각형이 될까요?

피타고라스의 정리를 활용하면, 직접 그려서 각도를 재는 방법으로 확인할 필요가 없습니다. $5^2 + 10^2 = 25 + 100 \neq 12^2 = 144$이기 때문에 세 변의 길이가 (5, 10, 12)인 삼각형은 직각삼각형이 아닙니다. 세 변의 길이가 (5, 12, 13)인 삼각형은 어떨까요? $5^2 + 12^2 = 25 + 144 = 169 = 13^2$ 입니다. 따라서 그림을 그리고 각도를 재지 않아도 이 삼각형은 직각삼각형이라는 것을 알 수 있습니다. 놀랍죠. 아마 지금은 놀랍게 생각되지 않아도 옛날 사람들에게는 매우 놀라운 발견이었을 겁니다. 그렇게 피타고라스 정리는 일상에서 실질적으로 활용되었습니다.

피타고라스가 수학 종교의 교주라고?

피타고라스(B.C. 570?~B.C. 495?)는 고대 그리스 문화의 발상지이자 무역의 중심지인 에게해 사모스섬 출신입니다. 당시 세상에서 지식과 돈이 가장 많이 몰리는 중심지에서 태어난 것이죠. 피타고라스는 불교를 창시한 석가모니와 유교의 시조인 공자와 비슷한 시기에 태어났고, 예수님이 태어나기 500년 전에 살았던 사람입니다. 그는 부자 무역상 아버지의 후원으로 어린 시절부터 여행을 많이 다니며 여러 문화를 접하고 좋은 교육을 받았습니다. 특히 그는 이집트와 바빌론 등지에서 공부했습니다. 세계 4대 문명 중 나일강 유역의 이집트 문명과 티그리스강·유프라테스강 유역의 메소포타미아 문명, 이렇게 두 개의 큰 문화의 원류에서 공부한 유학생이죠. 또한 여러 그리스 사상가 아래에서 공부했는데, 최초의 철학자이자 수학자인 탈레스의 제자였다고 전해집니다. 종교와 철학, 과학이 하나였던 시대였기 때문에 그는 유학 생활을 통해 이집트의 기하학, 바빌론과 그리스의 수학 지식은 물론 이집트의 영혼 재생 교리, 페르시아의 조로아스터교와 오르페우스 밀교와 같은 비밀스러운 종교 철학까지도 흡수합니다.

이집트 유학 시절, 피타고라스의 눈길을 사로잡은 것은 분명 피라미드였을 겁니다. 태양신의 화신으로 여겨졌던 왕의 무덤, 피라미드는 고대 이집트의 종교와 건축 양식을 한눈에 보여줍니다. 그중 고대 이집트 쿠푸왕의 피라미드는 세계 7대 불가사의 중 하나로 꼽히는데요. 기원전 2560년 무렵 지어진 것으로 평균 무게가 2.5톤이나 되는 돌 230만 개 이상을 이용해서 약 147m 높이로 쌓은 것이니 그럴 만도 하지요. 각 능선이 동서남북을 가리키게 만들어졌는데 그 오차가 매우 작다는 것도 놀랍습니다. 이런 건축물을 눈대중으로 대충 만들 수는 없었을 겁니다. 아래에서부터 돌을 쌓아 올려 맨 꼭대기 한 점에서 만나도록 하려면 주먹구구식 계산으로는 어림없었을 테니 수학,

그중에서도 도형의 성질을 다루는 기하학이 필요했겠죠. 기하학 가운데에서도 직각삼각형에 대한 지식은 건축에 있어 필수였답니다. 왜 직각삼각형이 중요할까요? 건물을 지을 때는 땅을 다지는 일도 중요하지만, 건물을 반듯하게 세우는 일이 가장 중요하니까요. 땅 위에서 돌을 쌓아 올릴 때 직각이 되는지 알기 위해 우리는 각도기를 쓰지만 고대 이집트인에게는 다른 게 있었습니다. 바로 '밧줄을 당기는 사람'이라는 뜻을 가진 '하페도놉타(harpedonopta)'입니다.

하페도놉타는 세 명의 노예가 밧줄을 당겨서 직각을 재는 방법인데, 단위 길이를 정해 매듭을 12개 묶으면 직각을 얻을 수 있답니다. 한 변에 있는 매듭의 개수가 3개, 4개, 5개가 되도록 밧줄을 당기면

기원전 1400년경 건설된 것으로 추정되는 〈메나의 무덤〉 속 벽화에서는 밧줄로 토지를 측량하고 있는 하페도놉타들을 볼 수 있다.

매듭 3개 있는 변과 4개 있는 변 사이에서 직각이 생깁니다. 세 변이 3, 4, 5인 삼각형은 직각삼각형이기 때문이죠. 이것만 봐도 고대 이집트인들은 이미 직각삼각형을 이루는 세 변의 길이에 대한 지식을 가지고 있었다는 걸 알 수 있습니다.

이집트에서 바빌론으로 간 피타고라스는 그곳에서도 당시 선진 학문인 수학을 배울 수 있었습니다. 바빌론은 수학을 실용적으로 활용했던 것으로 보입니다. 바빌론의 수학 사료 중에서 가장 흥미로운 것이 플림톤(Plimpton) 322라고 불리는 쐐기문자 점토판입니다. 뉴욕 컬럼비아대학에 소장되어 있는 이 점토판의 연대는 기원전 1800년대로 거슬러 올라갑니다. 더 큰 점토판에서 떨어져 나온 조각인 것으로

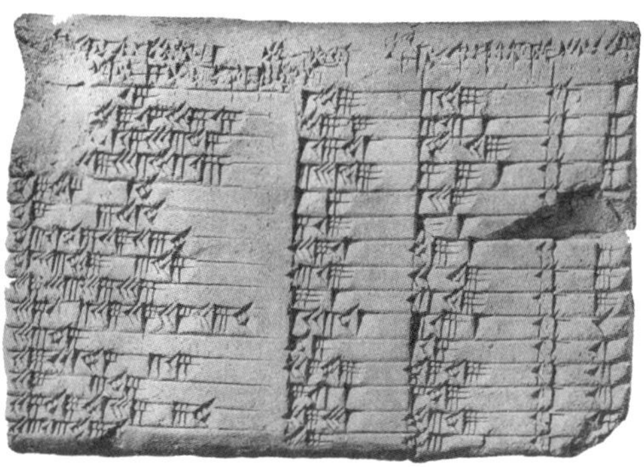

플림톤 322. 크기는 13×9×2cm로 작은 편이어서 사람들이 이 점토판을 들고 다니며 계산에 참고했을 것으로 추정된다. 이라크 남쪽 센케레 유적지에서 발견되었다.

추측되는 이 점토판에는 가로 네 칸, 세로 열다섯 줄로 숫자가 적혀 있습니다.

바빌론 사람들은 숫자를 쓸 때 지금 우리가 사용하는 것과 달리 60진법을 사용했습니다. 플림톤 322에 있는 숫자들을 해독해보니 직각삼각형이 되는 세 수, 즉 피타고라스 정리를 만족하는 세 수를 적어 놓은 표라는 걸 알게 되었습니다. 바빌론 사람들은 적어도 피타고라스가 태어나기 천 년 전부터 피타고라스 정리를 알고 있었던 셈입니다. 고대 이집트와 바빌론의 수학은 체계적으로 정리된 형태가 아닌 구체적인 상황에서 실용적으로 사용되는 것들이었습니다. 정확한 값과 근삿값을 거의 구별하지 않고 사용했습니다. 단편적이고 실용적인 지식으로 활용되던 수학은 다음 편에 소개하는 유클리드에 의해 체계를 갖춘 학문으로 자리를 잡습니다.

50세의 나이에 고향으로 돌아온 피타고라스는 반원(semicircle)이라는 이름의 학교를 엽니다. 지금으로 따지면 강남에 있는 유명 학원과 같은 것이었는데, 당시 그리스 전역에 있는 지식인들이 이 학교로 구름같이 몰려들었다고 합니다. 학원 사업이 번창한 것이죠. 그러던 중 피타고라스는 기원전 530년경 독재 권력을 휘두르던 폴리크라테스(Polycrates, 재위 B.C. 540?~B.C. 522)와 갈등을 빚어 고향 사모스를 떠나 남부 이탈리아 해안 도시 크로톤으로 옮겨 갑니다. 그곳에서 피타고라스의 학교는 종교단체와 같은 성격을 지니게 됩니다. 공동 생활을 하며 '만물의 근원은 수이다'라는 생각으로 본격적으로 수학을 신으로 믿기 시작합니다. 수의 의미와 신비로움을 탐구하는 종교적인 성격이 강한 수도원이 되었던 겁니다. 오각형의 휘장을 단 간소한 흰옷을 입은 사람들. 그들은 피타고라스의 가르침을 외부에 공개하지 않겠다고 맹세하며 이 공동체에 들어온 사람들로, 윤회 사상을 믿으며 채식을 하고, 모든 연구 결과를 스승인 피타고라스의 이름으로 발표했습니다.

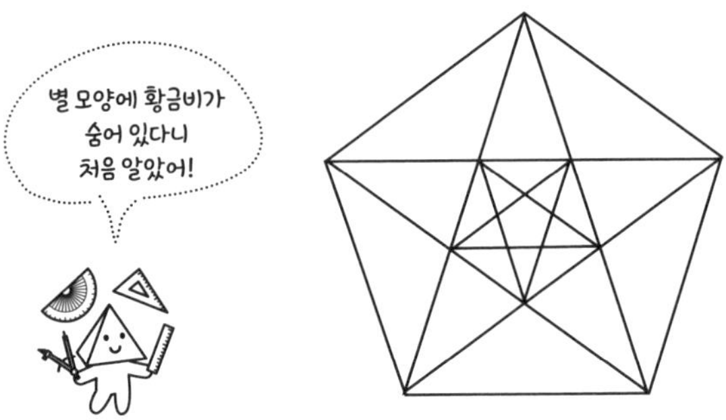

피타고라스가 만든 피타고라스 학파에서 사용했던 휘장이라고 합니다. 이것은 피타고라스 학파의 징표로 회원들이 자랑스럽게 가슴에 달고 다녔다고 하더군요. 정오각형의 별 모양 안에는 황금비가 있습니다. 피타고라스가 발견한 이 비율은 가장 이상적인 비율로 여겨져 현재까지도 많은 건축물과 예술 작품, 디자인에 사용되고 있습니다.

피타고라스 학파는 수학을 공부하는 학교가 아닌 수학을 믿는 종교

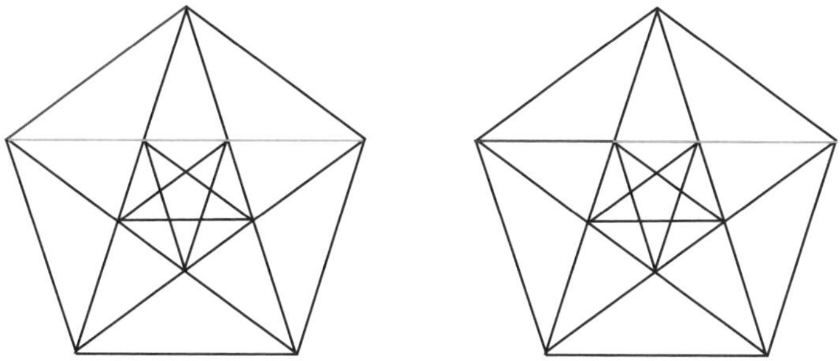

빨간색 : 하늘색 = 1 : 1.618 황금비

단체였습니다. 폐쇄적이고 신비주의적인 공동체였죠. 크로톤에서 귀족들에게 조언을 해주며 피타고라스는 막강한 정치적 영향력도 행사하게 됩니다. 피타고라스가 죽은 후에도 큰 세력을 갖고 있었던 피타고라스 학파는 기원전 4세기에 대부분 몰락했지만, 수를 만물의 근원으로 보는 피타고라스 학파의 사상은 이후 유럽의 과학, 철학사에 큰 영향을 끼쳤습니다.

만물은 수로 이루어졌다

피타고라스가 태어난 기원전 6세기는 인류사에 사상적인 혁신이 일어나던 때였습니다. 인도, 중국, 페르시아, 그리스 등 세계 곳곳에서 여러 사상가와 종교의 창시자들이 나타나던 시기였지요. 인도에서는 석가, 중국에서는 공자와 노자, 페르시아에서는 자라투스트라, 그리스에선 소크라테스, 탈레스 등이 태어나 활동했습니다.

시대의 사상은 그 시대 사람들의 질문에서 나온다고 합니다. 중국으로 대표되는 동양에서는 공자와 같은 사상가가 "인간은 어떻게 살아야 하는가?"라는 질문을 합니다. 지형적으로 넓은 평야지대에 많은 사람들이 관계를 맺으며 살아가고 있던 지역이라 동양에서는 이런 인간관계에 대한 질문이 중요했던 것으로 보입니다. 공자는 자신의 질문에 대한 답으로 "어질고 덕을 세우는 삶을 살아야 된다"고 주장했습니다. 임금은 임금답게, 신하는 신하답게, 부모는 부모답게, 자식은 자식답게 각자의 본분을 지켜 나라와 가정을 유지하고 남을 사랑하고 돕는 것이 덕이라고 생각했습니다. 사람이 우주의 근본이라고 주장한 노자는 진리인 도에 이르기 위해서는 인위적인 것에 얽매이지 말고, 있는 그대로의 모습을 지키며 살아가야 된다고 이야기했죠. 이런 답들은 정치철학으로 발전해 이후 중국과 동아시아를 다스리는 정치사상이 됩니다.

반면에 그리스로 대표되는 서양 최초의 철학자, 과학의 아버지라고 불리는 탈레스는 "세상은 무엇으로 이루어졌을까?", "만물의 근원은 무엇일까?"와 같은 질문을 합니다. 많은 산맥 때문에 좁은 지역에서 주로 혼자 생활을 했던 서양 사람들은 인간관계보다는 하늘과 자연에 관심을 가졌습니다. 자신의 질문에 탈레스는 "만물의 근원은 물이다"라고 주장했고, 아낙시메네스는 "지구를 둘러싸고 있는 공기가 만물의 근본 물질"이라 했으며, 헤라클레이토스는 "불이 만물을 이루는 근본"이라고 생각했습니다. 고대 그리스 철학자 엠페도클레스는 "세상은 물, 불, 흙, 공기로 이루어졌고, 이 4원소는 새로 생기거나 없어지지 않는 궁극적인 것이며 이 4원소들이 합쳐지고 나눠지는 과정을 통하여 세상의 물질들이 만들어진다"고 주장했습니다.

탈레스의 질문에 그의 제자 피타고라스는 "만물은 수로 이루어졌다"라고 답했습니다. 피타고라스는 "수는 만물의 근원이다"라고 주장하며 수 자체의 성질을 연구하는 것은 물론이고 모든 자연현상 속에서 '수'를 발견하려 했습니다.

피타고라스는 수도 어떤 모양을 갖는다고 생각했습니다. 눈에 보이지 않는 추상적인 수를 눈에 보이는 형태로 나타내려고 한 것이죠. 그래서 수를 도형과 결합하여 수 자체의 성질과 수들 사이의 관계를 찾아내려 했습니다. 예를 들어 1, 3, 6, 10… 등은 다음과 같은 삼각형 모양을 갖는다고 생각했습니다.

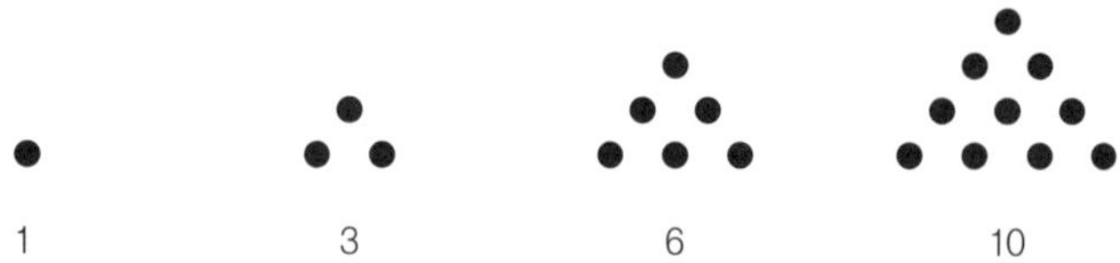

이렇게 삼각형의 모양으로 쌓이는 수를 삼각수라고 합니다. 1, 3, 6, 10, 15… 이렇게 계속됩니다. 삼각수는 1, 2, 3, 4…의 수를 차례로 더하며 만들어집니다. 그래서, 다섯 번째 삼각수는 1 + 2 + 3 + 4 + 5 = 15입니다. 이것을 공식으로 표현하면 n번째 삼각수는 $\frac{n(n+1)}{2}$이죠. 사람들은 삼각수를 분명 어떤 신비로운 수로 생각한 것 같습니다. 성경에는 몇 개의 숫자가 등장하는데, 가령 153과 666을 살펴보면 이 둘도 역시 삼각수입니다.

예수께서 이르시되 지금 잡은 생선을 좀 가져오라 하시니 시몬 베드로가 올라가서 그물을 육지에 끌어올리니 가득히 찬 큰 물고기가 153마리라. 이같이 많으나 그물이 찢어지지 아니하였더라. (요한복음 제21장 10절~11절)

지혜가 여기 있으니 총명한 자는 그 짐승의 수를 세어보라. 그것은 사람의 수니 그의 수는 666이니라. (요한계시록 13장 18절)

153 = 1 + 2 + 3 + 4 + … + 16 + 17이고, 666 = 1 + 2 + 3 + … +

36입니다. 153은 17번째 삼각수이고 666은 36번째 삼각수인 것이죠. 사실 153과 666은 좀 더 특별한 수입니다. 153에는 다음과 같은 특징이 있습니다.

$$153 = 1^3 + 5^3 + 3^3$$
$$= 1! + 2! + 3! + 4! + 5!$$

여기서 5! = 5×4 ×3×2×1을 의미합니다. 팩토리얼(factorial)이라 부르죠. 666에는 다음과 같은 성질이 있습니다.

$$666 = 6 + 6 + 6 + 6^3 + 6^3 + 6^3$$
$$= 1^3 + 2^3 + 3^3 + 4^3 + 5^3 + 4^3 + 3^3 + 2^3 + 1^3$$
$$= 2^2 + 3^2 + 5^2 + 7^2 + 11^2 + 13^2 + 17^2$$
$$= 3^6 - 2^6 + 1^6$$

성경을 쓴 사람들은 153과 666과 같은 숫자들이 이런 특별한 성질을 갖고 있다는 것을 알고 있었을 겁니다. 신비한 숫자를 신비한 책에 쓴 것이죠.

한편 1, 4, 9, 16… 등은 정사각형 모양을 이룹니다. 이렇게 정사각형 모양을 이루는 수를 사각수라고 합니다.

1, 4, 9, 16…으로 이어지는 사각수를 완전제곱이라고 부릅니다. 사각형은 두 개의 삼각형으로 나눌 수 있습니다. 같은 이유로 사각수는 두 삼각수의 합으로 만들어집니다. 9 = 6 + 3과 같이 말입니다.

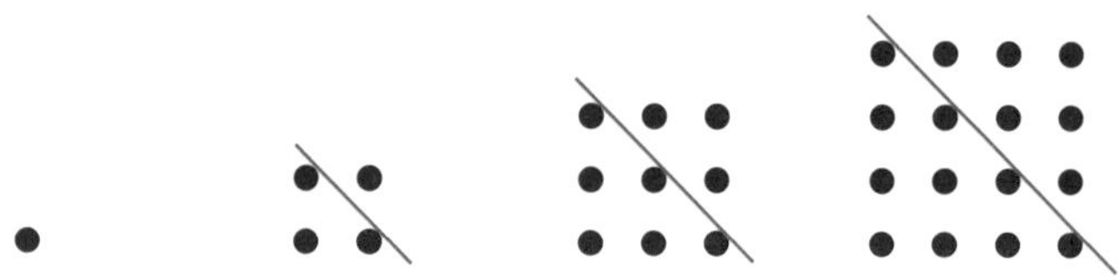

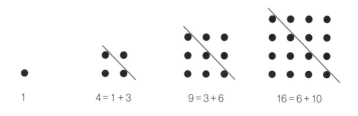

연속되는 홀수들을 합하면 사각수가 된다는 사실도 관찰할 수 있습니다.

$$1$$

$$4 = 1 + 3$$

$$9 = 1 + 3 + 5$$

$$16 = 1 + 3 + 5 + 7$$

이 사실은 다음과 같이 정사각형을 나눠서 생각해보면 쉽게 파악할 수 있습니다.

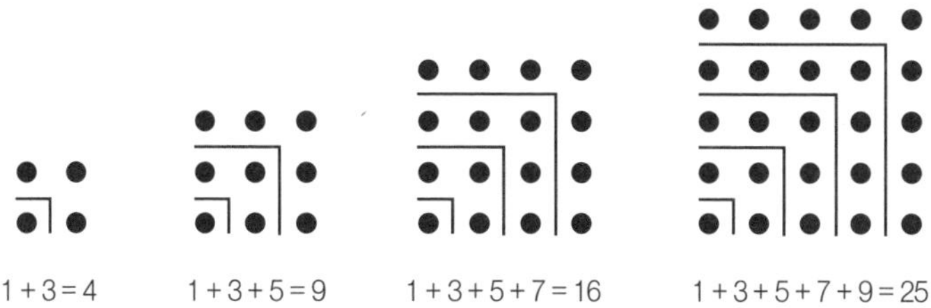

피타고라스가 가장 신성하게 여긴 수는 '테트라크티스(tetractys)'라고 부르는 10이었습니다. 10은 1 + 2 + 3 + 4 = 10입니다. 그는 10이 완벽함을 의미한다고 생각했고 만물의 구성 요소라고 여겼습니다. 그는 수는 곧 도형이어서 1은 점, 2는 선분, 3은 면, 4는 삼차원 입체인 사면체라고 각각의 의미를 부여했습니다. 즉, 10이라는 수는 사람이 보고 느낄 수 있는 모든 차원을 상징하는 것이었습니다.

음악에 관한 이론을 처음 만든 사람도 피타고라스입니다. 그는 소리의 진동수가 간단한 정수 비를 이룰 때 듣기 좋은 어울림 화음이 된다는 것을 발견했습니다. 일정한 길이의 줄을 튕길 때 줄의 길이와 그 줄이 내는 음높이 사이의 관계에서 테크라크티스를 발견한 것인데요, 길이가 같은(비가 1:1) 두 줄이 내는 음은 완전히 똑같고, 비가 1:2면

한 옥타브 차이가 나는 음입니다. 비가 2:3이면 완전한 5도 화음, 3:4면 완전한 4도 화음 소리가 난다는 걸 발견한 겁니다. 이후 피타고라스는 한 옥타브의 여덟 음계에 들어 있는 수적 비례관계를 밝혀내는 데 성공합니다. 이렇게 수와 공간은 물론 수와 음악에서도 유사한 패턴을 발견한 피타고라스는 '우주의 조화는 수의 비례에 있다'는 결론에 이르게 됩니다.

피타고라스는 생각을 더 넓혀서 우주적 질서에도 음의 조화와 같은 수적 비례관계가 있을 것이라고 한 발 더 나아갑니다. 태양과 달, 그리고 행성들은 각각 자신들만의 공전 궤도에 기초하는 고유의 소리(지구는 파와 미, 화성은 도와 솔, 목성은 미 등)를 가지며, 이들이 돌 때에 마찰이 생겨 화음이 생겨난다고 보았습니다. 별들의 배열과 움직임에도 수적 비례가 성립한다고 여기고 그 비밀을 풀고자 밤하늘을 바라봤습니다. 피타고라스에게 우주는 변덕스러운 신이 지배하는 세상이 아니었습니다. 오직 이성적 사유를 통해서만 느끼고 깨달을 수 있는 순수한 수의 세계였던 겁니다. 그래서 피타고라스는 선포했습니다. "만물은 수다." 그에게 '수'는 곧 신이었고, 우주였습니다.

수학 종교의 힘과 그 한계

피타고라스 개인이 어떤 업적을 남겼는지 똑 부러지게 말하기는 쉽지 않습니다. 피타고라스 학파의 엄격한 규칙에 따라 그의 제자들의 연구 성과까지 피타고라스의 이름으로 발표되었기 때문입니다. 피타고라스와 불과 200년 정도 차이 나는 아리스토텔레스조차도 피타고라스 학파의 철학 가운데 어떤 것이 확실히 피타고라스의 것인지 구별하는 데 어려워할 정도였다고 합니다. 그래서 지금 언급하는 피타고라스의 발견은 사실 피타고라스 학파의 업적입니다.

수학을 종교로 생각했던 피타고라스는 수학의 발전에 크게 기여했습니다. 이집트나 바빌론의 수학은 세금을 걷고 곡식을 나눠주는 문제 또는 건축 등 실제 생활에 이용하기 위한 기술 정도에 머물렀습니다. 이들의 수학 지식을 이어받은 피타고라스는 실용적 목적에서 벗어나 계산 기술이 아닌, 수 자체의 성질을 연구하는 정수론(산술)을 연구했습니다. 피타고라스는 수의 여러 가지 성질을 연구해서 분류했는데, 우리가 초등학교에서 배운 홀수, 짝수, 소수 말고도 수의 성질에 따라 이름을 붙였습니다. 예를 들어, 자연수 중에서 자신을 제외한 모든 약수의 합이 자신과 같아지면 '완전수'라고 불렀습니다. 첫 번째 완전수는 6인데, 6의 약수는 {1, 2, 3, 6}이고 자신을 제외한 약수를 모두 더하면 6(= 1 + 2 + 3)이 됩니다. 완전하다는 것은 특별하고 대단하단 의미를 갖습니다. 성경에는 하나님이 세상을 6일 만에 창조했다고 나옵니다. 두 번째 완전수는 28입니다. 달은 지구를 28일에 한 번씩 돌고 있는데, 28의 약수는 {1, 2, 4, 7, 14, 28}이고 자신을 제외한 약수를 모두 더하면 28(= 1 + 2 + 4 + 7 + 14)입니다.

피타고라스의 영향을 받은 고대 그리스 철학자들이나 중세의 종교학자들도 수에 어떤 의미를 부여하고 때로는 신성하게 생각했던 것 같습니다. 성 아우구스티누스는 신이 의도적으로 완전한 성질을 갖는 수에 맞게 세상을 창조하시고 운행하신다고 생각했다고 합니다.

신은 이 세상을 한순간에 창조할 수도 있었지만 우주의 완전함을 계시하기 위해 일부러 6일이나 시간을 끌었다. 6은 신이 6일 동안에 세상을 창조했기 때문에 완전한 것이 아니라, 그 자체가 완전한 수이다. 그래서 하나님도 이 완전수를 모델로 하여 세상을 6일 만에 창조한 것이다. 따라서 그 6일 동안의 창조 작업이 설혹 없었다고 하더라도 6은 완전수로 남아 있을 것이다.

성 아우구스티누스 〈신의 도성(The City of God)〉 중에서

신은 6일 동안 완전하게 이 세상을 창조했고, 태중의 아기는 완전수 28일이 10번 지나는 동안 무럭무럭 자라 세상에 나오게 된다는 겁니다. 고대 그리스인들은 다음과 같은 4개의 완전수를 알고 있었다고 합니다.

6 = 1 + 2 + 3

28 = 1 + 2 + 3 + 4 + 5 + 6 + 7

28 = 1 + 2 + 4 + 7 + 14

496 = 1 + 2 + 3 + ⋯ + 30 + 31

496 = 1 + 2 + 4 + 8 + 16 + 31 + 62 + 124 + 248

8128 = 1 + 2 + 3 + ⋯ + 126 + 127

8128 = 1 + 2 + 4 + 8 + 16 + 32 + 64 + 127 + 254 + 508 + 1016 + 2032 + 4064

8128 다음에 등장하는 다섯 번째 완전수는 33550336이고 그다음 여섯 번째 완전수는 8589869056이라고 하니 완전수가 아주 특별한 수인 것은 틀림이 없는 것 같습니다.

피타고라스가 친구수, 우애수(Amicable number)라고 부른 수도 있습니다. 혼자서는 완전하지 않지만, 서로의 존재를 완전하게 해주며 협력과 우정을 의미하는 수입니다. 대표적인 수가 220과 284인데요.

220의 약수는 {1, 2, 4, 5, 10, 11, 20, 22, 44, 55, 110, 220}인데, 자신을 제외하고 모두 더하면 284가 됩니다. 또한 284의 약수는 {1, 2, 4, 71, 142, 284}인데, 자신을 제외하고 모두 더하면 220이 됩니다. 이런 관계 때문에 두 수는 형제관계에 있는 수 또는 진정한 우정을 갖는 수라고 피타고라스는 표현했습니다. 그는 "친구는 또 다른 나다"라고 하며 220과 284를 '친구수'라고 불렀다고 합니다. 이 친구수는 성경의 창세기에도 등장합니다. 야곱이 형 에서에게 용서를 구하기 위해 선물로 보낸 염소가 220마리, 양이 220마리라는 기록이 있습니다. 이 220이라는 숫자는 야곱이 형과의 관계를 회복하고 형제간의 우애를 돈독하게 하고 싶은 마음을 숫자로 표현한 것으로 추정됩니다.

앞에서 이야기한 것처럼 피타고라스 학파 사람들은 황금비가 들어있는 정오각형 모양 휘장을 달고 다녔는데, 이 사실로부터 그들이 기하학적인 모양에 관심이 많았음을 알 수 있습니다. 기하학의 많은 발견 또한 피타고라스 학파에 의해 이루어졌는데, 그들은 정다각형의 작도법, 빈틈없이 평면을 채우는 타일 깔기 문제, 입체도형의 성질 등 다양한 기하학 문제를 연구했습니다. 입체도형 중에 정다면체에는 정사면체, 정육면체, 정팔면체, 정십이면체, 정이십면체, 이렇게 다섯 종류만 존재한다는 것을 증명한 사람도 피타고라스입니다.

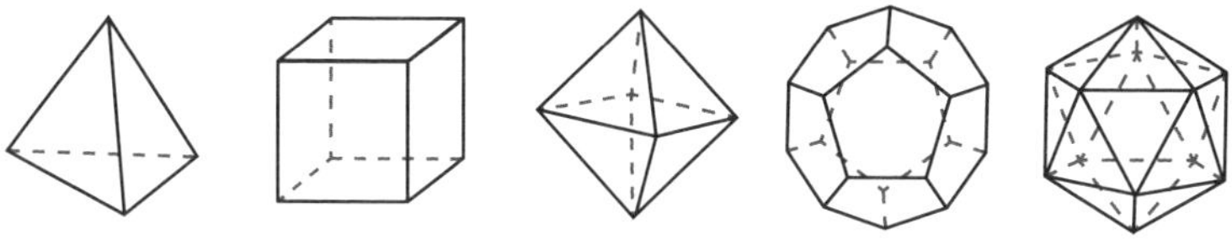

"지구가 둥글다"고 처음 주장한 사람도 피타고라스라고 합니다. 기하학적으로 가장 완전한 도형은 구(球)이므로 신이 창조한 지구와 우주는 둥글 수밖에 없다는 겁니다. 또 우주 한가운데에 불이 있고 지구와 태양 및 행성들이 원형을 그리며 움직인다는 일종의 지동설을 주장했습니다. 물론 당시 사람들은 하늘이 지구를 중심으로 움직인다고 생각했죠. 피타고라스 이후 2천 년이나 지난 16세기, 코페르니쿠스의 시대에 와서 지동설은 인정받게 됩니다. 비록 정확한 이론은 아니었지만, 지구가 움직인다는 사실을 2,500년 전의 피타고라스가 알고 있었다는 게 정말 놀랍습니다.

피타고라스가 또는 피타고라스 학파의 사람들이 이렇게 놀라운 연구를 거듭할 수 있었던 힘은 어쩌면 종교의 힘이었을 겁니다. 수학을 신으로 믿고 수학이 우주를 구성하고 지배한다고 믿었던 신앙이 더 많은 연구와 깊이 있는 통찰을 가능하게 했던 것이죠. 피타고라스 학교가 결국 신비한 종교단체가 되었던 것은 그가 유학 생활에서 경험한 조로아스터교, 오르페우스 밀교의 방식에서 영향을 받은 것 같습니다. 그런 신비스러운 종교단체의 규칙 중 하나는 비밀을 누설하면 죽임을 당한다는 것이었는데요. 결국 비극적인 일이 발생합니다.

피타고라스는 이집트와 바빌론에서 유학하면서 지금 우리가 "피타고라스 정리"라고 부르는 직각삼각형에 관한 지식이 실용적으로 사용되는 것을 보았습니다. 하지만 그들은 그 정리를 학문적으로 접근하거나 수학적으로 증명하지 않고 단지 사용만 하고 있었습니다. 피타고라스의 업적은 피타고라스 정리를 수학적으로 증명한 것입니다. 피타고라스는 몇 가지 방법으로 증명한 것으로 보이는데, 가장 단순한 증명법은 다음과 같습니다.

다음 타일을 보시죠. 타일의 중앙에는 직각삼각형이 있고, 세 개의 변에는 정사각형이 연결되어 있습니다. 작은 정사각형 두 개에는 직각삼각형과 같은 타일이 각각 두 개씩 깔리고, 큰 정사각형에는 네 개가 깔려 있죠. 작은 정사각형 두 개의 넓이와 큰 정사각형 하나의 넓이가 같은 것입니다. 2 + 2 = 4인 것이죠. 이것은 $a^2 + b^2 = c^2$을 의미하는 것입니다.

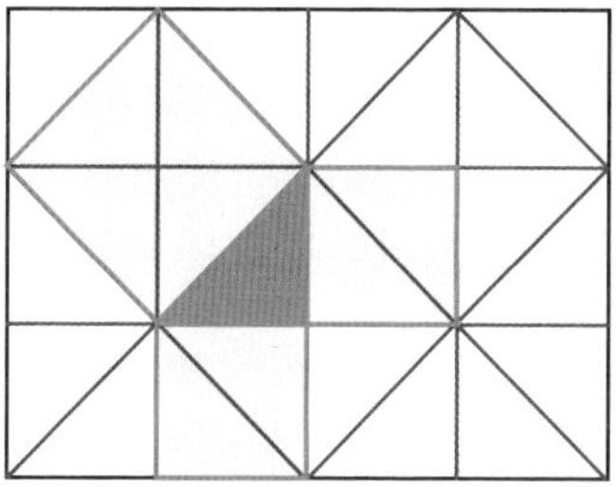

$$a^2 + b^2 = c^2$$

바닥에 깔린 무늬는 두 변의 길이가 같은 직각이등변삼각형이지만, 피타고라스는 일반적인 직각삼각형의 경우까지 생각해서 "빗변의 제곱은 다른 두 변의 제곱의 합과 같다"는 피타고라스 정리를 증명했습니다. 이렇게 피타고라스 정리를 수학적으로 증명하고 피타고라스는 황소 100마리를 감사 제물로 바쳤다고 하더군요. 그런데 여기서 문제가 발생합니다. 한 제자가 피타고라스에게 질문을 합니다. "한 변의 길이가 1인 정사각형에서 대각선을 그으면 직각삼각형이 나옵니다. 대각선은 직각삼각형의 빗변이 되지요. 이 빗변의 길이는 얼마입니까?"

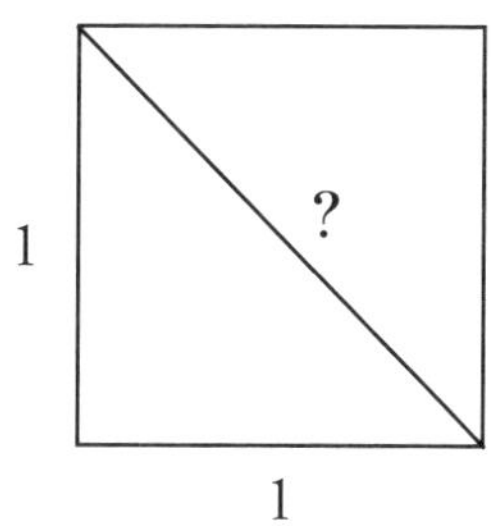

난데없는 질문에 모두 조용해진 가운데, 제자는 자신의 생각을 조모조목 이야기해 나갑니다.

"스승님께서 발견한 정리에 의하면 구하는 빗변의 제곱은 다른 두 변의 제곱과 같으니까 $1^2 + 1^2 = 2$입니다. 즉, 이 빗변을 한 변으로 해서 만들어지는 정사각형의 넓이가 2입니다. 그러면 2도 사각수입니다. 정사각형의 넓이를 나타내는 수니까요. 그러나 어떤 사각수도 두 개의 똑같은 사각수로 나눠질 수 없습니다. 그러므로 이 빗변은 우리가 알고 있는 수로는 나타낼 수 없습니다."

이렇게 또박또박 자신의 생각을 밝힌 젊은 제자의 이름은 바로 히파수스입니다. 그는 제곱해서 2가 되는 수, 즉 $\sqrt{2}$를 발견한 것이죠. 그의 증명이 있기 전까지 피타고라스는 모든 기하적인 대상을 자연수와 자연수의 비로 표현할 수 있다고 믿었습니다. 영어로 유리수는 rational number라고 하는데, 이것은 비율(ratio)로 표현되는 수라는 의미입니다. 이것은 피타고라스의 신념 체계를 지배하던 것이었습니다. 자연수의 비율로 음악을 비롯하여 세상의 모든 것들이 표현된다고 생각한 피타고라스는 유리수가 수의 전부라 믿었던 겁니다. 유리수로 표현되지 않는 무리수라는 것이 있다는 것을 몰랐던 피타고라스에게 $\sqrt{2}$의 존재는 신성한 수학을 부정하는 것이었습니다. 신에 대한 도전이었던 것이죠. 그것은 그가 심혈을 기울여 건설한 아름다운 세계를 무너뜨리는 것이었습니다. 고민하던 피타고라스는 결국 히파수스를 죽이고 $\sqrt{2}$의 존재까지 비밀로 했습니다. 그 이후에 한참이 지나서, 피타고라스의 제자들은 유리수로 표현되지 않는 무리수의 존재를 받아들이게 됩니다. 그제야 피타고라스 정리도 제대로 활용되었다고 합니다.

역사에 '만일'이란 없지만, 만일 피타고라스가 히파수스의 질문에서 비롯된 무리수의 존재를 받아들이고 무리수에 대한 연구를 발전시켜 나갔다면 어땠을까요? 아마 더 발전된 수학 체계를 만들었을 겁니다. 세상 모든 것에서 수를 찾고자 하는 그에게 수는 신이자 종교였고, 신의 뜻을 찾고자 더욱 수에 대한 연구에 몰두했을 겁니다. 그런데 그 연구 끝에 자신의 이론으로 설명할 수 없는 무리수를 발견하고, 자기가 만든 수학이라는 신을 지키고자 진실에 눈을 감아버린 거죠. 수학이라는 신을 찾고자 했으나 정작 발견하자 자신의 지식 속에 가두려 했던 피타고라스는 진실을 전하려는 제자 히파수스를 영원히

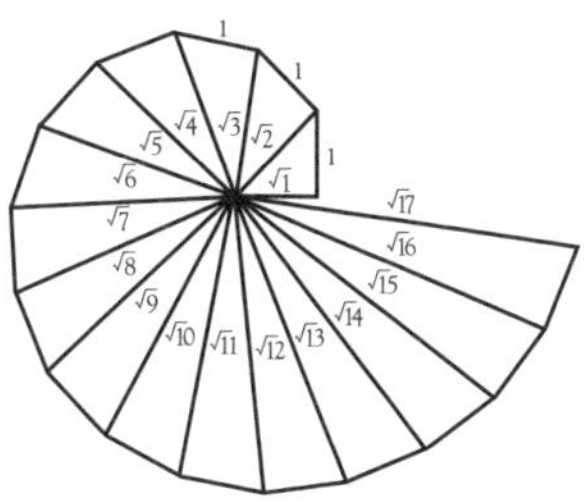

두 변이 길이가 1이고, 빗변이 $\sqrt{2}$인 직각삼각형에서 시작하여 연쇄적으로 그려 나가면 무리수를 얻을 수 있습니다.

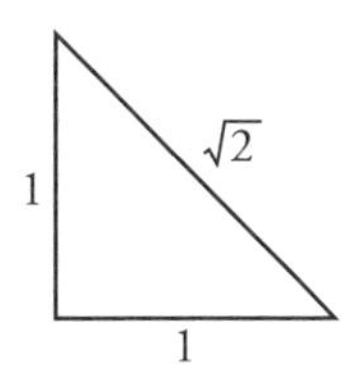

침묵하게 합니다. 사람들은 이것을 '$\sqrt{2}$ 살인사건'이라고 부릅니다.

피타고라스 정리를 증명하는 다양한 방법

르네상스를 대표하는 천재 레오나르도 다빈치, 상대성이론의 알베르트 아인슈타인 박사, 미국 20대 대통령 가필드. 이 세 사람의 공통점은 무엇일까요?

그들의 공통점은 바로 피타고라스 정리를 증명했다는 겁니다. 레오나르도 다빈치는 그림만 잘 그린 것이 아니라, 과학 분야에도 많은 메모를 남긴 것으로 유명합니다. 그가 수학에도 관심이 있어서 피타고라스 정리를 증명했다는 것이 새롭지 않나요? 아인슈타인은 열두 살 때 삼촌에게 기하학을 배우며 피타고라스 정리에 대해 듣고 매우 강한 흥미를 느꼈다고 합니다. 너무 흥미로워서 일주일 동안 피타고라스 정리를 증명하는 10가지 방법을 혼자서 생각했다고 합니다. 미국 대통령이 피타고라스 정리를 증명했다는 것도 재미있습니다. 대통령이 되기 전 연방 하원의원이었던 가필드는 점심 식사 후 머리를 식히느라 피타고라스 정리의 새로운 증명법을 연구했다고 합니다. 그의 증명 방법은 1876년 〈뉴잉글랜드 저널 오브 에듀케이션〉에 실렸습니다.

피타고라스 정리를 증명하는 방법은 여러 가지가 있습니다. 어떤 수학자는 피타고라스 정리를 증명하는 방법 371개를 모아 한 권의 책으로 출간하기도 했습니다. 피타고라스 정리를 자신만이 접근하기 쉬운 방법으로 증명해보는 것은 좋은 수학 공부가 될 것 같습니다. 물론 다른 사람들이 증명한 것을 보면서 이해하는 것도 수학 실력을 키우는 아주 좋은 방법입니다. 앞에서 이야기한 것처럼 피타고라스 정리는 피타고라스가 처음으로 발견한 것은 아닙니다. 이미 아주 오래전부터 사람들이 사용하던 것입니다. 하지만 사람들은 이것을 단편적으로 사용했습니다. 가령 이집트에서는 주로 (3, 4, 5)의 비율로 직각삼각형을 만들어 사용했고, 바빌론에서는 (5, 12, 13)의 비율을 주로 사용했습니다. 그것을 학문적으로 연구하고 정리한 것이 피타고라스인 것이죠.

일단 피타고라스 자신이 피타고라스 정리를 증명한 것을 살펴보면 다음과 같습니다.

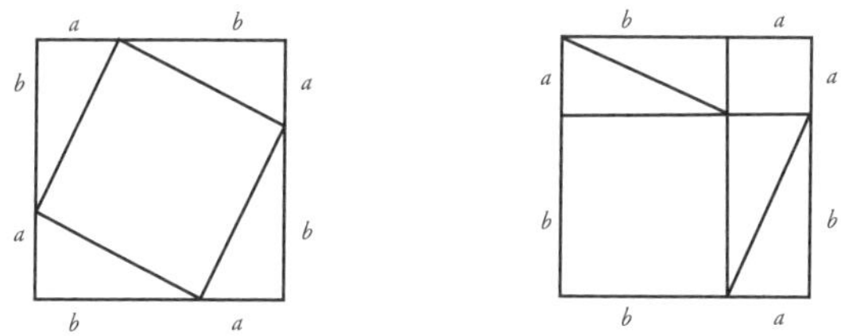

(가) (나)

큰 정사각형 안에 각 꼭짓점이 큰 정사각형의 모든 변에 접하도록 작은 정사각형을 위의 그림 (가)와 같이 그립니다. 그러면 큰 정사각형 안에는 직각삼각형 네 개가 생깁니다. 작은 정사각형의 네 변은 각각 직각삼각형 네 개의 빗변입니다. 이 직각삼각형 네 개에서 빗변의 길이가 같은 두 직각삼각형을 모으면 위의 그림 (나)처럼 직사각형 두 개가 됩니다. 이 두 직사각형을 큰 정사각형 안에 넣으면, 직사각형 두 개와 크기가 다른 작은 정사각형 두 개를 얻을 수 있습니다. 직각삼각형의 넓이는 변하지 않았기 때문에 (가)에 있는 처음 작은 정사각형의 넓이는 재배열해서 얻은 (나)의 작은 정사각형 두 개의 넓이와 같을 수밖에 없습니다. 즉, 그림 (가)의 첫 번째 작은 정사각형의 한 변은 직각삼각형의 빗변이고, 그림 (나)에 있는 두 작은 정사각형의 한 변은 각각 직각삼각형의 다른 두 변입니다. 따라서 빗변의 제곱은 다른 두 변의 제곱을 더한 값과 같습니다.

피타고라스 정리는 다양한 방법으로 증명할 수 있는데, 앞에서 이야기한 미국 20대 대통령 제임스 가필드의 방법을 한번 살펴보겠습니다. 간단하면서도 매우 통찰력 있는 방법입니다. 세 변이 (a, b, c)인 직각삼각형을 다음 그림과 같이 배치해볼까요?

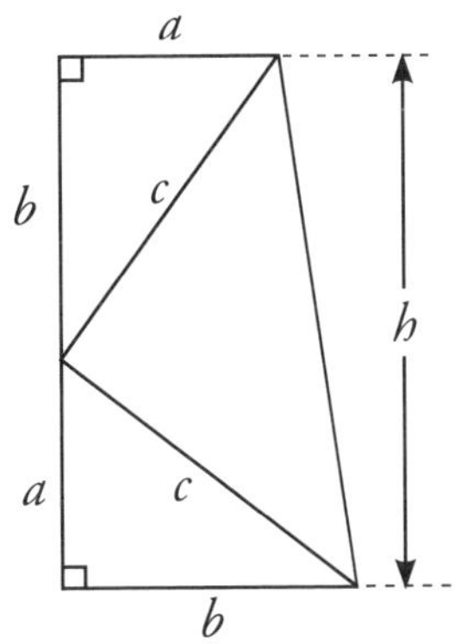

이렇게 배치하고 보면 전체가 사다리꼴입니다. 사다리꼴의 넓이는 $\frac{1}{2}$(아랫변 + 윗변)×높이입니다. 따라서 전체 사다리꼴의 넓이는 $\frac{1}{2}(a+b)\times(a+b)=\frac{1}{2}(a+b)^2$입니다. 세 직각삼각형의 넓이와 같으므로 $\frac{1}{2}ab+\frac{1}{2}ab+\frac{1}{2}c^2$인 것이죠. 따라서 다음과 같은 결론을 얻을 수 있습니다.

$$(a+b)^2 = 2ab + c^2$$

$$(a+b)^2 = a^2 + b^2 + 2ab = c^2 + 2ab \text{이므로}$$

$$a^2 + b^2 = c^2$$

정치인이 이런 증명을 생각했다는 것이 놀랍고 재미있습니다. 여러분도 자신이 알고 있는 것을 기반으로 증명을 해보면 좋겠습니다.

지도와 연표로 보는 수학사

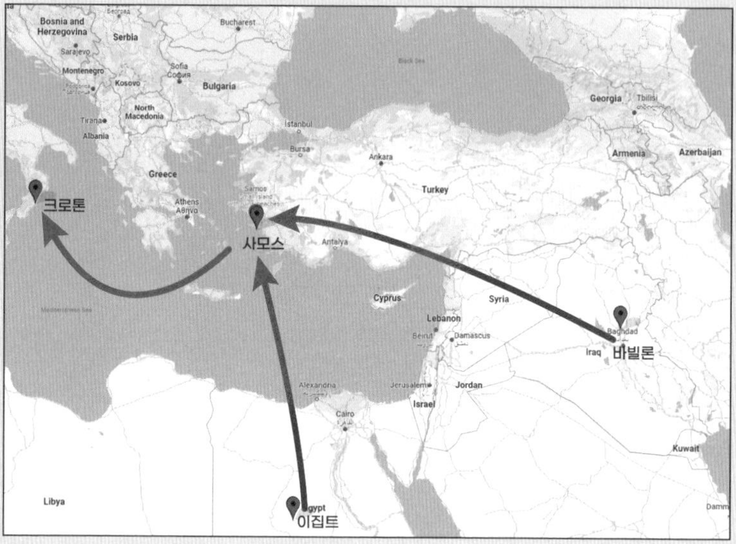

고대 이집트와 바빌론 사람들이 수천 년간의 경험을 통해 쌓아온 실용적인 수학 · 과학 지식들은 부근의 여러 지역으로 퍼져 나가 기원전 6세기, 지중해를 사이에 두고 이집트와 마주 보는 위치에 있는 그리스에까지 전해졌습니다. 그리스의 탈레스와 피타고라스는 실용적인 수학 지식을 이용하는 데에 그치지 않았습니다.

영어로 '수학'을 매스매틱스(Mathematics)라고 합니다. 이 단어는 피타고라스가 '과학'을 뜻하는 그리스어 마테마(mathema)에서 따와 만들었다고 합니다. 또한 '철학'을 영어로는 필로소피(philosophy)라고 하는데, 이 어원은 philosophia로 Philein(사랑하다)와 Sophia(지혜)를 합한 것, 즉 지혜를 사랑한다는 뜻입니다. "당신은 지혜로운 사람인가요?"라는 질문을 받은 피타고라스가 "나는 지혜롭지는 않지만, 지혜를 사랑하는 사람입니다"라고 대답한 것에서 유래했다고 합니다.

수학, 과학, 철학. 이 세 가지 용어 모두를 만든 피타고라스. 그는 만물에 깃든 수학이 우주를 지배한다는 믿음을 가진 사람이었고, 수학 자체를 신으로 여겨 탐구의 대상으로 삼았습니다. 신을 향한 열렬한 종교심으로 이룬 그와 제자들의 연구 성과들은 오늘날 과학 문명의 기초를 이루고 있습니다. 수학은 피타고라스가 우리에게 준 선물입니다.

연표

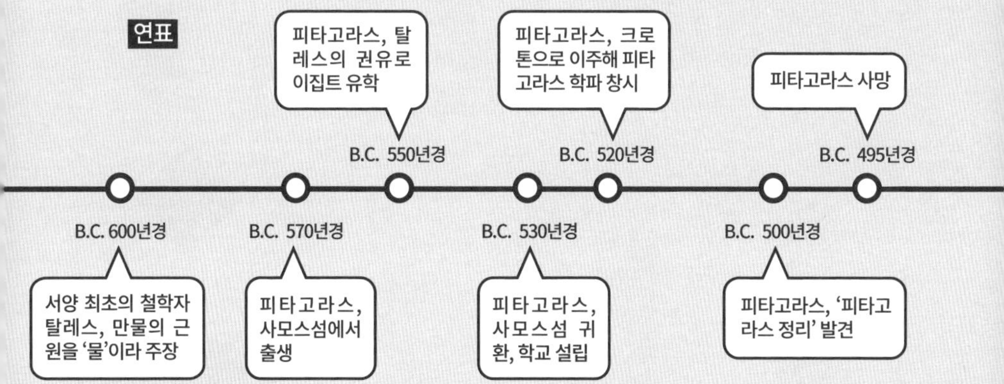

PART 02

수학을 '학문'으로 만든 유클리드

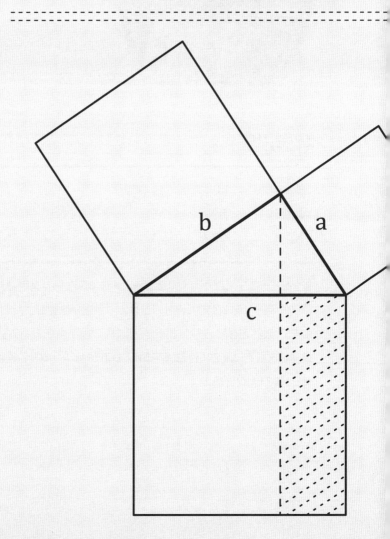

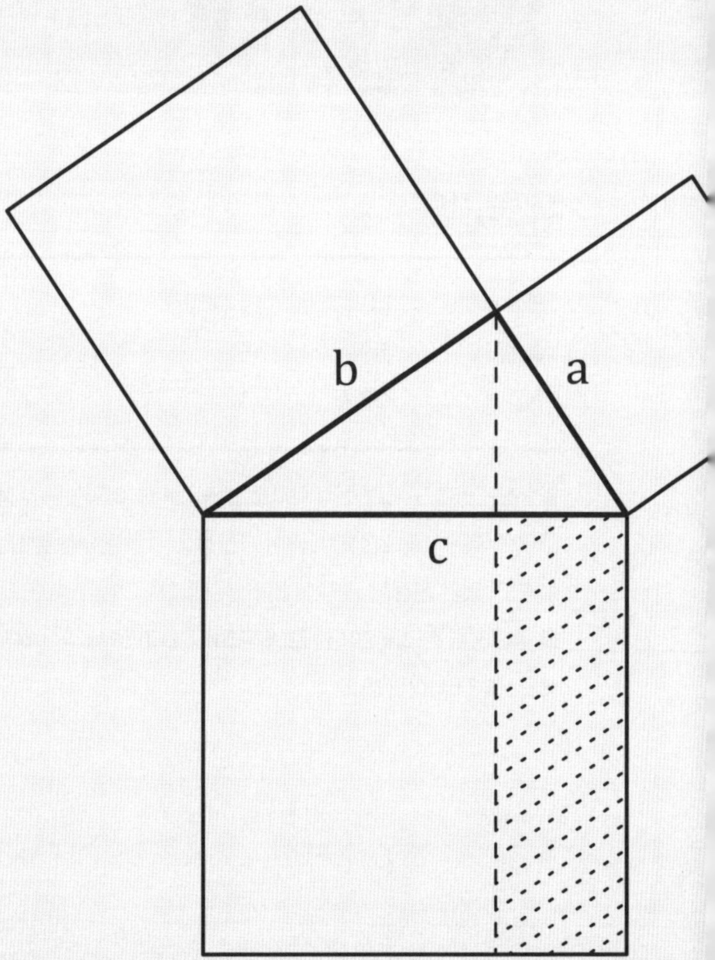

유클리드 Euclid

출생 – 사망	B.C. 325년경~B.C. 265년
출생지	불명
직업	수학자

알렉산드리아 도서관 소속 학자로 실용 지식에 불과했던 수학을 체계를 갖춘 학문으로 만든 사람. 2천 년이 넘는 시간 동안 수학 공부를 한다는 사람이라면 반드시 봐야 했던 진정한 '수학의 바이블' 《기하학 원론》의 저자. 정해진 정의, 공리 및 공준에서 논리적 연역을 통해 정리를 이끌어내는 수학 특유의 증명 방식은 이 책으로부터 시작되었다.

역사상 최고의 베스트셀러 작가라고?

2,300여 년 전에 쓰인 최고의 수학 교과서?

우리나라 역사상 가장 많이 팔린 참고서는 무엇일까요? 보통 성경 다음으로 많이 팔린 책이란 표현을 쓰는데,《수학의 정석》입니다. 1966년 출간되어 2020년까지 대략 5,000만 부 정도 판매되었다고 보고 있습니다. 지금은 다양한 수학 참고서가 나오고 있지만, 1970년대~1990년대에는 고등학생이라면 누구든 한 권쯤 갖고 있는 책이었습니다. 그럼 세계 역사상 가장 많이 팔린 참고서는 무엇일까요? 성경 다음으로 인류의 역사에 큰 영향을 준 책, 인류 최초의 수학 교과서라고 불리는 책입니다. 바로 2,300여 년 전에 유클리드(B.C. 325?~B.C. 265?)가 쓴《기하학 원론(Elements)》입니다.

유클리드의《기하학 원론》은 모든 수학자와 철학자에게 영향을 줬

유클리드의 책《기하학 원론》 번역본.

다고 말해도 틀린 말이 아닐 겁니다. 과학을 만들었다는 평가를 받는 아이작 뉴턴은 자신의 책《프린키피아》를 쓸 때, 구성 형식과 내용 전개 방식을《기하학 원론》과 의도적으로 똑같이 했습니다. "내일 지구가 멸망할지라도 나는 오늘 한 그루의 사과나무를 심겠다"고 한 철학자 스피노자는 기하학의 증명 방식으로 논리를 전개하며《기하학적 순서로 증명된 윤리학》이란 책을 썼죠. 물리학자 아인슈타인은 유년 시절의 두 가지 기억이 자신의 일생에 큰 영향을 주었다고 했는데, 하나는 다섯 살 때 나침반을 선물로 받은 것이고 다른 하나는 열두 살 때 갖게 된 유클리드의 기하학 교과서였다고 합니다. 수학자이며 철학자였던 러셀은 열한 살 때 첫사랑에 빠져들듯 유클리드 기하학의 매력에 빠져들었다고 회고했습니다. 미국인이 가장 존경한다고 하는 미국 16대 대통령 링컨은 젊은 변호사 시절 매일 밤《기하학 원론》을 공부했다고 합니다. 인류의 수학 교과서로서 유클리드의《기하학 원론》은 참으로 많은 사람들에게 영향을 줬고, 인류의 문명이 발전해 나가는 토대가 되었습니다.

유클리드의《기하학 원론》은 2천 년이 넘는 시간 동안 각국 언어로 번역되어 1천여 종 이상의 판본이 나왔습니다. 서양의 중세 대학에서는 그 내용을 수백 년 동안 필수 과목으로 가르쳤죠. 수많은 학자들이 이 책으로 기하학을 공부하고, 이 책의 구성 형식 및 내용의 표현 방식을 따라 자신의 연구 성과를 적어 내려갔습니다. 도대체《기하학 원론》의 어떤 점 때문이었을까요?

유클리드는 탈레스, 피타고라스, 플라톤, 아리스토텔레스 등의 학자들을 거쳐 전해진 그리스의 기하학, 정수론에 대한 지식을 모으는 데 그치지 않았습니다. 이전에 허술하게 증명된 채 내려오던 수학 정리들을 반박할 수 없을 정도로 완벽하게 증명하는 것은 물론이고, 한 발 더 나아가 개별적인 수학 이론을 논리적이고 연역적인 구조로 엮어 정리했습니다. 먼저 기하학을 이루는 기본 요소로 정의, 공준, 공리를 맨 처음에 명확하게 제시해서 출발점으로 삼았습니다. 그런 다음 공준, 공리와 이미 증명된 정리만을 사용해서 새로운 정리를 이끌어냈습니다. 이런 방식으로 당시의 수학 지식을 연역적으로 이끌어내어 정리한 책이 바로《기하학 원론》입니다.

수학을 학문으로 만든 유클리드

우리나라 학생들이 유클리드의 《기하학 원론》과 만나게 되는 때는 중학교 1학년입니다. 1학년 과정에 나오는 '도형의 기초', '평면도형과 입체도형' 단원의 대부분이 《기하학 원론》에서 다루는 내용이거든요. 《기하학 원론》은 총 13권으로 나뉘져 오늘날까지 전해지고 있습니다. 1권에서 6권까지는 평면도형에 관한 내용을 다루고 있고, 7권부터 9권까지는 정수론에 대한 내용을 담고 있습니다. 10권에는 무리수에 대한 이론을, 11권부터 마지막 13권까지는 입체도형에 대한 내용을 담고 있습니다. 유클리드가 《기하학 원론》을 통하여 인류에 남긴 가장 중요한 업적은 수학을 연구하는 방법론을 제시한 것입니다.

유클리드는 수학 연구의 방법론으로 기존의 지식을 바탕으로 새로운 지식을 하나하나 쌓아 올리는 연역적이고 논리적인 방법론을 제시했습니다. 간단한 문제를 풀면서 설명해보죠. 다음과 같은 문제를 볼까요?

"다음과 같이 주어진 삼각형에서 x의 길이를 구하세요."

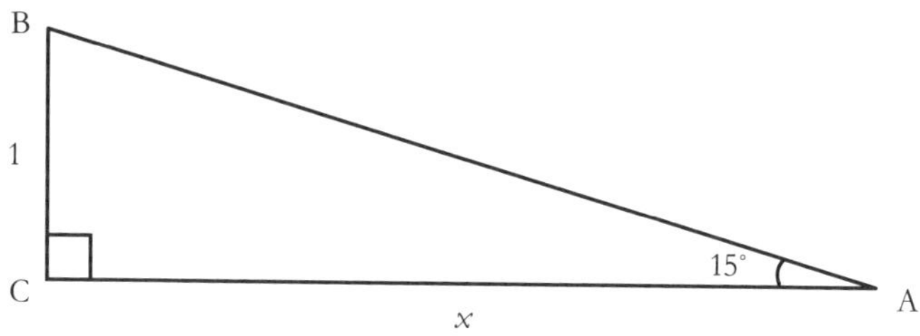

우리가 아주 확실하다고 받아들이는 사실로부터 출발해서 단계 단계 지식을 쌓아가며 이 문제를 풀어보겠습니다. 먼저 정삼각형에 대해 살펴봅시다. 정삼각형은 세 변의 길이가 같고, 세 각이 60°로 모두 같은 삼각형입니다. 초등학교 3학년 때 배우는 내용이니 여기서부터 시작해보죠.

다음으로 정삼각형을 반으로 나누어 두 개의 30°- 60°- 90°의 각을 갖는 직각삼각형을 생각해보겠습니다.

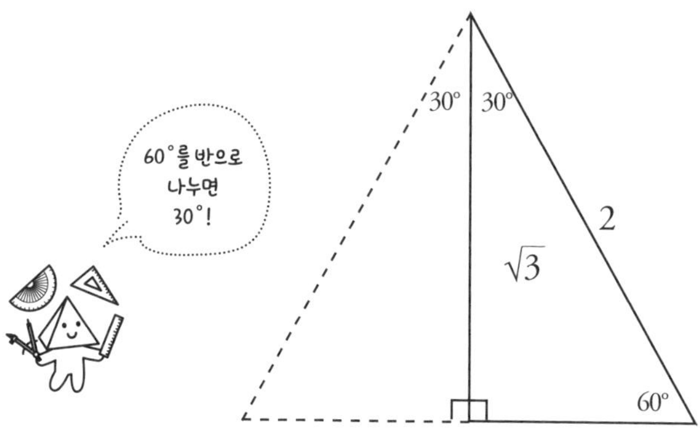

정삼각형의 한 변의 길이가 2라면, 반쪽짜리 직각삼각형의 한 변은 1이고, 높이는 피타고라스 정리에 의해 $\sqrt{3}$이라는 것을 알 수 있습니다. 여기에서 우리는 하나의 지식을 얻었습니다. 그것은 30°- 60° - 90°의 각을 갖는 직각삼각형에 대한 지식인데, 다음과 같은 길이의 비가 존재한다는 것입니다.

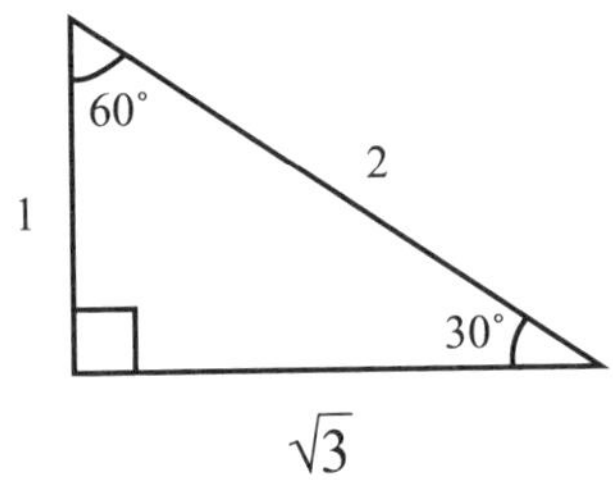

이제 다음 단계로 우리의 문제를 생각해보겠습니다. 각 A가 15°인 직각삼각형이 주어졌는데요. 삼각형의 세 내각을 더하면 180°이니까 각 B는 75°입니다. 일단 다음과 같이 각 B을 15°만큼 나누는 선을 그어서 나눠보겠습니다.

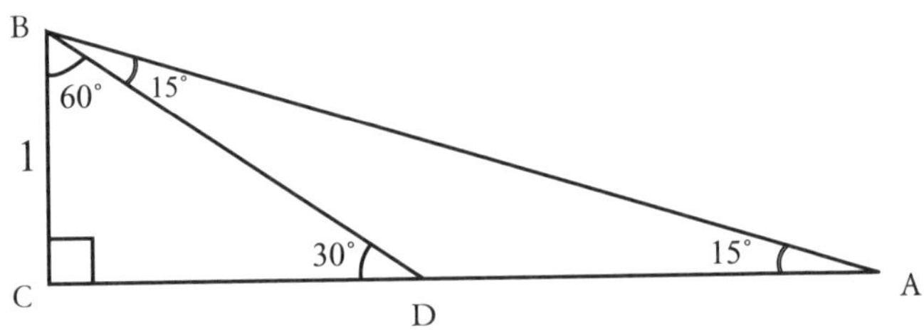

이렇게 나눠보면 직각삼각형 BCD는 각이 60°, 30°인 우리가 알고 있는 직각삼각형이 되고, 삼각형 BDA는 이등변삼각형이 됩니다. 각이 60°, 30°인 직각삼각형의 길이의 비는 $1:\sqrt{3}:2$입니다. 따라서 $\overline{CD}$의 길이는 $\sqrt{3}$이고 $\overline{BD}$의 길이는 2입니다. BDA가 이등변삼각형이므로 $\overline{BD}$와 $\overline{DA}$의 길이는 같습니다. 따라서 $\overline{DA}$의 길이는 2입니다. 우리가 원하는 x는 $\overline{CA}$의 길이이므로, $x = 2 + \sqrt{3}$입니다.

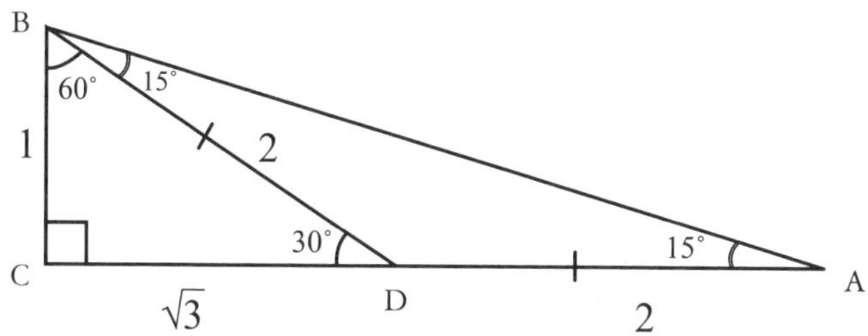

우리가 문제를 해결했던 과정을 살펴보면 각이 15°인 직각삼각형에 관한 문제가 주어졌을 때, 우리가 알고 있는 30°-60°-90° 직각삼각형의 길이의 비를 이용했고, 그 길이의 비는 정삼각형을 반으로 나누면서 알게 된 것이었습니다.

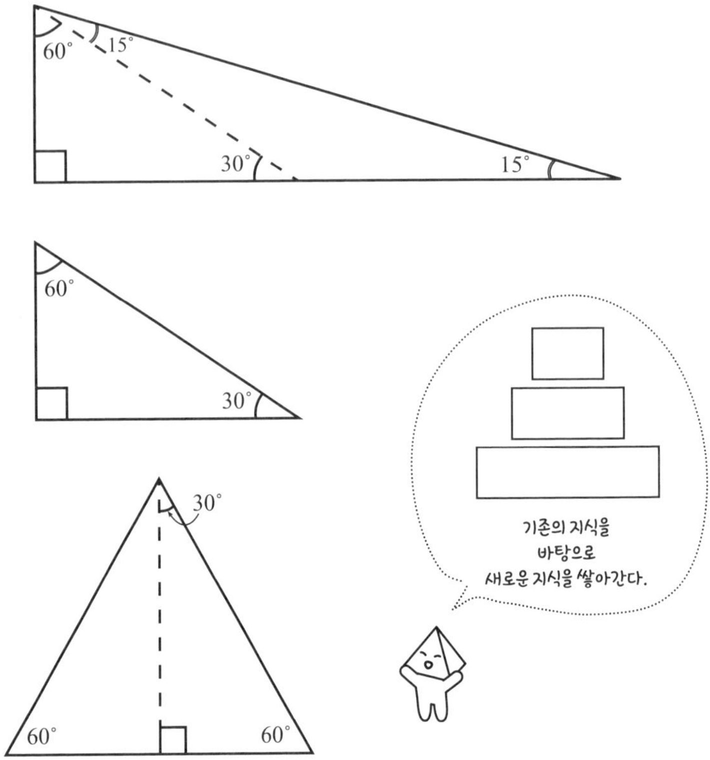

수학을 연구하는 사람의 입장에서 접근해보면 가장 먼저 정삼각형에서 출발하여 그것을 반으로 나누며 30°-60°-90° 직각삼각형의 길이의 비를 파악하고, 그것을 기반으로 15°-75°-90° 직각삼각형의 길이의 비를 파악한 것입니다. 이렇게 내가 알고 있는 것에서 출발하여 하나하나 단계를 밟으며 모르는 것을 알아가는 것이 바로 유클리드가 제시한 수학 연구의 방법론입니다.

유클리드 《기하학 원론》의 첫 번째 책은 군더더기 없이 점, 선, 면, 각, 원, 반원, 삼각형, 사각형, 평행선 등이 무엇인지 명확하게 정하는 23개 정의로 시작됩니다. 이미 익숙한 도형이지만 명확하게 정의되어 있지 않으면 사람마다 각기 다르게 해석할 수 있기 때문이죠. 또한 어떤 기하학적 대상이든 모든 사람이 동일하게 인식해야 그에 대해 논의하고 발전시켜 나갈 수 있습니다. 뜻이 분명하지 않은 언어를 사용하지 않도록 처음부터 정해놓은 거죠. 이렇게 명확한 정의를 바탕으로 의심할 수 없는 진실인 공리(axiom) 5개와 공준(postulate) 5개를 제시합니다. 공리와 공준은 증명이 필요하지 않을 만큼 자명하거나 또는 증명할 수는 없지만 모두 옳다고 받아들이는 기본 가정을 말합니다. 예를 들어, '두 점을 지나는 직선은 하나밖에 없다'는 명제와 같은 것이죠. 이것은 증명하지 않아도 모두 옳다고 인정하는 가정입니다.

더 이상 증명할 필요가 없을 정도로 명백히 옳은 공리와 공준으로부터 논리적으로 엄밀하게 유도된 모든 명제는 참, 즉 옳을 수밖에 없다는 것이 유클리드의 생각입니다. 이런 생각에 따라 유클리드는 기하학이라는 학문에서 다루는 대상과 기본 규칙을 명확하게 정해서 생각의 발판을 단단하게 고른 다음, 아리스토텔레스의 논리학으로 흩어져 있는 수학 지식을 연결하고 쌓아 올렸습니다. 실질적으로 당시의 모든 수학 지식이라고 할 수 있는 465개의 정리를 체계적으로 유도해낸 작품이 바로《기하학 원론》입니다.

바로 이 체계가 유클리드의《기하학 원론》이 이룬 가장 중요한 업적입니다. 첫째, 명시적인 정의를 만들어 용어들을 분명히 함으로써 사람들이 모든 단어와 기호를 서로 동일하게 이해할 수 있도록 했습니다. 둘째, 공리와 공준을 명시적으로 밝혀서 진술되지 않은 가정이나 추측이 사용되지 않게 했습니다. 셋째, 공리와 공준, 그리고 앞서 증명된 정리에 허용된 논리적 규칙만을 적용하여 결론을 이끌어내게 했습니다. 이로써 그가 만든 수학 체계에서는 직관에 근거한 무의식적 가정 또는 추측, 부정확성이 발붙일 곳이 없었습니다. 기하학적 대상을 명확하게 규정한 정의와 의심할 수 없는 진리인 공리와 공준에서 출발한 증명을 통해 수학은 확고한 토대를 가진 학문이 되었습니다. 유클리드의《기하학 원론》으로 비로소 수학은 학문이 되었습니다.

유클리드는 수학 연구의 방법으로 증명을 도입합니다. 주어진 명제가 맞는 것인지, 틀린 것인지 확실하게 판정하는 것이 필요하죠. 특히 어떤 결론을 냈다면 왜 그런 결론이 나왔는지, 분명하게 확인하는 것을 증명이라고 합니다. 피타고라스 정리도《기하학 원론》에 증명과 함께 소개되어 있습니다. 수학의 증명은 절대적이고 보편적인 진리를 추구하는 것입니다. 피타고라스 정리는 우리나라에서만 성립하는 것이 아니라, 전 세계 어디에서나 성립하고 우주에서도 성립하는 것입니다. 보편적이고 절대적인 진리를 추구하던 고대 그리스 철학자들에게 수학의 증명은 매우 중요하게 다가왔을 겁니다. 유클리드는 그 전통을 중시하여 중요한 증명들을《기하학 원론》에 소개했습니다. 대표적인 증명으로 "$\sqrt{2}$는 유리수가 아니다", "소수는 무한히 많다" 등이 있습니다. 두 가지를 간단하게 소개하면 다음과 같습니다.

$\sqrt{2}$는 유리수가 아니다.

$\sqrt{2}$가 유리수가 아니라는 것은 다음과 같이 증명할 수 있습니다.

만약, $\sqrt{2}$가 유리수라면, 어떤 정수 m, n으로 $\sqrt{2} = \frac{n}{m}$과 같이 쓸 수 있습니다.

이때, m, n은 같은 약수를 포함하지 않는 서로소로 잡을 수 있고요.

양변을 제곱하면, $2 = \frac{n^2}{m^2}$과 같이 될 것입니다. 따라서, $2m^2 = n^2$입니다.

이렇게 보면, n은 짝수여야 합니다. 즉, $n = 2k$와 같이 써지겠죠.

이것을 대입하면, $2m^2 = 4k^2$입니다. 즉, $m^2 = 2k^2$입니다.

따라서, m은 짝수겠죠. 이것은 m, n이 서로소라는 가정에 맞지 않는 것입니다. 이러한 모순이 생긴 이유는 $\sqrt{2}$를 유리수라고 가정하여 어떤 정수 m, n으로 $\sqrt{2} = \frac{n}{m}$과 같이 썼기 때문입니다. 따라서, $\sqrt{2}$는 유리수가 아닙니다.

$\sqrt{2}$가 유리수가 아니라는 것을 증명하기 위해 우리는 다음과 같은

방법을 사용했습니다. "만약 $\sqrt{2}$가 유리수라고 하면, '…'와 같은 모순이 생긴다. 이런 모순은 $\sqrt{2}$가 유리수라고 해서 생긴 것이다. 따라서 $\sqrt{2}$는 유리수가 아니다." 이런 증명법을 귀류법이라고 합니다. 귀류법은 증명하려는 명제의 결론을 부정하면 모순이 생기기 때문에 원래의 명제가 참이라는 결론을 얻는 것입니다. 유클리드가 제시한 이 증명 방법은 지금까지도 세계 최고의 수학자들이 무엇을 증명할 때 가장 많이 사용하는 방법입니다.

그렇다면 소수는 무한히 많다는 증명을 살펴볼까요? 아시겠지만 1과 자기 자신만을 약수로 갖는 수를 소수(prime number)라고 합니다. 2, 3, 5, 7, 11 등과 같은 수가 소수입니다. 6은 $6 = 2 \times 3$과 같이 자기 자신이 아닌 약수를 갖습니다. 그래서 6은 소수가 아니죠. 모든 수는 소수로 표현됩니다. 그렇게 표현하는 것이 더 효과적으로 그 수를 이해하는 방법입니다. 그래서 사람들은 소수에 관심을 가지는데요, 이런 소수가 무한히 많다는 것을 유클리드는 다음과 같은 방법으로 증명합니다.

소수의 개수는 무한히 많다.

소수의 개수가 유한하다고 가정해볼까요? 유한한 소수를 $p_1, p_2, p_3, \cdots p_n$이라고 할 때, 다음과 같은 수를 생각해보세요.

$$P = p_1 \times p_2 \times \cdots \times p_n + 1$$

이렇게 주어진 P는 기존의 소수 $\{p_1, \ p_2, \cdots p_n\}$으로 나눠지지 않습니다. 이것은 P가 소수라는 것을 의미하는데, P는 기존의 소수 중 하나가 아닙니다. 새로운 소수인 것이죠. 이것은 기존의 소수가 유한 개로 $\{p_1, \ p_2, \cdots p_n\}$ 뿐이라는 가정에 어긋납니다. 이런 모순이 생긴 이유는 애초에 소수가 유한하다는 가정이 틀렸기 때문에 발생한 것입니다. 따라서, 소수의 개수는 무한히 많습니다.

유클리드가 세계 최초로 알고리즘을 만들어냈다?

《기하학 원론》에서는 정수론의 기초 개념을 제7권에서 다룹니다. '단위'와 '수'에 대한 정의에서 시작해서 약수, 배수, 홀수, 소수, 서로소, 두 수의 곱 등에 관한 22개의 정의와 39개의 명제로 구성되어 있는데요. 이 7권에서 증명하는 첫 번째 명제는 '유클리드 호제법'이란 이름으로 알려진 두 수의 최대공약수를 구하는 방법입니다.

초등학교 5학년 때의 기억을 되살려 60과 24의 최대공약수를 찾아봅시다. 두 수 모두를 나누는 수 중에 가장 큰 수를 두 수의 최대공약수라고 합니다. 일반적으로 두 정수의 최대공약수를 구할 때에는 두 수를 소인수분해해서 찾아냅니다. 60과 24를 소인수분해하면 60 =

$2^2 \times 3 \times 5$, $24 = 2^3 \times 3$이므로 이 두 수를 동시에 나누는 가장 큰 약수는 $2^2 \times 3 = 12$라는 걸 알 수 있습니다.

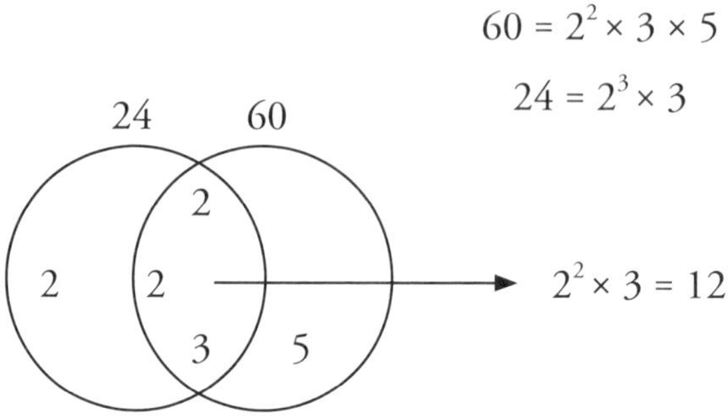

60과 24는 상대적으로 작은 수여서 쉽게 소인수분해해서 최대공약수를 찾았습니다. 그런데 유클리드 호제법은 소인수분해하지 않고도 최대공약수를 찾는 방법으로, 다음과 같은 정리에서 나옵니다.

> 두 정수 A와 B가 있을 때, A를 B로 나눈 몫이 Q이고 나머지가 R일 때, A와 B의 최대공약수는 B와 R의 최대공약수와 같고, 또한 A-B와 A의 최대공약수와 같다.

A와 B의 최대공약수 찾기

$$A = B \times Q + R$$

A와 B의 최대공약수 = B와 R의 최대공약수 = (A-B)와 A의 최대공약수

유클리드가 제시한 알고리즘으로 60과 24의 최대공약수를 구해보겠습니다. 60을 24로 나눈 몫은 2이고 나머지는 12입니다. 유클리드의 호제법은 60과 24의 최대공약수와 24와 12의 최대공약수가 같다는 이야기입니다. 24와 12의 최대공약수는 12입니다. 따라서 60과 24의 최대공약수도 12라는 겁니다.

60과 24의 최대공약수 찾기

$$60 = 24 \times 2 + 12$$

60과 24의 최대공약수 = 24와 12의 최대공약수 = 12

이번에는 조금 큰 두 수의 최대공약수를 구해볼까요? 1254와 582의 최대공약수를 구해봅시다.

1254와 582의 최대공약수 찾기

$$1254 = 582 \times 2 + 90$$

$$582 = 90 \times 6 + 42$$

$$90 = 42 \times 2 + 6$$

42 = 6 × 7 → 42와 6의 최대공약수는 6,
따라서 1254와 582의 최대공약수는 6이다.

유클리드 호제법 알고리즘

① A와 B의 최대공약수를 구하기 위해 A를 B로 나눈 나머지 R_1을 구합니다.

② B를 R_1으로 나눈 나머지 R_2를 구합니다.

③ R_1을 R_2로 나눈 나머지 R_3를 구합니다.

④ 이 과정을 계속 반복해서 어느 한쪽이 나누어떨어질 때까지 반복합니다. 나누어떨어지기 직전 얻은 나머지가 최대공약수입니다.

컴퓨터와 인공지능이 발달한 요즘, 프로그램을 형성하는 알고리즘에 대한 관심이 커지고 있습니다. 알고리즘이란 문제를 풀기 위해 정해진 절차를 기계적으로 밟으면 우리가 원하는 해답이 나오는 것인데요, 세계 최초의 알고리즘이 바로 최대공약수를 구하는 유클리드의 호제법이라고 할 수 있습니다. 유클리드 호제법은 최대공약수를 단순하면서도 빠르게 구할 수 있는 좋은 알고리즘입니다. 손으로 계산할 때는 그 차이를 못 느낄 수도 있지만 컴퓨터로 계산할 때는 소인수분해보다 유클리드 호제법을 이용하면 계산이 훨씬 더 빠릅니다. 이외에도 유클리드 호제법은 나중에 정수론의 여러 정리를 증명하는 데 크게 도움이 되었습니다.

알렉산드리아 시대의 수학자들

유클리드의 《기하학 원론》은 아테네를 중심으로 한 고대 그리스 시대까지 알려져 있던 수학을 총망라한 교과서였습니다. 그러다 보니 《기하학 원론》을 통해 그리스 기하학의 특징을 찾아볼 수 있습니다. 그리스 시대에 뒤이어 펼쳐지는 알렉산드리아 시대에는 새로운 분위기의 수학이 시작됩니다. 이 시대의 수학, 특히 기하학은 그리스 수학과는 대조적으로 실용적이고 역동적이었습니다. 알렉산드리아 시대 수학자 몇 사람을 만나보겠습니다. 먼저 아르키메데스(B.C. 287?~B.C. 212)를 잠시 만나볼까요?

아르키메데스는 인류 역사상 가장 위대한 수학자 세 명을 꼽을 때 빠지지 않고 들어가는 수학자입니다. 일반적으로 사람들은 가우스, 뉴턴 그리고 아르키메데스를 3대 수학자로 꼽습니다. 수학의 노벨상이라고 불리는 필즈상에는 아르키메데스의 초상이 있습니다.

필즈상 메달에 새겨진 아르키메데스의 초상.

목욕탕에서 부력의 원리를 발견하고서 너무 기쁜 나머지 벌거벗은 채로 '유레카'를 외쳤다는 이야기로 유명한 아르키메데스. 그는 시칠리아섬의 시라쿠사에서 천문학자 피디아스의 아들로 태어났습니다. 젊은 시절 아르키메데스는 알렉산드리아에서 수학을 공부하고 시라쿠사로 돌아와 평생 동안 수학, 과학을 연구했습니다. 외부로부터 자주 침입을 당하던 고향을 지키기 위해 배를 공격할 수 있는 투석기, 적군의 배를 들어올릴 수 있는 기중기, 적의 배를 태울 수 있는 볼록렌즈 등과 같은 전쟁 무기를 개발했고 농사에 도움을 주는 양수기를 발명했습니다.

아르키메데스는 원 안과 밖에 접하는 다각형을 그려서 π 값의 근삿값을 구했습니다. 처음에는 6각형에서 시작해서 12각형, 24각형, 48각형, 96각형으로 변의 수를 2배씩 늘려갔습니다. 변의 수가 늘어날수록 원에 가까워져서 96각형의 둘레 길이는 원둘레와 거의 차이가 없습니다. 이 방법으로 아르키메데스는 π 값이 $3\frac{10}{71}$보다 크고 $3\frac{1}{7}$보다는 작다는 것($3\frac{10}{71} < \pi < 3\frac{1}{7}$)을 밝혀내고 $\frac{22}{7}$를 원주율의 근삿값으로 사용했습니다. 이 값은 3.142857로 오늘날 우리가 사용하는 π 값 3.141592와 거의 같습니다.

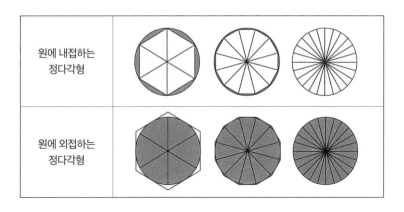

원에 내접하는 정다각형	
원에 외접하는 정다각형	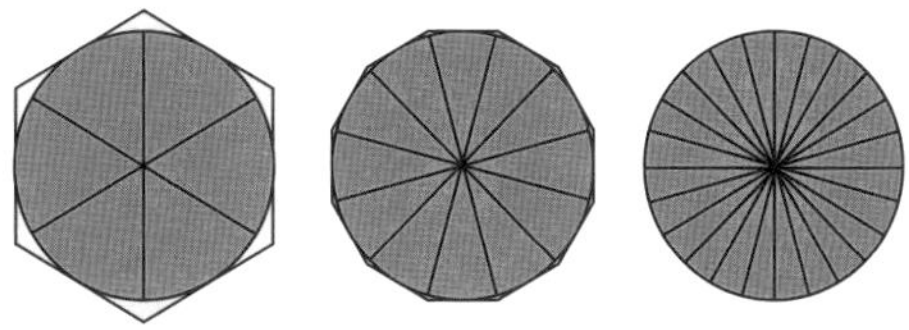

$$\pi \cong \frac{22}{7} = 3.142857$$

이 밖에 아르키메데스는 다양한 평면도형의 넓이를 구하는 방법과 곡면으로 둘러싸인 공간의 부피를 구하는 방법도 알아냈습니다. 그중 원의 넓이를 구하는 아이디어를 간단히 살펴보죠. 원을 한없이 잘게 잘라 붙이면 아래 그림처럼 직사각형이 됩니다. 그 직사각형의 가로는 원주의 절반이고, 세로는 반지름과 같으니까 간단하게 원의 넓이를 구할 수 있습니다.

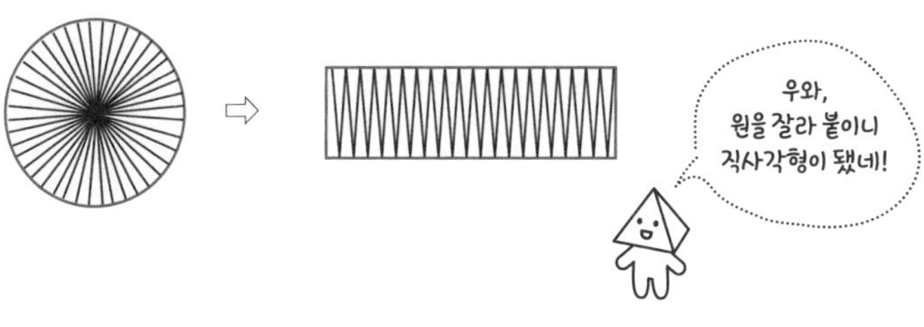

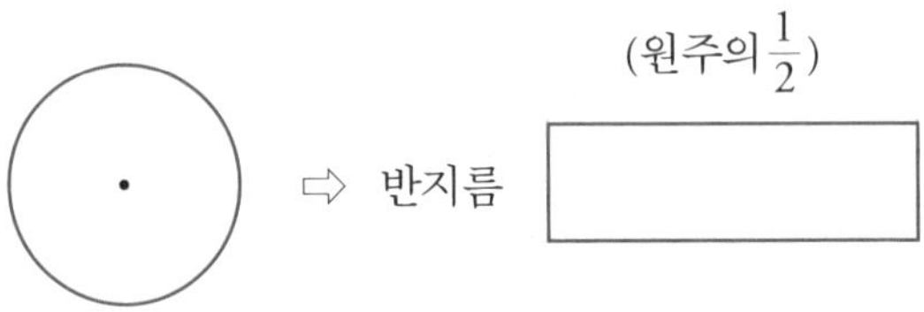

$$\begin{aligned}(\text{원의 넓이}) &= (\text{원주의}\tfrac{1}{2}) \times (\text{반지름})\\ &= 2 \times (\text{반지름}) \times (\text{원주율}) \times \frac{1}{2} \times (\text{반지름})\\ &= (\text{반지름}) \times (\text{반지름}) \times (\text{원주율})\end{aligned}$$

이렇게 도형의 넓이를 바로 구하기 어려운 경우, 넓이를 구할 수 있는 도형으로 잘게 나눈 다음 각각의 넓이를 더해 전체 도형의 넓이를 구한다는 이 놀라운 아이디어는 17세기 적분법으로 이어집니다.

에라토스테네스(B.C. 276~B.C. 194)는 약 2,200년 전에 지구가 둥글다는 사실을 알고 지구의 둘레를 처음으로 계산한 사람입니다. 그는 지금의 리비아 지역인 키레네 출신인데, 젊은 시절 아테네에서 공부하고 알렉산드리아 도서관의 사서로 일했습니다. 어떤 책에서 "매년 하짓날 오후가 되면 시에네에서는 태양이 머리 바로 위에서 수직으로 비쳐 그림자가 생기지 않는다"는 내용을 읽었는데, 시에네에서 925㎞ 떨어진 알렉산드리아에는 그림자가 생기는 것을 보고 아이디어를 얻습니다. 두 지역 사이의 거리와 두 지역에서 햇빛이 들어오는 각도의 차이를 이용해서 지구 둘레를 계산해보자는 거죠. 지구가 완

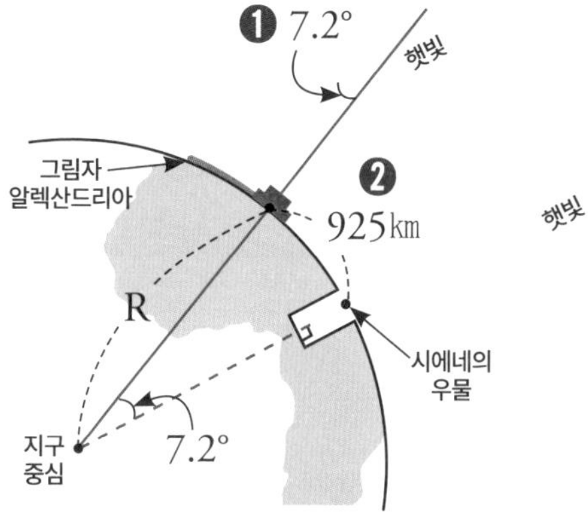

$$2\pi R : 925\text{km} = 360^\circ : 7.2^\circ$$

$$2\pi R(\text{지구 둘레}) = \frac{925\text{km} \times 360^\circ}{7.2^\circ} = 46{,}250\text{km}$$

전히 동그란 공 모양이고 지구로 들어오는 햇빛은 평행이라고 가정하면 간단한 비례식으로 지구 둘레를 구할 수 있습니다. 이렇게 구한 지구 둘레는 46,250km인데 실제 지구 둘레 약 40,000km와는 16% 이내의 오차를 보이고 있는 값입니다.

잠깐 시간을 건너뛰어 15세기 후반으로 가보겠습니다. 1492년, 콜럼버스는 대서양을 가로질러 인도로 가서 "지구가 둥글다는 것을 증명하겠다"고 말합니다. 지구는 평평하고 바다 끝에는 낭떠러지가 있어서 갈 수 없다며 비웃는 사람들을 뒤로하고 배를 출발시키죠. 그런데 좀 이상하지 않나요? 바로 앞에서 2,200년 전 에라토스테네스는 둥근 지구의 둘레를 정확하게 계산했다고 했는데, 그로부터 1,700년이나 지난 후의 사람인 콜럼버스가 지구가 둥글다는 것을 증명한다고 항해에 나섰다는 겁니다. 도대체 에라토스테네스 시대와 콜럼버스 시대 사이에 무슨 일이 있던 걸까요?

알렉산드리아 시대가 저물다

헬레니즘 문화를 찬란하게 꽃피웠던 알렉산드리아 도서관에서 마지막으로 언급할 학자는 히파티아(370?~415)입니다. 라파엘로의 대작 〈아테네 학당〉에 그려진 여러 학자들 사이에 있는 유일한 여성이 바로 그녀입니다. 최초의 여성 수학자인 히파티아는 젊어서부터 철학과 수학과 천문학 연구로 명성을 떨쳐 알렉산드리아 도서관 관장의 자리에 올랐습니다. 많은 제자들이 수학과 신플라톤주의에 대한 그녀의 강의에 참석했다고 합니다. 그녀가 쓴 책으로는 초기 알렉산드리아 시대의 학자인 디오판토스, 아폴로니우스, 톨레미의 연구에 대한 해설서와 수학자이자 철학자인 아버지 테온과 공동으로 저술한 유클리드의《기하학 원론》에 관한 해설서가 전해집니다. 그녀는 알렉산드리아의 자랑이자 많은 남성들이 연모하는 대상이었지만, 청혼을 받을 때마다 "나는 진리와 결혼했다"라며 거절했다고 하네요.

5세기가 시작될 무렵 알렉산드리아는 기독교 중심지 중의 하나가 됩니다. 392년 기독교가 로마제국의 국교가 되자, 로마제국 곳곳에서 유대교와 다신교를 몰아내려는 움직임이 거세집니다. 알렉산드리아 주교로 부임한 키릴로스는 자신과 다른 기독교 종파와 유대교, 이교도에 폭력을 가했습니다. 그런 그에게 히파티아는 이단 사상을 전파하는 사악한 마녀로 보였던 모양입니다. 기독교도 가운데 광신적인 무리들을 선동하여 잔인한 방식으로 히파티아를 죽음에 이르게 했습니다. 거의 같은 시기 기독교도들은 알렉산드리아 도서관을 불태웠습니다. 히파티아의 저술을 포함한 수학, 천문학, 응용과학 분야의 지식을 담고 있는 책들이 모두 사라졌습니다. 히파티아의 죽음을 계기로 학문의 중심지로서 헬레니즘 문명이 화려하게 피어났던 알렉산드리아는 그 빛을 잃어갔습니다.

한때 70만 권의 장서를 보유한 세계 최대 규모의 도서관이자 세상의 모든 지식이 모여들었던 알렉산드리아 도서관. 알렉산드리아에서 활짝 꽃피웠던 헬레니즘 시대의 방대한 수학·과학 지식은 다양한 사상을 품지 못하는 종교가 지배하는 유럽을 떠나 아랍 지역의 이슬람 문명으로 자리를 옮깁니다. 알렉산드리아 도서관이 사라지자 찬란한 지성이 빛나던 유럽은 이후 암흑의 시대로 접어들죠. 이렇듯 에라토스테네스 시대와 콜럼버스 시대 사이에 중세 암흑기가 있었습니다.

수학 외전

유클리드는 어떤 사람이었을까?

유클리드의 《기하학 원론》은 그리스 수학의 가장 위대한 유산으로 평가되지만, 사실 유클리드의 생애에 대해서는 알려진 것이 별로 없습니다. 프톨레마이오스 1세가 세운 알렉산드리아 도서관에서 수학을 가르칠 때의 이야기가 전해지는 정도입니다.

유클리드의 이름이 널리 알려져서 많은 학생들이 알렉산드리아로 몰려들어 그의 기하학 강의를 들었다고 합니다. 유클리드는 자신이 쓴 《기하학 원론》으로 수업을 진행했는데 그 내용이 워낙 깐깐하고 까다로워서 공부하기 어려웠다고 합니다. 유클리드의 기하학 수업을 듣던 프톨레마이오스 2세가 이렇게 얘기했다고 하네요.

"기하학을 쉽게 배울 수 있는 방법은 없습니까?"

왕자의 질문에 유클리드는 딱 잘라 이렇게 대답했답니다.

"기하학에 왕도(王道)는 없습니다."

이 대답의 속뜻은 무엇이었을까요? "어려우니까 수학이지. 왕자라고 어물쩍 쉽게 건너뛰려고 하니?" 뭐 이런 게 아니었을까요? 그래도 왕자에게는 점잖게 질책을 한 거였습니다.

어려운 그의 강의를 듣던 제자 한 사람이 "이 어려운 기하학을 애써 배우면 뭘 얻을 수 있습니까?" 하고 질문을 했더니 대뜸 하인을 불러 얘기했다고 합니다.

"저 사람에게 동전 세 개를 주어라. 자기가 배운 것에서 뭔가를 얻어야 한다고 생각하는 사람이니까 말이다."

아마도 제자의 질문을 듣고 유클리드는 "기하학은 세상의 본질을 탐구하는 학문인데, 그 가치를 모르고 실질적인 이익만 구하다니!" 하면서 화가 난 것 같습니다. 그래서 질문을 던진 제자가 기하학을 모독하는 거라 여겨 내쫓은 게 아닌가 하는 생각이 듭니다. 그는 배우는 과정에 있는 제자의 어려움에 공감하고 격려해주기보다 학문에 대한 자신의 생각을 명확하게 드러내며 단호한 태도를 보이는 사람이었던 것 같습니다.

지도와 연표로 보는 수학사

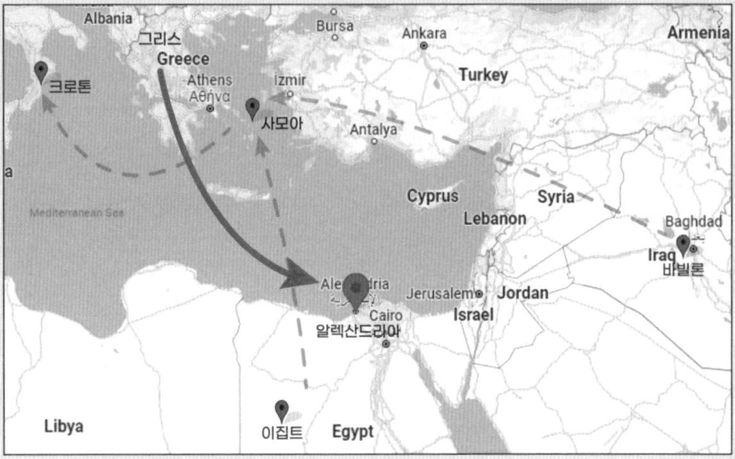

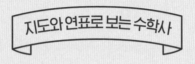

학문의 중심, 아테네에서 알렉산드리아로

기원전 4세기 중반, 그리스 북쪽에 자리잡은 마케도니아가 새로운 강자로 등장해서 그리스를 통일합니다. 마케도니아 왕 필리포스는 그의 자리를 물려줄 아들의 교육에 무척 신경 썼던 것 같습니다. 왕자를 가르칠 개인 교사를 당시 문화 전성기를 지내고 있던 그리스에서 모셔 온 걸 보면 알 수 있습니다. 그리스의 유명 철학자들을 후보로 놓고 고심 끝에 한 사람을 골랐는데, 바로 삼단논법의 규칙을 정하고 형식논리학의 체계를 갖춘 철학자이자 수학자, 과학자인 아리스토텔레스입니다. 당대 최고의 철학자 스승에게서 제대로 잘 배운 왕자는 이후에 세계를 정복한 영웅이 되어 그리스 문화의 전도사 역할까지 겸하게 됩니다. 바로 그리스와 페르시아, 인도에 이르기까지 동서를 하나로 이은 제국을 건설한 알렉산더대왕입니다.

그는 정복지 곳곳에 알렉산드리아라고 이름 지은 도시를 70개나 건설했고, 이 도시들을 거점으로 해서 서쪽의 그리스 문화가 동쪽의 여러 나라로 전해집니다. 그런데 알렉산더대왕은 서른셋의 나이에 갑자기 죽음을 맞이하고, 제국은 세 개로 나눠져 그의 부하들이 다스리게 되죠. 이집트 지역을 차지한 프톨레마이오스 1세는 나일강 근처의 알렉산드리아를 수도로 정하고 큰 도시로 발전시킵니다. 실크로드와 지중해가 맞닿은 곳에 신도시를 개발한 거죠. 이 도시에 세상에서 가장 큰 도서관까지 세워 알렉산드리아는 상업은 물론 학문과 문화의 중심지가 됩니다. 유명한 학자들이 알렉산드리아 도서관으로 속속 모여들었습니다. 지구 둘레를 계산한 에라토스테네스, 지동설을 가장 처음 생각해낸 천문학자 아리스타르코스가 이 거대한 도서관의 사서로 일했고, 유클리드와 원뿔 곡선의 성질을 연구한 아폴로니우스가 도서관 소속 학자로 수학을 가르쳤으며, 아르키메데스는 이곳에서 공부하는 학생이었습니다.

알렉산더대왕이 세상을 떠난 뒤부터 그의 제국이 멸망한 기원전 30년까지 약 300년 동안을 '헬레니즘 시대'라고 부릅니다. 아리스타르코스의 지동설은 코페르니쿠스의 주장보다 1,800년 전에 나왔고, 아르키메데스가 원, 구 등의 넓이와 부피를 구할 때 사용했던 방법은 오늘날의 적분법으로 이어질 정도였습니다. 수학, 과학이 눈부시게 발전한 이 시대를 후대의 사람들은 '가장 찬란했던 과학의 시대'라고 부릅니다.

연표

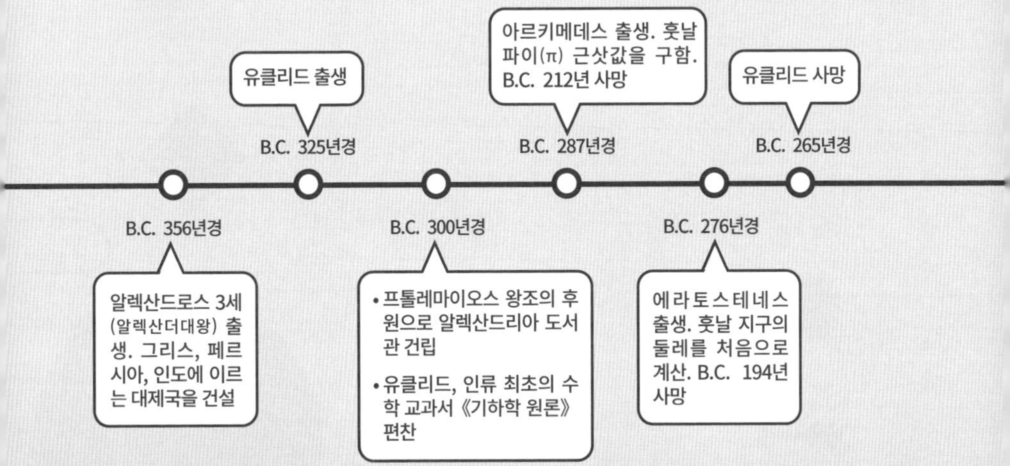

PART 03

양팔저울에서 방정식 풀이법을 찾아낸 알 콰리즈미

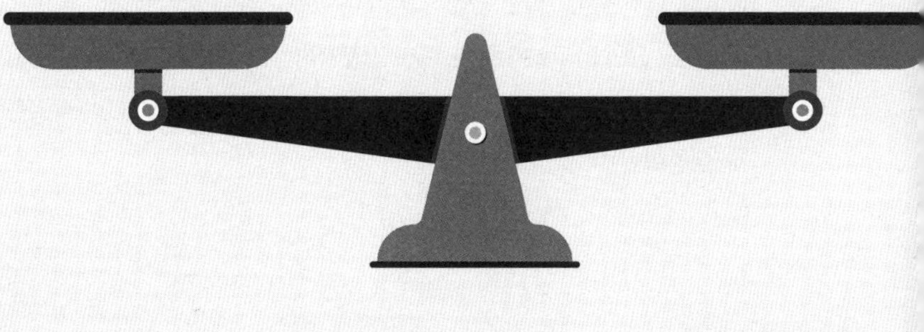

무함마드 이븐 무사 알 콰리즈미 Muhammad ibn Mūsā al-Khwārizmī

출생 - 사망	780년경~850년경
출생지	우마이야 왕조 호라즘(현재 우즈베키스탄 지역)
직업	수학자, 천문학자, 지리학자

이슬람제국 전성기의 과학 연구소 '지혜의 집' 소속 학자. 인도-아라비아숫자와 10진법, 사칙연산은 물론 방정식과 삼각비까지 우리가 학교에서 배우는 계산의 대부분이 그의 연구 분야였다. 특히 일차방정식과 이차방정식 풀이법에 대해 체계적으로 연구해, 대수학이라는 수학의 분야가 시작될 수 있게 만든 장본인이어서 '대수학의 아버지'라 불린다.

알고 보니
'알고리즘'의 아버지?

초등 수학과 중등 수학, 뭐가 다르지?

초등학생과 국민학생에 어떤 차이가 있는지 아시나요? 지금의 초등학교를 과거에는 국민학교라 불렀습니다. 1996년 3월, 일제의 잔재를 깨끗이 청산하기 위해 국민학교에서 초등학교로 명칭이 변경된 것인데요, 학교 명칭뿐 아니라 과목 이름도 바뀌었습니다. 국민학생은 '국산사자'를 배웠지만 초등학생은 '국수사과'를 배우죠. 국어와 사회 과목은 그대로지만, '산수(算數)'는 '수학(數學)', '자연(自然)'은 '과학(科學)'으로 바뀐 겁니다. 교과목에서 산수는 사라졌지만 아직 표준국어대사전에는 "수의 성질, 셈의 기초, 초보적인 기하 따위를 가르치던 학과목"이란 뜻의 표제어로 남아 있습니다. 초등학교에서 배우는 수학이 바로 산수인 거죠.

그럼 산수와 중학교에서 배우는 수학은 어떻게 다를까요? 초등 교과서에는 □, △, ○와 같은 기호가 나오는데 중등 교과서에는 x, y, z 같은 문자가 나온다는 게 가장 큰 차이일 겁니다. 그뿐 아니라 계산 방법을 나타내는 방식도 다르죠. 초등 수학에서는 '직사각형의 넓이를 구하려면 가로와 세로를 곱하세요'라고 말로 설명하지만 중학교 교과서에는 $A = ab$라고 표현합니다.

직사각형의 넓이 = (가로)×(세로)

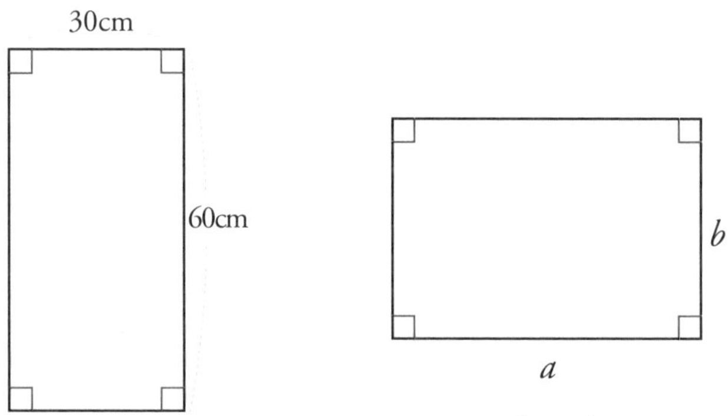

$A = ab$

• 직사각형의 넓이

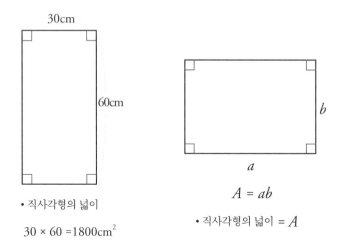

$30 \times 60 = 1800\text{cm}^2$

• 직사각형의 넓이 = A

직사각형의 넓이를 구하는 방법에 대한 설명. 왼쪽은 초등학교, 오른쪽은 중학교.

이렇게 말로 설명하지 않고 문자를 써서 간단하게 표현해 문제를 푸는 수학을 '대수(代數)'라고 합니다. 한자로 쓰면 대신 대, 셀 수. 숫자 대신 문자를 써서 문제를 푼다는 뜻입니다. 산수는 한 번에 하나씩 특정한 문제를 푸는 방법을 알려주지만 대수에서는 특정한 유형의 여러 문제에 적용할 수 있는 일반 규칙, 즉 공식을 알려주죠. 다시 말해서 대수는 산수보다 더 일반적입니다.

직사각형 넓이를 구하는 위의 예를 보고 산수나 대수나 큰 차이가 없다고 생각하는 분이 있을지 모르겠네요. 가로와 세로를 곱하는 거나 그림의 가로, 세로를 문자로 표시하고 곱셈식을 쓴 것은 똑같으니까요. 그저 편리하게 쓰려고 긴말을 줄인 정도라고 생각할 수도 있을 겁니다. 그런데 기호로 나타내는 건 그저 편리하다는 정도를 넘어섭니다. 말로는 너무 복잡해서 도저히 표현하기 힘든 공식도 기호를 이용하면 간단하게 나타낼 수 있습니다. 더구나 공식을 다루는 법만 배우면 공식을 모를 때는 정말 힘들게 생각해야 하는 문제들도 거의 자동적으로 풀어낼 수 있습니다. 대수는 더 어려운 문제를 풀기 위해 활용하는 일반적인 산수라고 볼 수 있습니다.

대수학은 영어로 '알지브라(Algebra)'인데 '알자브르(al-jabr)'라는 아랍어에서 나왔습니다. 수 대신에 문자를 사용하는 대수학은 방정식의 풀이 방법이나 구조를 연구하는 학문입니다. 학교에서 배우는 내용 중 '수와 연산', '문자와 식' 단원이 바로 대수학입니다. 사칙연산을 이용하여 x나 y의 해를 구하고, 복잡한 식을 동류항 정리와 이항, 약분으로 간단하게 만들고 소인수분해하는 것 등이 대수학의 시작입니다. 수의 연산에서 역수, 결합법칙, 분배법칙, 교환법칙 등은 방정식의 구조에 대한 부분입니다. 고등학교, 대학 교양 과정인 행렬과 벡터 역시 대수학, 특히 선형대수학과 관련이 있습니다.

미지수를 최초로 도입한 디오판토스

알고 싶지만 아직 모르는 수를 미지수라고 부르고, 흔히 알파벳 x로 나타냅니다. 초등학교 때는 □로 주로 나타내죠. 미지수를 문자로 나타낸 최초의 수학자는 누구일까요? 바로 3세기 말 알렉산드리아에서 활약했던 그리스 수학자 디오판토스(246?~330?)입니다.

디오판토스에 대해서 알려진 사실은 많지 않습니다. 그런데 그가 몇 살에 세상을 떠났는지는 잘 알려져 있습니다. 기원전 5세기부터 기원후 6세기까지 그리스의 시 · 노래 · 묘비명 · 경구(警句) 등 수천 편을 기록한 《그리스 사화집(Greek Anthology)》에 그의 묘비명이 기록되어 있기 때문입니다. '대수학의 아버지'란 이름에 걸맞게 디오판토스의 일생을 문제로 만들어 묘비에 새겨놓았던 거죠.

디오판토스의 묘비

나그네여! 이 비석 아래 디오판토스가 잠들어 있다. 그의 신비스러운 생애를 수로 말해보겠다. 신의 축복으로 태어난 그는 인생의 $\frac{1}{6}$을 소년으로 보냈다. 그리고 다시 인생의 $\frac{1}{12}$이 지난 뒤 얼굴에 수염이 나기 시작했다. 다시 $\frac{1}{7}$이 지난 뒤 그는 아름다운 여인과 결혼했으며, 결혼한 지 5년 만에 귀한 아들을 얻었다. 아! 그러나 그의 가엾은 아들은 아버지의 반밖에 살지 못했다. 아들을 먼저 보내고 깊은 슬픔에 빠진 그는 4년 동안 정수론에 몰입해 스스로를 위로하다가 일생을 마쳤다.

이 묘비명을 보고 디오판토스가 몇 살까지 살았는지 계산하라는 문제가 종종 중학교 1학년 문제로 나옵니다. 그런데 생각보다 많은 학생들이 어려워합니다. 세 줄이 넘어가는 문장제 문제이기 때문이죠. 문장으로 제시된 문제를 이해하고 수식으로 바꿔 계산해야 하는데 문제 이해 단계에서부터 막히는 겁니다.

디오판토스가 활동했던 당시에 '수학'이라고 하면 도형의 성질을 탐구하는 '기하학'을 말하는 거였습니다. 방정식의 해도 도형을 이용한 기하 문제로 바꿔서 푸는 상황이었고, 수식이나 기호가 없었기 때문에 수학 문제는 앞에 나온 디오판토스의 묘비명처럼 모두 일상의 언어로 기록한 문장제 문제였습니다. 그런데 디오판토스는 이런 흐름을 벗어나 대수학이라는 새로운 길을 열었습니다. 디오판토스의 대표작 《산술(Arithmetica)》은 약 150개의 문제를 담고 있는 문제집으로 일차방정식, 이차방정식, 삼차방정식, 연립방정식에 관한 문제와 풀이 방법이 실려 있습니다. 이 책에서 그는 미지수와 뺄셈, 제곱, 세제곱 등을 나타내는 말을 축약해서 기호로 단순화시켜 표시했습니다. 그러자 수학 문제들은 지금의 식과 비슷한 형태가 되었고, 긴 문장을 읽지 않고도 무슨 계산을 해야 할지 눈에 보이니 수학 계산을 빠르게 할 수 있게 되었죠. 디오판토스가 대수학의 아버지로 불리는 이유가 바로 여기에 있습니다.

미지수를 문자로 나타내면 복잡한 현상을 간단한 수식으로 표현할 수 있습니다. 이렇게 표현할 수만 있다면, 이후에는 정해진 절차에 따라 계산해서 알지 못했던 것의 구체적인 값을 알게 되는 거죠. 이것이 대수학이 가진 힘입니다. 디오판토스의 나이를 계산하면서 그 힘을 직접 느껴볼까요?

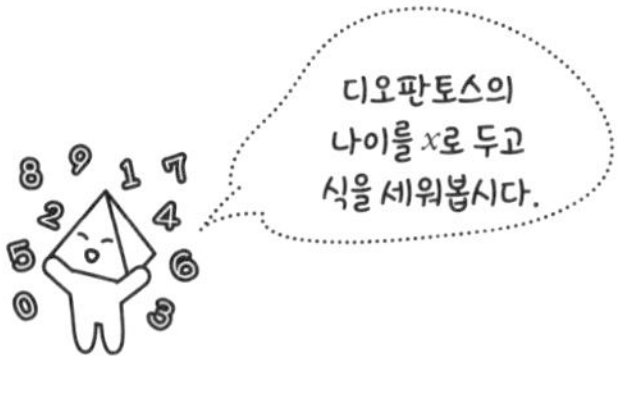

디오판토스의
나이를 x로 두고
식을 세워봅시다.

소년으로 보낸 시기 = 인생의 $\frac{1}{6} = \frac{1}{6}x$

그 후 수염이 날 때까지의 시간 = 인생의 $\frac{1}{12} = \frac{1}{12}x$

그 후 결혼할 때까지의 시간 = 인생의 $\frac{1}{7}$ = $\frac{1}{7}x$

아들이 살았던 기간 = 인생의 $\frac{1}{2}$ = $\frac{1}{2}x$

이 기간과 아들이 태어나기 전의 5년, 슬픔에 빠져 있던 4년을 더하면 디오판토스의 일생이 되니까 다음과 같이 식으로 쓸 수 있습니다.

$$\frac{x}{6} + \frac{x}{12} + \frac{x}{7} + 5 + \frac{x}{2} + 4 = x$$

그의 일생이 몇 년이 되는지 알지 못하지만 문자 x로 나타내고 인생의 각 부분을 이에 맞춰 표현하니까 방정식 한 줄로 깔끔하게 정리가 되네요. 이 방정식을 푸는 건 중학교 1학년 문제입니다.

일차방정식을 풀어서 디오판토스의 나이를 알아낼 수도 있지만, 우리는 간단한 방법으로 구해볼까요? 분모 통분하는 분수 계산은 귀찮으니까요. 위의 일차방정식을 만족시키는 x는 '나이'이므로 자연수입니다. 오른쪽에 있는 x가 자연수이니까 당연히 왼쪽도 자연수입니다. 그러려면 x는 분수들의 분모인 6, 12, 7, 2의 공배수가 되어야 합니다. 12는 2, 6의 배수이니까 간단히 12와 7의 최소공배수를 구하면 되네요. 즉, 디오판토스가 84세까지 살았다는 것을 알 수 있습니다.

$$\frac{x}{6} + \frac{x}{12} + \frac{x}{7} + 5 + \frac{x}{2} + 4 = x$$

$$12 \times 7 = 84$$

기원전 1,600년경 고대 이집트의 아메스(Ahmes)가 남긴 파피루스(papyrus)에 중학교 1학년 때 배우는 일차방정식에 관한 내용이 나옵니다. 이미 고대 이집트나 바빌로니아 문명에서도 일차방정식을 풀었다는 얘기지요. 당시에는 지금처럼 문자나 기호를 사용하지 않았다는 정도의 차이만 있을 뿐입니다. 일반적인 풀이 방법이 알려져 있지 않았던 이 시기에는 방정식의 근을 어떻게 찾았을까요? 수학 시험 볼 때 누구나 한 번쯤 시도했던 방법, 바로 일일이 숫자를 넣어서 계산하는 방식으로 답을 찾았습니다. 당연히 계산은 복잡하고 시간도 많이 들었겠죠.

기호를 사용해서 대수학이라는 학문을 연 디오판토스지만, 그의 대수학에는 많은 한계가 있었습니다.《산술》에서 다루고 있는 150개의 문제들은 분류도 되어 있지 않았고, 구체적인 상황과 관련된 문제들의 개별적인 풀이를 찾는 데에 그쳤습니다. 음수는 답으로 인정하지 않았고, 가능한 답을 모두 찾으려는 노력도 하지 않았습니다. 풀이 방법이 옳은지 논리적으로 엄격히 따지지도 않았죠. 그래서 체계적이고 일반적인 풀이 방법을 찾는 건 후대 수학자의 숙제로 남겨집니다.

이런 한계에도 불구하고《산술》은 아랍의 학자들에게 영향을 끼쳤고, 16세기에 라틴어로 번역되면서 중세 유럽으로 전해져서 대수학의 발달에 크게 공헌했습니다. 수백 년 동안 유럽에서 교과서로 사용된 이 책을 공부하던 17세기 아마추어 수학자 페르마가 책 여백에 끄적거린 메모는 350여 년간 여러 수학자들이 증명에 도전한 유명한 정리가 되기도 했습니다. 이에 관한 자세한 이야기는 뒤에서 다시 하도록 하죠.

방정식 풀이법을 소개한 알 콰리즈미

8세기 중반, 이슬람제국 아바스 왕조의 수도가 된 바그다드는 육로 비단길과 해상 비단길의 종착지였으며 세계 곳곳에서 모여든 상인들로 항상 시끌벅적한 곳이었습니다. 시장에서는 중국 비단과 도자기, 페르시아 양탄자, 인도의 각종 차와 향신료, 아라비아반도에서 온 커피 등 진기한 물건들이 거래되었습니다. 이때 거래를 하려면 무게를 재야 해서 상인들은 양팔저울을 사용했습니다. 양팔저울의 양쪽 접시에 같은 무게의 물건을 올리면 수평이 되는 것을 이용해 무게를 측정했던 거죠. 평소에 양팔저울을 자주 사용하던 상인들은 이를 이용한 수수께끼 문제도 많이 풀었을 것 같습니다. 그 당시에 풀었을 것 같은 수수께끼를 하나 풀어볼까요?

다음 그림은 수평을 이루고 있는 양팔저울입니다. 세모들은 모두 무게가 같습니다. 한쪽 접시에는 무게가 2인 추와 세모 3개, 반대쪽 접시에는 무게가 4인 추, 8인 추와 세모 1개가 놓여 있습니다. 세모 1개의 무게를 알아보려면 어떻게 해야 할까요? 양팔저울이 계속 수평을 유지하게 하면서 추와 세모를 옮기거나 덜어내면 구할 수 있을 것 같네요.

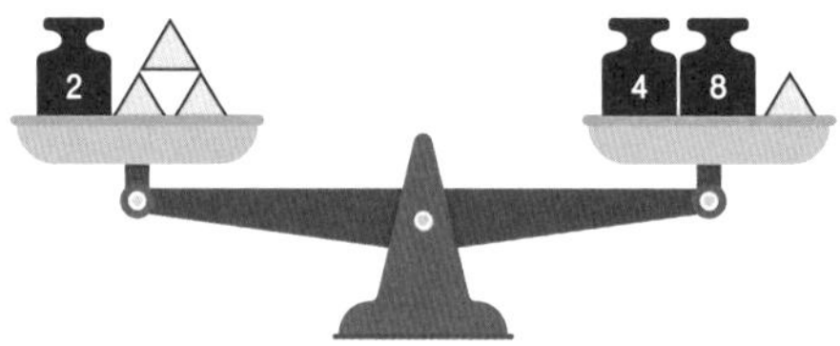

먼저 양쪽 접시에 올려진 세모 1개씩 덜어낼까요? 똑같은 무게를 덜어내는 거니까 양팔저울은 계속해서 균형을 이루겠네요. 이제 한쪽 접시에는 세모 2개와 무게가 2인 추가 남고, 다른 쪽에는 무게 4, 무게 8인 추 2개가 남습니다.

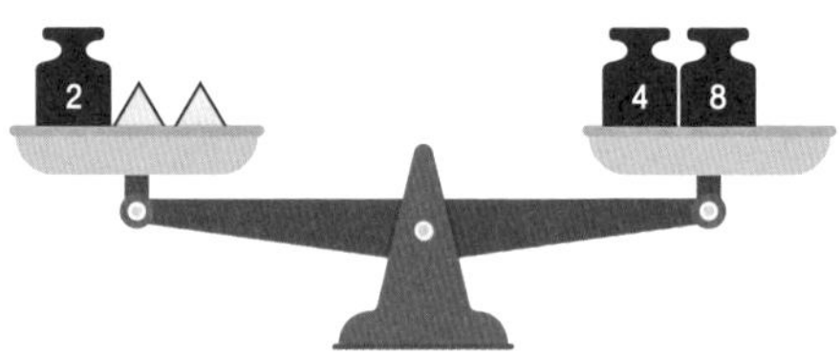

오른쪽 접시에는 추만 있어서 무게가 12라는 것을 금방 알 수 있는데, 왼쪽 접시에는 추와 세모 2개가 같이 있네요. 무게 2인 추를 덜어내면 세모만 왼쪽 접시에 남게 되니까 무게를 잴 수 있을 것 같습니다. 양쪽 접시에서 모두 무게 2인 추를 덜어내려면 오른쪽 접시에서 무게 4인 추를 덜어내고 무게 2인 추를 올려놓으면 됩니다. 그러면 왼쪽 접시엔 세모 2개, 오른쪽 접시엔 무게 2, 무게 8인 추 2개가 남습니다. 이 얘기는 세모 2개는 무게가 10인 추와 같다는 뜻입니다. 그러므로 세모 1개의 무게는 5라는 것을 알 수 있습니다.

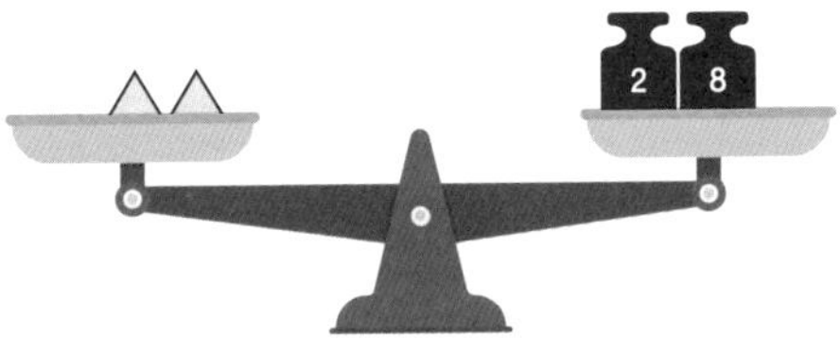

양팔저울이 수평을 이루고 있을 때, 양쪽 접시에서 같은 무게를 빼도 그대로 수평을 유지합니다. 여전히 양쪽 접시에 올려진 무게가 같기 때문이죠. 우리는 양팔저울의 이런 성질을 이용해서 수수께끼를 풀 수 있었는데, 페르시아의 수학자 겸 천문학자 알 콰리즈미(780?~850?)는 방정식을 간편하게 푸는 방법을 찾아냅니다.

두 개의 대상이 서로 같다는 것을 나타낼 때 사용하는 기호 '='를 등호라고 합니다. 등호는 '같음을 나타내는 기호'라는 뜻이고 등호의

우즈베키스탄에 있는 알 콰리즈미의 동상. Photo ⓒ Yunuskhuja Tuygunkhujaev (Wikimedia)

왼쪽에 있는 것과 오른쪽에 있는 것은 서로 같습니다. '3-2=1', '$2x = 10$'과 같이 등호가 들어 있는 식을 등식이라고 합니다. 등호의 왼쪽에 있는 부분을 좌변, 오른쪽에 있는 부분을 우변이라고 하고 양쪽 모두를 말할 때는 양변이라고 합니다. 등식은 항등식과 방정식으로 나누어집니다. '$x = 2x - x$'와 같이 x의 값에 관계없이 항상 양변이 같은 등식을 '항등식'이라고 부릅니다. 반면에 '$2x = 10$'와 같이 $x = 5$일 때는 양변이 같지만, x가 다른 값이 되면 양변이 같지 않은 등식을 '방정식'이라고 합니다. 방정식의 양변을 같게 만드는 미지수의 값을 그 방정식의 '근' 또는 '해'라고 부릅니다.

알 콰리즈미는 거의 평생을 바그다드에 있는 '바이툴 히크마(지혜의 집)'에서 일했는데, 지금의 종합대학 및 연구소에 해당하는 곳이었습니다. 방정식을 간편하게 푸는 방법을 찾던 알 콰리즈미는 우연히 등식이 양팔저울과 같은 성질을 가진다는 사실을 깨닫습니다. 양팔저울의 양쪽에 같은 무게를 더하거나 빼도 여전히 수평을 유지하듯, 등식도 양변에 같은 수를 더하거나 빼도 같습니다. 또한 등식의 양변에 같은 수를 곱하거나 또는 0이 아닌 수로 나누어도 같지요. 이런 성질을 '등식의 성질'이라고 부릅니다.

등식의 성질을 이용하면 등식에서 한 변에 있는 항을 부호를 바꾸어 다른 변으로 옮길 수 있습니다. 좌변에서 우변으로, 우변에서 좌변으로 항을 옮길 때 항의 부호가 바뀌는 '이항'은 당시에는 매우 획기적인 방법으로 여겨졌습니다. 또한 문자와 차수가 같은 항을 분배법칙을 이용해서 하나의 항으로 줄여 쓰는 것을 '동류항 정리'라 합니다. 이항과 동류항 정리를 이용하면 방정식의 답을 손쉽게 구할 수 있습니다.

이런 내용을 정리해서 알 콰리즈미는 820년에 책 한 권을 씁니다. 《알자브르와 무콰발라의 계산 개론(Kitab al-mukhtasar fi hisab al-jabr wa'l-muqabala)》이라는 긴 제목의 책인데, 방정식 풀이에 사용된 두 가지 방법 '알자브르(al-jabr)'와 '무콰발라(muqabala)'를 설명했습니다. 이 단어들을 우리가 배운 교과서 용어로 나타내면 각각 '이항'과 '동류항 정리'입니다. '방정식의 과학' 정도로 번역하면 이해하기 쉬웠을 것 같습니다. 책 제목이 워낙 길다 보니 줄여서 《알자브르》라고 불렸고, 유럽에 이 제목으로 전해지다 보니 그대로 책에서 다루는 학문 자체를 가리키는 말이 되어버렸습니다. 대수학을 뜻하는 영단어 'algebra'가 바로 여기서 나온 거죠. 우리도 알 콰리즈미의 이 책을《알자브르》라고 부르겠습니다.

우리는 방정식 문제를 매일같이 만납니다. '150쪽까지 읽어야 하는데, 이제 겨우 78쪽이네. 오늘과 내일, 이틀 동안 같은 분량을 읽어서 다 읽으려면 오늘은 몇 쪽을 더 읽어야 하는 거지?'라는 생각이 들면 머릿속에 식 하나가 떠오릅니다.

$$78 + x + x = 150$$

$$x + x = 150 - 78$$

$$2x = 72$$

$$x = 36$$

오늘 더 읽어야 하는 쪽수를 x라 두고 '$78 + x + x = 150$'이라는 일차 방정식 문제로 바꿔 쓸 수 있습니다. 답을 구하려면 먼저 차수와 미지수가 같은 항들을 한쪽으로 모읍니다. 등호 왼쪽에 있는 상수항 78을 오른쪽으로 옮겨 왼쪽에는 문자만, 오른쪽에는 숫자만 있게 만듭니다. 그런데 등호를 건너 반대편으로 옮길 때는 부호가 바뀝니다. 그래서 상수항 78이 오른쪽으로 옮겨 가면 −78이 됩니다. 이렇게 옮기는 걸 '이항'이라고 부르죠. 그런 다음엔 왼쪽은 동류항을 정리해서 $x+x$를 $2x$로 간단하게 쓰고, 오른쪽은 150 - 78을 계산해서 72가 됩니다. 이제 $2x = 72$에서 오른쪽과 왼쪽 모두 2로 나눠줍니다. $x = 36$! 오늘 36쪽, 내일 36쪽을 읽으면 되는군요. 이렇게 일차방정식을 간단하게 푸는 방법을 알아낸 알 콰리즈미를 대수학의 아버지라고 부릅니다.

알 콰리즈미의 방정식 풀이법 1

알 콰리즈미는 《알자브르》에서 방정식을 여섯 가지 기본적인 타입으로 나누고, 각각을 풀기 위한 대수적이고 기하학적인 방법을 제시했습니다. 여섯 가지 타입의 방정식은 다음과 같습니다.

① 제곱이 근과 같다 ($ax^2 = bx$)

② 제곱이 숫자와 같다 ($ax^2 = c$)

③ 근이 숫자와 같다 ($bx = c$)

④ 제곱과 근의 합이 숫자와 같다 ($ax^2 + bx = c$)

⑤ 제곱과 숫자의 합이 근과 같다 ($ax^2 + c = bx$)

⑥ 근과 숫자의 합이 제곱과 같다 ($bx + c = ax^2$)

제곱은 x^2, 근은 x, 숫자는 일상적으로 사용되는 숫자를 의미합니다. 그리고 a, b, c는 모두 양수입니다. 알 콰리즈미를 비롯해 이슬람 수학자들은 인도 수학자들과는 다르게 음수에 대해서는 전혀 논하지 않았습니다. 그러다 보니 $bx + c = 0$과 같이 근이 음수가 되는 식은 다루지 않았습니다.

여섯 가지 타입 가운데 ③은 일차방정식의 일반적인 형태입니다. 이항과 동류항 정리로 일차방정식의 근을 구하는 방법은 다음과 같습니다.

이항을 이용한 일차방정식의 풀이 순서

1. 미지수가 있는 항은 모두 좌변으로, 상수항은 모두 우변으로 이항한다.
2. 식을 간단히 정리하여 $ax = b$ ($a \neq 0$이 아닐 때)의 꼴로 고친다.
3. 양변을 x의 계수 a로 나눈다.

알 콰리즈미의 방정식 풀이법 2

《알자브르》에 나온 이차방정식을 하나 풀어볼까요? "열 개의 근에 한 개의 제곱을 합쳐 39가 될 때 근은 얼마인가?"라는 문제가 있습니다. 중학교 3학년 교과서에 나오는 대로 쓰면 'x^2+ $10x$ = 39의 근을 찾아라' 정도가 되겠네요.

이차방정식의 근을 구하는 방법을 '근의 공식'이라고 부르죠. 이항과 동류항 정리만으로 쉽게 구하는 일차방정식과는 달리 근호(루트, 기호로는 $\sqrt{\ }$)가 들어 있는 복잡한 형태여서 어려워했던 기억이 있습니다.

이차방정식의 근의 공식

이차방정식 $ax^2 + bx + c = 0(a \neq 0)$의 근은

$$x = \frac{-b \pm \sqrt{b^2 - 4ac}}{2a} \text{ (단, } b^2 - 4ac \geq 0)$$

먼저 이차방정식 x^2+ $10x$ = 39을 근의 공식으로 풀어보겠습니다. 우선 근의 공식에서 주어진 이차방정식의 모양과 똑같이 우변이 0이 되도록 상수항 39를 좌변으로 이항합니다(x^2+ $10x-39$ = 0). 그러면 이차항의 계수 a = 1, 일차항의 계수 b = 10, 상수항 c = -39입니다. 근의 공식으로 계산하면 다음과 같이 두 개의 근을 구할 수 있습니다.

$$x = \frac{-10 \pm \sqrt{10^2 - 4 \cdot 1 \cdot (-39)}}{(2 \cdot 1)}$$

$$x = \frac{-10 \pm \sqrt{100 + 156}}{2}$$

$$x = \frac{-10 \pm \sqrt{256}}{2}$$

$$x = \frac{-10 \pm 16}{2}$$

$x = 3$ 또는 -13

공식에 숫자만 넣고 비교적 간단한 계산을 통해 이차방정식의 근 두 개를 구했습니다. 하나는 양수 근, 하나는 음수 근입니다. 그런데, 알 콰리즈미는 이 방정식을 어떤 방법으로 풀었을까요? 그는 이 방정식의 풀이 방법을 다음과 같이 적어놓았습니다.

"근이 열 개이므로 절반인 다섯 개를 더한다. 이때 이 5에 자기 자신 5를 곱하면 25가 되며 39에 25를 더해 64를 만들 수 있다. 64의 제곱근 8을 구한 다음, 이 수에서 전체 근의 절반인 5를 빼면 3이 된다. 따라서 3이 제곱의 한 근을 나타낸다. 그러므로 9가 제곱이다."

무슨 이야기인지 감이 잡히지 않지요? 다행히 말로 된 풀이와 함께 그림으로 된 설명이 있습니다.

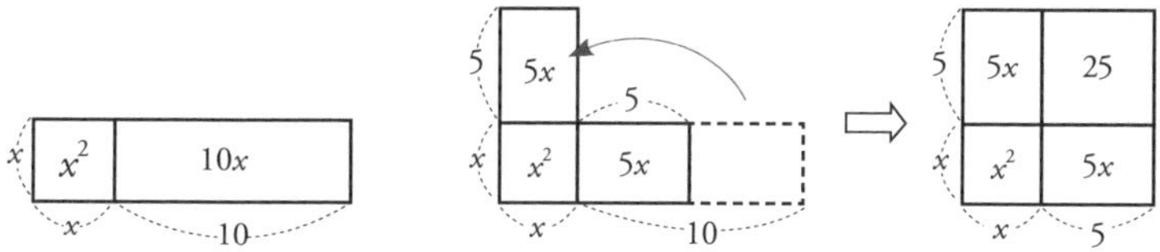

(1) (2) (3)

이차방정식 $x^2 + 10x = 39$에서 좌변을 (1)과 같이 직사각형으로 나타내면 그 넓이는 39입니다. '근이 열 개이므로 절반인 다섯 개를 더 한다'고 했으니 넓이가 $10x$인 직사각형을 둘로 나누어 (2)와 같이 변형시킵니다. (2)의 도형을 정사각형이 되게 하려면 어떻게 해야 할까요? 한 변이 5인 정사각형을 더해 (3)과 같이 만들면 되네요! 넓이가 39인 (2)의 도형에 넓이가 25인 정사각형을 더했더니 한 변의 길이는 $x+5$이고 전체 넓이는 64인 정사각형이 되었습니다. 제곱해서 64가 되는 수, 즉 64의 제곱근 중 정사각형의 한 변의 길이가 될 수 있는 수는 양수인 8입니다. 그래서 $x+5=8$ 이고, $x=8-5=3$입니다.

근의 공식으로는 두 개의 근 3과 -13을 구했는데, 알 콰리즈미의 방법으로는 양수인 근만 구할 수 있다는 한계가 있습니다. 하지만 미지수와 방정식을 도형으로 나타내고, 도형을 변형시켜 방정식의 근을 구한다는 아이디어는 기하학에 대수학을 덧붙여 기하학의 세계를 넓혔다고 볼 수 있습니다. 이미 존재하고 있는 도형의 성질을 탐구하는 정적(靜的)인 기하학에서, 알지 못하는 수를 가정하고 계산하기 위해 도형을 변형하는 동적(動的)인 기하학이 된 거죠. 피타고라스 학파는 무리수를 외면하고 그 존재 자체를 감추려 했지만, 대수학을 이용한 알 콰리즈미 덕분에 이후의 수학자들은 무리수를 포함한 모든 실수에 대해 공개적으로 이야기할 수 있게 되었습니다.

알 콰리즈미의 선물 – 아라비아숫자, 알고리즘

《알자브르》는 알 콰리즈미가 쓴 책 가운데 가장 널리 알려진 책이지만 그에 못지않게 중요한 책이 있습니다. 당시에 인도에서 들어온 최신 과학 문물이었던 인도 숫자와 그 계산 방법을 소개하는 책《인도 수학에 의한 계산법(kitab al-jam' wa'l-tafriq al-hisāb al-hindī)》입니다. 이 책은 인도 숫자를 다룬 최초의 아랍 서적으로 알려져 있는데, 알 콰리즈미는 책을 쓴 목적을 다음과 같이 독자들에게 알렸습니다.

> *"우리는 아홉 개의 문자를 이용하는 인도 계산 기법을 설명하고, 이 문자들이 단순성과 간결함 때문에 어느 숫자라도 표현할 수 있음을 보여주기로 결심했다."*
> _《지혜의 집, 이슬람은 어떻게 유럽 문명을 바꾸었는가》, 조너선 라이언스.

김한영 역, 2013, 책과함께, 136쪽

이 책에서 알 콰리즈미는 인도에서 도입된 아라비아숫자를 소개하며 0과 위치값을 사용한 10진법과 덧셈, 뺄셈, 곱셈, 나눗셈의 사칙연산 방법을 보여줬습니다. 현실적인 문제에도 관심이 많았던 알 콰리즈미는 실생활과 관련된 예제와 풀이를 책에 담았습니다. 예를 들면 이런 문제입니다. "세 사람이 닷새 안에 곡식을 다 심을 수 있다면, 네 사람이 같은 일을 하면 얼마나 빨리 끝낼 수 있을까?" 이 문제에 대한 풀이를 다음과 같이 적어놓았습니다. 순서대로 차근차근 따라 하면 답을 구할 수 있게 말입니다.

관련이 있는 숫자를 써라.

3 5 4

그런 다음 첫 번째 숫자에 두 번째 숫자를 곱하고($3 \times 5 = 15$),

다시 세 번째 숫자로 나누면($15 \div 4$),

답은 3과 $\frac{3}{4}$, 즉 3.75일이 된다.

이 책은 일찍이 9세기에도 어느 정도 사용되고 있던 인도의 수 체계를 이슬람 독자들에게 자세하게 설명했고, 이슬람의 수학자들은 이를 바탕으로 100년 조금 넘은 후에 소수를 발견합니다. 아랍의 수학 수준은 소수를 이용해 방정식의 근을 보다 정밀한 값까지 구하고, 나중에는 원주율의 값을 무려 소수점 이하 열여섯 자리까지 정확히 계산해내는 정도까지 발전합니다.

이 책의 아랍어 원본은 사라졌지만 12세기에 라틴어로 번역된 사본들이 유럽으로 퍼져 나갔습니다. 라틴어로 번역될 때에 책 제목은 《인도 숫자에 대한 알고리즘(Algoritmi de numero Indorum)》으로 바뀌었습니다. 중세 유럽인들은 모두 아랍에서 들여온 알 콰리즈미의 책을 교과서로 삼아 실용 수학을 공부했기 때문에 아예 책에서 다루고 있는 간결하고 쉬운 연산 기법 자체를 저자의 이름을 따 알고리즘이라고 불렀습니다.

오늘날 알고리즘은 문제 해결을 위한 공식, 단계적 절차, 또는 컴퓨터 프로그램을 뜻하는 단어입니다. 컴퓨터 프로그래밍 언어의 일종인 ALGOL은 algorithmic language를 줄인 말이기도 하고요. 디지털 시대인 21세기, 우리 생활 곳곳에서 다양한 알고리즘을 찾아볼 수 있습니다. 사람들이 일상에서 늘 이용하는 엘리베이터, 대중교통 카드 단말기, ATM나 음료수 자판기에는 간단한 알고리즘이 쓰입니다. 보관하고 있는 식재료의 유통기한까지 고려해서 식단을 추천해주는 냉장고, 실내 공기 상태에 따라 알아서 작동하는 공기청정기 등 단순한 알고리즘을 넘어 인공지능 알고리즘을 탑재한 스마트 가전이 생활 속에 자리 잡고 있습니다. 유튜브나 넷플릭스, 왓챠 등은 알고리즘을 활용한 '최첨단 취향 저격' 알고리즘으로 우리의 눈과 귀를 사로잡고 있고요.

알 콰리즈미는 아무리 어려운 수학 문제라고 하더라도 더 작은 단계들로 연속적으로 분해해나가면 풀 수 있다고 믿었습니다. 또한 자신의 책을 통해 사람들이 돈 계산, 유산 상속, 소송, 무역, 운하 착공 등 실생활 속의 문제들을 다루는 계산에 도움을 얻기를 바랐습니다. 이런 그의 믿음과 바람이 오늘날 일상을 편리하게 해주는 모든 시스템을 움직이고 있는 게 아닌가 하는 생각이 듭니다.

지도와 연표로 보는 수학사

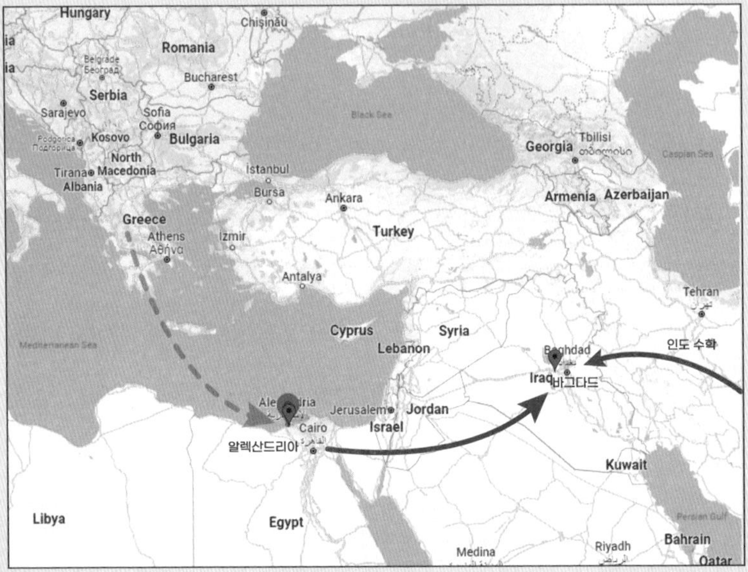

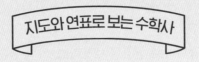

알렉산드리아 도서관, '지혜의 집'으로 다시 태어나다

기원전 300년경 설립된 알렉산드리아 도서관은 이후 700년 동안 세계적으로 뛰어난 연구의 중심이 되었습니다. 하지만 로마제국 후기에 기독교 이외의 종교를 금지하면서 이교도의 사상을 담고 있다는 명목으로 알렉산드리아 도서관의 부속 건물인 세라피스 신전을 불태우는 바람에 20만 권의 장서가 사라졌습니다. 그나마 남은 책들도 640년에 아랍인의 침공으로 사라져버렸고요.

잠깐 이 당시 역사를 살펴볼까요? '모든 길은 로마로 통한다'라는 말이 있을 정도로 거대한 제국을 이뤘던 로마는 200년간 안정적인 시대를 누렸지만, 제국 내에서의 권력 다툼으로 인한 정치적 불안정과 제국 외부에서의 이민족의 침입으로 서서히 무너지기 시작합니다. 395년 로마제국은 서로마제국과 동로마제국으로 나뉩니다. 서로마제국이 역사 속으로 사라진(476년) 후 동로마제국은 15세기까지 살아남아 고대 로마제국의 이름을 이어갑니다. 그렇지만 이미 무너진 제국에서는 더 이상 과거와 같은 과학의 발전을 기대할 수는 없었죠. 그런 시기에 이슬람제국이 새롭게 등장해 지중해 세계의 주인으로 떠오릅니다. 사라센제국이라고도 불리는 이슬람제국은 아랍 도시 메카에서, 622년에 마호메트 무함마드가 창시한 이슬람교로부터 발전했습니다. 세력을 확장한 이슬람교는 불과 100여 년 사이에 서쪽으로는 스페인 및 북아프리카 지역, 동쪽으로는 페르시아에 이르는 광대한 지역을 장악합니다.

《아라비안 나이트》의 등장 인물이기도 한 하룬 알 라시드(Harun Al-Rashid)는 페르시아의 왕이 되어(786년) 이슬람 문명의 황금기를 이끌었습니다. 학술을 보호, 장려하는 아버지의 정책을 이어받은 그의 아들 알마문(Al-Mamun, 786~833)은 이미 파괴된 알렉산드리아 도서관과 비슷한 역할을 하는 '바이툴 히크마(지혜의 집)'를 바그다드(현재의 이라크)에 설립합니다. 이 지혜의 집은 로마제국의 쇠락(4세기)과 10세기 중세 유럽 사이에 과학 발전을 이끌고 고대 기록을 보존, 전수하는 역할까지 해낸 곳이었습니다. 이슬람의 황금 문화기를 이끈 본부라고 할 수 있는 지혜의 집이 배출한 가장 유명한 학자가 바로 알 콰리즈미입니다.

지혜의 집에서는 이슬람의 수학자, 과학자 들이 그리스어로 된 철학, 과학 서적들을 번역하고 새 책들을 출판했습니다. 번역된 책 가운데 특히 갈레노스, 히포크라테스의 의학, 프톨레마이오스의 천문학, 유클리드의 수학, 아리스토텔레스의 철학에 관한 저서들이 포함되어 후에 유럽으로 다시 전해집니다.

바그다드 학자들의 축적된 지식은 동로마제국을 통해 확산되었습니다. 동로마제국의 수도인 콘스탄티노플(현재 이스탄불)이 1453년 터키에 정복되었을 때 많은 학자들이 서유럽으로 향했고, 그들의 지식이 유럽에서 르네상스 시대를 여는 데에 큰 도움이 되었답니다. 지혜의 집은 고대 그리스 철학과 유럽의 과학 발전 사이의 다리 역할을 했다고 평가됩니다. 아랍어로 번역된 고대 그리스의 저작들이 남아 있었기 때문에 뉴턴, 아인슈타인 등 유럽의 과학혁명이 일어날 수 있었다고 보는 것이죠.

13세기 이라크 화가 야흐야 알와시티가 그린 지혜의 집 학자들(1237년). 프랑스 국립도서관 소장.

연표

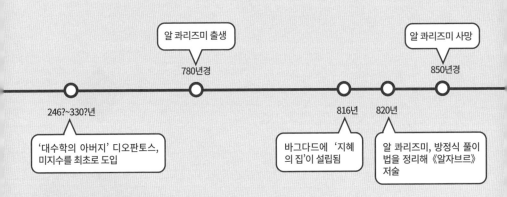

- 246?~330?년: '대수학의 아버지' 디오판토스, 미지수를 최초로 도입
- 780년경: 알 콰리즈미 출생
- 816년: 바그다드에 '지혜의 집'이 설립됨
- 820년: 알 콰리즈미, 방정식 풀이법을 정리해 《알자브르》 저술
- 850년경: 알 콰리즈미 사망

PART 04

인도-아라비아숫자의 실전 활용법을 유럽에 전파한 피보나치

레오나르도 피보나치 Leonardo Fibonacci

출생 - 사망	1170년경~1250년경
출생지	이탈리아 피사
직업	수학자

인도-아라비아숫자를 유럽에 소개하고 널리 쓰이게 만듦으로써 수학의 대중화에 성공한 수학자. 지중해 연안에서 일하던 아버지 덕분에 지중해 무역상이 사용하는 인도-아라비아숫자와 그 계산법을 접하고 이를 소개하는 책 《산반서》를 썼다. 실용적인 예제를 들어 쉽게 설명한 이 책은 개정판과 요약본이 나올 정도로 인기가 있었다.

'토끼 문제'로 황금비를 발견하다?

숫자가 커질수록 어려운 로마숫자 계산

자, 제가 성냥개비로 다음과 같이 로마숫자로 된 식을 만들었습니다.

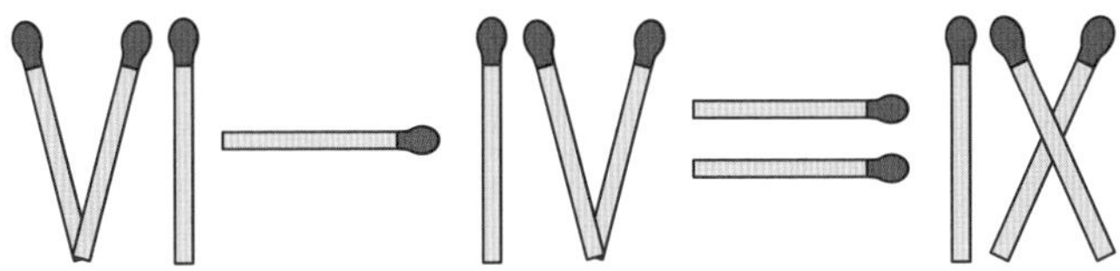

그런데 이 식은 바른 식이 아니라고 합니다. 성냥개비 하나를 옮겨서 바른 식이 되게 할 수 있다는데, 어떻게 해야 할까요?

이 퍼즐의 답을 찾으려면 로마숫자 체계에 대해 좀 알아야 됩니다. 로마숫자로 1에서 4까지 나타내기는 쉽습니다. 알파벳 I로 1(일)을 나타내고 오른쪽에 하나씩 더해서 2, 3, 4를 나타냅니다. 계속 더해서 더 큰 수를 나타낼 수도 있었겠지만 네다섯 개를 넘으면 알아보기가 어려워지다 보니 새로운 기호 V로 5를 나타내고, X로 10을 나타냅니다.

4와 9의 경우, 여러 개의 I을 쓰는 대신 간편하게 IV, IX로 적기도 합니다. 큰 숫자의 왼쪽에 작은 숫자를 쓰면 큰 숫자에서 작은 숫자를 빼는 것으로 약속하는 거죠. 실제 9는 VIIII 대신 IX로 더 많이 쓰지만, 로마숫자로 표시한 시계 중에는 4를 IV 대신 IIII으로 쓴 것도 자주 볼 수 있습니다. 10보다 큰 수를 나타낼 때는 50을 나타내는 L, 100을 나타내는 C, 500을 나타내는 D, 1000을 나타내는 M을 이용했습니다.

로마숫자로 몇 개의 수를 나타내볼까요? 36은 10이 3개이니까 XXX에다 6을 나타내는 VI을 더해서 XXXVI로 쓰면 됩니다. 살짝 난이도를 높여봅니다. 47은 어떻게 나타낼까요? 10이 4개이니까 XXXX에 7을 나타내는 VII을 붙여 XXXXVII이라고 쓸 것 같지만 문자 7개는 너무 기니까 40을 50에서 10을 뺀 XL로 줄여 씁니다(XLVII). 조금 큰 수 755, 1964도 나타내볼까요? 755는 500(D) + 200(CC) + 50(L) + 5(V)이니까 DCCLV으로, 1964는 1000(M) +

900(CM) + 60(LX) + 4(IV)이어서 MCMLXIV로 나타냅니다. 이렇게 수가 커지면 커질수록 로마숫자로 적는 게 쉽지 않습니다.

그럼 로마숫자로 계산하기는 어떨까요? 다음 로마숫자 덧셈 계산을 해봅시다. 로마숫자 체계에서 덧셈은 비교적 쉬운 편입니다. 같은 기호끼리 모아 더하면 되니까요. 예를 들어 MCCXXXII(1232) 더하기 MMCXXI(2121)을 계산하려면, 아래처럼 M끼리, C끼리, I끼리 모아 합하면 됩니다.

M	CC	XXX	II
MM	C	XX	I
MMM	CCC	XXXXX	III

여기서 10을 나타내는 X 5개는 50을 나타내는 L 1개로 바꿔서 MMMCCCLIII(3353)으로 적으면 완벽한 답입니다. 뺄셈도 이와 비슷하게 하면 됩니다. 그러나 곱셈이나 나눗셈을 하려면 덧셈이나 뺄셈을 여러 번 반복하는 수밖에 없습니다. 애초에 로마숫자는 계산을 염두에 두지 않고 만들어진 수였던 거죠.

계산하기 힘든 로마숫자는 수학이나 과학의 정밀한 계산은 물론이고 환율, 중개 수수료 계산 등과 같이 생활 속에서 빈번하게 닥치는 문제도 해결하기 어려웠습니다. 그래서 로마숫자로 수를 표기한 사회에서는 손가락 셈이나 주판 등을 이용하는 복잡한 방법으로 계산한 다음, 결과만 로마숫자로 적곤 했습니다. 1만 정도까지는 손가락 셈으로 계산할 수 있었고 주판 사용에 매우 능숙한 사람은 놀랄 만큼 빠른 속도로 계산을 하기도 했습니다. 하지만 계산 과정이 기록되지 않았기 때문에 계산상의 오류를 잡아낼 수 없다는 치명적인 단점을 가지고 있었죠.

이제 앞에 나왔던 문제를 풀어볼까요? 로마숫자에 대해 살펴보았으니까 성냥개비로 만든 식이 6 − 4 = 9 라는 것을 쉽게 알 수 있습니다. 로마숫자 IX에서 성냥개비 하나를 빼기 기호 위에 놓아 더하기 기호로 바꾸면 주어진 식은 'VI + IV = X'로 '6 + 4 = 10'이 됩니다.

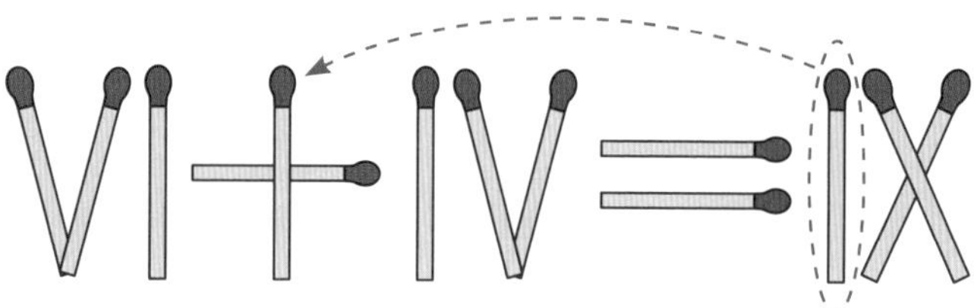

인도-아라비아숫자 체계

로마숫자로 큰 수를 표현하는 건 쉽지 않고 계산하기도 어렵습니다. 그런데 우리가 쓰는 아라비아숫자는 큰 수를 어렵지 않게 나타낼 수 있고 덧셈, 뺄셈은 물론 곱셈, 나눗셈 계산도 쉽습니다. 왜 그럴까요? 둘 사이의 차이점을 살펴보면 알 수 있을 것 같네요. 우선 첫 번째, 로마숫자에는 0이 없지만 아라비아숫자에는 0이 있습니다. 두 번째, 로마숫자는 어떤 자리에 있든지 나타내는 값이 항상 같지만, 아라비아숫자에서는 그렇지 않습니다. 15, 452, 2573, 675008라는 4개의 수에는 모두 5라는 숫자가 있지만, 각각 5, 50, 500, 5000을 나타냅니다. 5가 일의 자리에 있으면 5, 십의 자리에 있으면 50, 백의 자리에 있으면 500을 나타내는 거죠. 즉, 아라비아숫자는 자릿값을 가집니다. 각 자리가 나타내는 값이 있어서 1이 몇 개인지, 10이 몇 개인지, 100이 몇 개인지 한눈에 쉽게 볼 수 있어서 계산하기 쉽습니다.

사실 우리가 사용하는 아라비아숫자 체계는 인도에서 시작되었습니다. 700년경에 완성되고 아랍에 전해진 뒤 서유럽으로 퍼져 나갔습니다. 천문학에 많은 관심을 가지고 연구했던 인도 수학자들은 그 과정에서 계산과 대수학, 기하학 분야에서 뛰어난 업적을 남겼습니다. 그런데 인도 수학에 관한 문헌이 늦게 발견되는 바람에 아랍에서 전해진 숫자라는 뜻으로 '아라비아숫자'로 불리게 되었던 거죠. 최근에는 인도 수학의 지분을 인정해서 '인도-아라비아숫자'라고 많이 부르는 편입니다. 인도-아라비아숫자 체계는 0에서 9까지 10개의 기본 숫자로 모든 수를 나타낼 수 있습니다. 숫자를 가리키는 영어 'digit'에 '손가락'이라는 뜻도 있는 걸 보면 기본 숫자의 개수가 10개인 것은 사람의 손가락이 10개인 것과 절대 무관하지 않다는 걸 알 수 있죠.

1부터 9까지의 수를 나타내는 기호들은 어떻게 만들어졌을까요? 비공식적이긴 하지만 그럴듯해서 자주 언급되는 설명이 하나 있습니다. 아래처럼 직선으로 수를 나타내는 기호를 그려놓으면, 각 기호에 포함된 각의 개수는 그 기호가 나타내는 수와 같다는 겁니다.

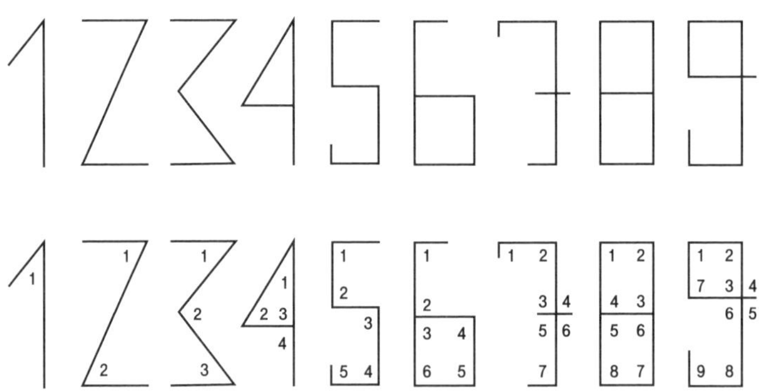

가장 많이 쓰는 숫자는?

잠깐 생각해보세요. 우리가 가장 많이 쓰는 숫자는 뭘까요? 어떤 답을 생각하셨는지 모르지만, 아마 0이라고 대답하신 분들이 많을 듯합니다. 1,000원, 2,000원에도 0이 세 개나 붙으니까 말입니다. 그런데 사실 0은 가장 늦게 사용된 숫자이기도 합니다. 돌멩이 두 개, 소 세 마리, 사과 다섯 알 등 물건의 개수와 숫자를 짝지어 생각하기는 쉽지만 아무것도 없다는 걸 나타낸다는 생각을 하기는 쉽지 않습니다. 몇몇 문명에서는 0의 존재를 깨닫지 못했다고 합니다.

초등학교에서 사칙연산을 배울 때, 계산하려는 수들의 자리를 맞추라고 합니다. 자리만 잘 맞추면 덧셈, 뺄셈, 곱셈, 심지어 나눗셈까지 꽤 단순한 방법을 따라 하는 것만으로도 익힐 수 있습니다. 우리가 쓰는 인도-아라비아숫자 체계가 자릿값을 가지고 있기 때문에 쉽게 계산할 수 있는 거죠. 이렇게 유용한 자릿값 숫자 체계를 구성하려면 빈자리를 표현하는 기호, 즉 숫자 '0'이 필요합니다. 만일 0이 없다면 52라고 쓴 것이 오십이를 나타낼 수도 있고, 오백이(502)나 오백이십(520), 혹은 오천이십(5020)을 나타낼 수도 있습니다. 숫자 0이 자리지킴이 역할을 해줘서 우리는 52와 502, 520, 5020을 혼동하지 않고 구분할 수 있는 거죠. 60진법을 쓴 바빌로니아숫자 체계에서도 자리지킴이 역할을 하는 기호를 썼습니다. 그런데 인도숫자 체계는 여기서 한 걸음 더 나아갔습니다. 빈자리를 나타내는 '기호'에 불과했던 0을 나머지 숫자와 똑같이 취급한 겁니다. 즉, 0과 다른 숫자까지 사용해서 계산하는 방법을 개발했는데, 그 개발자가 바로 인도의 위대한 수학자, 브라마굽타(598~665?)입니다.

0과 음수를 발견한 브라마굽타

7세기 인도에서 천문학자이자 수학자로 활동한 브라마굽타는 천문학, 산술, 대수, 기하, 수치해석학의 발전에 큰 공헌을 한 위대한 학자입니다. 628년, 서른 살이었던 브라마굽타는 당시 천문학 연구의 성과를 집대성해서《브라마 스푸타 싯단타(Brāhma sphuṭa siddhānta)》(번역하면 '우주의 개벽'이라는 뜻. 이후 '싯단타'라 칭함)라는 방대한 책을 펴냈습니다.

이 책에서 브라마굽타는 0을 어떤 수에서 그 자신을 빼면 얻는 수로 정의했습니다. 그런 다음, 양수와 음수, 0을 다루는 계산 규칙을 재산(양수)과 빚(음수)을 언급하면서 다음과 같이 제시했습니다.

빚 빼기 0은 빚이다.

재산 빼기 0은 재산이다.

0 빼기 0은 0이다.

0 빼기 빚은 재산이다.

0 빼기 재산은 빚이다.

0 곱하기 빚 또는 0 곱하기 재산은 0이다.

브라마굽타가 0을 기호가 아닌 수로 인식했고, 음수 역시 수로 생각했다는 걸 알 수 있죠. 유럽의 수학자들이 16세기가 되어서야 이해했던 음수의 개념을 브라마굽타는 이미 7세기에 알았고 양수와 음수, 0을 모두 포함한 논리적 계산 규칙까지 만들었다는 게 놀랍기만 합니다.

《싯단타》에는 브라마굽타의 다양한 업적이 실려 있습니다. 오늘날 우리가 사용하는 자릿값 체계를 사용한 계산을 소개하고 있으며 대수와 기하학, 삼각법, 천문학에 대한 내용을 담고 있습니다. 이 책은 이후 인도 수학자들에 의해 아랍에 전해져 아바스 왕조가 세운 '지혜의 집'에서 아랍어로 번역되었습니다. 앞에서 다루었던 수학자 알 콰리즈미가 825년경《싯단타》의 내용을 요약한 책을 펴내는 등 브라마굽타의 놀라운 업적은 이후 이슬람과 유럽 수학, 천문학 발달에 중요한 역할을 했습니다.

아랍 상인들이 쓰는 숫자

알 콰리즈미 이후 아랍에서 여러 학자들에 의해 수준 높은 대수학 연구가 이루어지는 동안, 서유럽 수학은 제자리걸음만 하고 있었습니다. 여전히 로마숫자 체계와 유클리드 기하학 정도만 다루고 있었던 거죠. 이런 가운데 상업과 무역이 발전하면서 복잡한 계산이 필요하게 됐습니다. 북아프리카와 중동을 오가는 상인 사이에 인도-아라비아숫자 체계가 알려지고 그 장점을 알아챈 이들은 환율, 이자와 중개 수수료 계산 등 상업 활동에 인도-아라비아숫자를 이용하기 시작했습니다. 그렇게 해서 12세기 말에는 지중해 남안의 모든 무역항에서 인도-아라비아숫자가 사용되고 있었습니다.

기울어진 탑으로 유명한 피사는 제노바, 베네치아와 함께 이탈리아 3대 해안도시로 12세기 지중해를 중심으로 하는 국제 무역의 중심지였습니다. 지중해 북쪽 유럽 국가와 남쪽 아랍 국가들 사이에 무역이 활발하게 이루어지고 있었죠. 부기아(북아프리카 알제리의 항구도시 베자이아)에는 피사의 상인들을 위한 세관이 있었는데, 이곳에서 근무하는 세무 관료 한 사람이 아직 소년이었던 아들을 유학차 불러 상인, 학자, 신부 등 다양한 사람들을 만나고 그들에게서 최신의 아랍 수학을 배우게 했습니다. 그리고 함께 지중해 주변을 여행하면서 이집트,

시리아, 그리스, 프로방스의 여러 무역상의 사업장을 돌아보게 했습니다. 일종의 현장 체험교육이라고 할까요? 여행하는 곳마다 아랍 상인들이 인도-아라비아숫자를 사용해 10진법의 위치기수법으로 계산하는 것을 지켜본 그의 아들은 이들의 방식이 주판으로 계산하고서 그 결과를 로마숫자로 적는 유럽인의 방식보다 뛰어나다는 걸 알게 되었습니다.

피사의 캄포산토(납골공원)에 있는 피보나치의 조각상. ⓒ Hans-Peter postel (Wikimedia)

소년은 청년이 되어 고향 피사로 돌아와 자기가 접했던 인도-아라비아숫자와 그 숫자들로 더하고 빼고 곱하고 나누는 방법을 소개하는 책 한 권을 쓰기 시작합니다. 1202년에 초판이 완성되고, 1228년에 개정판이 만들어진 이 책의 제목은 《산반서(Liber Abbaci)》(주판서, 계산의 서 혹은 계산책 등으로 번역됨)입니다. 청년은 평범한 사람들이 알아들을 수 있는 말로 새로운 숫자와 계산법을 설명했습니다. 이론에 대한 설명에 그치지 않았고 당시 상인들이 자주 만나는 이자율을 알 때 이자 계산을 어떻게 하는지, 환율에 따라 통화 환전은 어떻게 하는지 등 실용적인 문제를 예로 들었습니다. 상업과 무역이 발전하던 당시 서유럽 사회에 그의 책은 큰 영향을 끼치게 됩니다. 수학자, 천문학자 들만 관심을 두는 복잡하고 어려운 기술이었던 산술을 일상적인 도구로 바꿔놓았던 겁니다. 《산반서》를 쓴 청년의 이름은 피사 출신의 레오나르도. 피보나치라는 이름으로 더 알려져 있지요.

새로운 숫자, 아랍에서 유럽으로 전해지다

《산반서》가 인도-아라비아숫자와 그 계산법을 유럽에 전파하는 데 큰 공헌을 했지만, 피보나치가 처음 전한 건 아닙니다. 그가 태어나기 전에 이미 이탈리아 피사에 전해졌지만 대중에게는 알려지지 못했던 거죠. 인도-아라비아숫자는 호기심거리 정도로 여겨졌고, 계산법은 소수의 학자에게만 알려졌습니다.

라틴어로 작성된 문헌 가운데 인도-아라비아숫자가 나오는 가장 오래된 자료는 《코덱스 비길라누스(Codex Vigilanus)》(976)입니다. 고대에서 10세기까지 스페인 지역의 역사 자료 모음집을 수도사 비길라가 옮겨 적은 사본인데, 9세기에 인도에서 전해진 아홉 개의 기호를 계산법에 대한 언급 없이 다음과 같이 소개하고 있습니다.

> *"인도인이 가장 섬세한 재능을 지녔고 다른 모든 족속은 산술과 기하학과 기타 순수 학문에서 인도인에 뒤처짐을 우리는 알아야 한다. 그리고 이 사실은 인도인이 모든 수 각각을 나타낼 때 사용하는 아홉 개의 기호에서 분명하게 드러난다. 그 기호들은 이런 모양이다."*

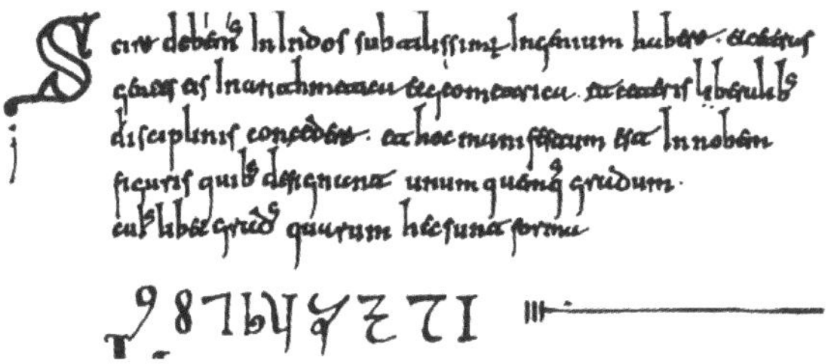

코덱스 비길라누스가 소개한 인도-아라비아숫자.

프랑스 출신의 제르베르 도리악(Gerbert d'Aurillac)은 천문학, 철학에 정통한 자연과학자이자 시인, 수학자였는데, 청년 시절에 스페인에서 아라비아 출신 스승에게서 수학을 배웠습니다. 바로 이 시기에 인도-아라비아숫자를 알게 되었던 거죠. 신성 로마제국 황태자의 가정교사로 일하기도 했던 제르베르는 999년에 교황 실베스테르 2세로 선출되었습니다. 당시 유럽보다 앞서 있는 아랍의 천문학, 수학을 접했던 그는 아랍과 그리스-로마의 산수학과 수학, 천문학에 대한 연구를 널리 장려한 것을 물론이고, 직접 인도-아라비아 숫자를 사용한 주판을 만들어 수도원에 보급하기까지 했습니다.

제르베르 도리악.

제르베르가 만든 수도사용 주판은 적어도 12세기 중반까지 산술 교육에 널리 쓰였습니다. 123쪽의 그림은 프랑스 리모주에서 발견된 11세기 필사본의 일부인데, 제르베르의 주판이 어떤 모양이었는지 보여주고 있습니다. 요즘 주판과는 달리 탁자에 새기거나 종이 위에 그려놓고 계산용 말판을 이리저리 놓으면서 계산하는 방식이었습니다. 1에서 9까지의 인도-아라비아숫자가 새겨져 있는 계산용 말판을 각 칸에 두어 수를 나타냈습니다. 현재와 비슷한 숫자도 있고 모양이 완전히 다른 숫자도 있습니다. 빈자리로 숫자 0을 대신했다는 것도 알 수 있습니다.

이 주판은 자릿값을 나타내긴 했지만, 각 칸에 단 하나의 기호만 들어갈 수 있어서 끊임없이 기호를 바꿔야 하는 계산에서는 그리 효율적이지 않아 대중적으로 사용되지 않았습니다. 온전히 학문을 연구하는 데에 시간을 쓸 수 있는 학자, 수도사 들은 이 주판을 사용했지만, 바쁘게 거래를 하는 상인들에게는 외면받았던 거죠.

당대 최고의 과학자이면서 기독교의 수장인 교황의 자리에까지 오

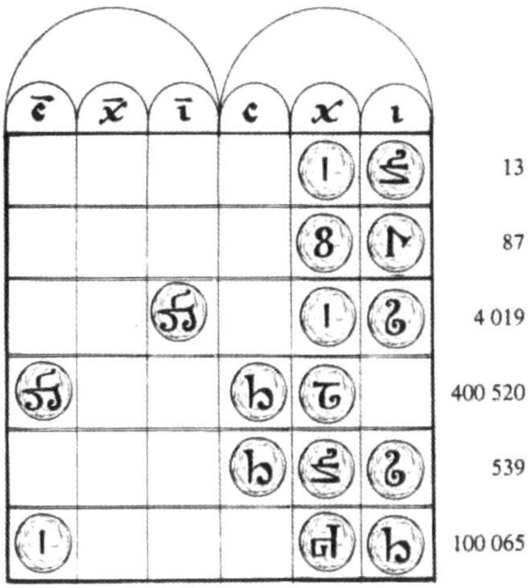

제르베르의 주판. 프랑스 리모주 에서 발견된 11세기 필사본.

른 제르베르였지만, 그의 정적들은 그가 뛰어난 수학 지식을 가졌다는 점을 들어 사악한 마법사가 아닐까 하고 의심했습니다. 당시 유럽 사람들은 아랍 수학을 학문 그 자체로 보지 않고, 이교인 이슬람교와 관련된 불경스러운 것으로 여겼기 때문이지요. 제르베르가 이슬람 치하의 스페인으로부터 수학과 과학을 가져와 유럽에 퍼뜨렸다는 죄로 주술사, 악마 숭배자로 낙인찍혔다는 점이 지금의 시각에서는 참 이해할 수 없고 안타깝기만 합니다.

순전히 수를 나타내는 기호 구실만 하는 인도-아라비아숫자는 이미 1149년에도 피사에 들어와 있었습니다. 그해에 이른바 '피사 천문표'를 작성하는 데 아라비아숫자가 사용되었는데, 이 천문표는 10세기 후반에 만들어진 어느 아랍 천문표를 라틴어로 번역한 것으로 보입니다.

인도-아라비아숫자를 이용한 계산법도 피보나치가 태어나기 이전에 유럽에 이미 들어와 있었습니다. 피보나치가 북아프리카로 가기 반세기 전에 유럽 학자들은 9세기 페르시아 수학자 알 콰리즈미가 쓴 중요한 아랍어 문헌 두 편을 번역했습니다. 〈PART 03〉에서 언급한 《알자브르》와 《인도 수학에 의한 계산법》이 바로 그것입니다. 알 콰리즈미는 이 문헌들을 상인과 사업가를 위해 썼지만, 유럽에서 만든 라틴어 번역본은 학자들을 염두에 두고 만들어졌습니다. 그러다 보니 알 콰리즈미의 글이 수학적으로 어떤 의미와 쓸모가 있는지에만 관심이 있어 실제 상업 활동과 어떻게 관련되는지를 전혀 깨닫지 못했습니다. 그래서 인도-아라비아숫자와 그 계산법의 실용성을 온전히 이해하고 대중에게 보급하는 일은 피보나치에게 넘겨지게 되었습니다.

피보나치를 유명하게 만든 '토끼 문제'?

1202년에 출간된 《산반서》에서 피보나치는 이렇게 말합니다.

"이것이 인도인들의 아홉 숫자이다. 9, 8, 7, 6, 5, 4, 3, 2, 1. 앞으로 보여드리겠지만, 이 아홉 숫자에 아랍어로 제피룸(zephirum)이라고 하는 0이라는 기호만 있으면 그 어떤 수라도 표현할 수 있다."

《산반서》는 유럽에서 최초로 인도-아라비아숫자를 설명한 책도 아니고, 이 책 덕분에 10진법이 곧바로 유럽에서 널리 쓰이게 된 것도 아닙니다. 그럼에도 이 책이 매우 중요하게 여겨지는 까닭은 학자와 상인 모두를 대상으로 하면서 이론과 실용성을 겸비했기 때문입니다. 《산반서》의 내용을 요약한 《소책자(Libro di minor guise)》는 오늘날 사본조차도 남아 있지 않지만, 그 유용성과 편리함 덕분에 상인들 사이에 널리 사용되었을 것으로 추정됩니다.

《산반서》 출간으로 유명세를 얻게 된 피보나치는 1220년대 중반경, 신성 로마제국 황제 프리드리히 2세의 궁정 수학자로 일하게 됩니다. 이후에는 정부의 회계 감사 업무를 담당하여 상인들과 은행원들에게 회계 문제를 조언해주고 수학을 가르치며 피사에서 남은 생애를 보내다 1250년경 세상을 떠난 것으로 보입니다. 그가 저술한 책으로 《실용 기하학(Practica Geometriae)》(1220), 《수론(Fros)》(1225), 《제곱근의 책(liber quadratorum)》(1225)이 남아 있습니다.

피보나치는 《산반서》를 15개의 장으로 나눠 서술했는데, 앞에서 언급했듯이 1장에는 인도-아라비아숫자 소개가 있습니다. 2장에서 5장까지는 정수의 곱셈과 덧셈, 뺄셈, 나눗셈을 다루고 6장과 7장에서 정수와 분수의 계산에 대해 다루었습니다. 8장에서 11장까지는 상품 가격 정하기, 물물교환, 투자와 이익 관리, 화폐 주조와 합금 등에 관한 실용적인 문제를 다루고, 12장에 그에 대한 답을 담았습니다. 나머지 장에는 근삿값을 구하는 방법, 제곱근과 세제곱근의 계산, 산술 문제를 풀기 위한 기하학과 대수학 개념을 다루었습니다.

피보나치라는 이름이 유명해지게 만든 '토끼 문제'는 12장에 등장합니다. "어떤 사람이 폐쇄된 공간에서 토끼 한 쌍을 기른다. 토끼 한 쌍이 한 달 만에 한 쌍의 새끼를 낳고, 태어난 토끼들이 한 쌍의 새끼를 낳기까지 다시 한 달이 걸린다면, 1년 후 토끼는 모두 몇 쌍이 있을까?"

이 문제에 대한 답을 찾아볼까요? 처음에는 토끼 한 쌍이지만, 둘째 달에는 새로운 토끼 한 쌍이 태어나 2쌍이 됩니다. 셋째 달에는 원래 있던 토끼 한 쌍이 새로운 토끼 한 쌍을 낳아서 총 3쌍이 됩니다. 넷째 달에는 처음에 태어난 토끼가 자라 새로 토끼 한 쌍을 낳기 때문에 총 5쌍이 됩니다. 매달 토끼가 몇 쌍인지 차분하게 따져보면 다음과 같은 수열을 얻게 됩니다.

1, 2, 3, 5, 8, 13, 21, 34, 55, 89, 144, 233, 377

매달 토끼의 수는 이전 두 달의 토끼 수를 더한 값이라는 걸 알 수 있습니다(1 + 2 = 3, 2 + 3 = 5, 3 + 5 = 8, …). 그래서 토끼 문제의 답은 377쌍이라는 걸 구할 수 있습니다.

이 수열을 '피보나치 수열', 이 수열의 각 항에 있는 수를 '피보나치 수'라고 합니다. n번째 피보나치 수를 F_n이라 하고, 피보나치 수열의 규칙을 수식으로 나타내면 $F_{n+2} = F_{n+1} + F_n$입니다. 그저 덧셈 몇 번으로 간단히 구할 수 있는 문제를 푸는 과정에서 나온 수열에 이름까지 붙은 이유가 뭘까요? 앞의 두 수를 더해서 새로운 수를 계속해서 만들어지는 이 수열에는 재미있는 특징이 아주 많습니다.

피보나치 수열에서 탄생한 황금비

각각의 피보나치 수를 그 앞의 수로 나눈 값을 구해보면 n이 점점 커질수록 특정한 값(1.618)에 가까워지는데, 그 정확한 값은 그리스 문자 Φ (파이)로 나타내는 무리수 $\Phi = \frac{\sqrt{5}+1}{2}$입니다. 이 값을 '황금비'라고 부릅니다.

n	1	2	3	4	5	6	7	8	9	10
$\frac{F_{n+1}}{F_n}$	$\frac{2}{1}$	$\frac{3}{2}$	$\frac{5}{3}$	$\frac{8}{5}$	$\frac{13}{8}$	$\frac{21}{13}$	$\frac{34}{21}$	$\frac{55}{34}$	$\frac{89}{55}$	$\frac{144}{89}$
값	2	1.5	1.666	1.6	1.625	1.615	1.619	1.618	1.618	1.618

황금비에 가까워지는 피보나치 수의 비를 연분수(분수 안에 또 분수가 있는 형태의 분수)로 나타내볼까요?

$$\frac{2}{1} = 1 + \frac{1}{1}$$

$$\frac{3}{2} = 1 + \frac{1}{2} = 1 + \frac{1}{\frac{2}{1}} = 1 + \frac{1}{1 + \frac{1}{1}}$$

$$\frac{5}{3} = 1 + \frac{2}{3} = 1 + \frac{1}{\frac{3}{2}} = 1 + \frac{1}{1 + \frac{1}{1 + \frac{1}{1}}}$$

$$\frac{8}{5} = 1 + \frac{3}{5} = 1 + \frac{1}{\frac{5}{3}} = 1 + \frac{1}{1 + \frac{1}{1 + \frac{1}{1 + \frac{1}{1}}}}$$

여기까지 계산해보면 황금비 Φ는 다음과 같이 1로만 이루어진 연분수가 무한히 계속되는 모양이 될 거라고 예상하게 됩니다. 부분이 전체와 꼭 닮은 매우 신비한 형태입니다.

$$\Phi = 1 + \cfrac{1}{1 + \cfrac{1}{1 + \cfrac{1}{1 + \cfrac{1}{1+\cdots}}}}$$

다음 수식으로도 황금비 Φ를 나타낼 수 있습니다. 앞의 수식과 매우 비슷하지요?

$$\Phi = \sqrt{1 + \sqrt{1 + \sqrt{1 + \sqrt{1 + \sqrt{1+\cdots}}}}}$$

자연 속의 피보나치 숫자

토끼 수가 어떻게 늘어나는지 알아보는 가운데 발견된 피보나치 수열은 자연에서 식물이 자랄 때 자주 등장합니다. 해바라기와 솔방울에서는 서로 반대인 두 방향으로 감긴 나선들을 볼 수 있습니다. 해바라기에는 시계 방향으로 감긴 나선이 21개나 34개, 또는 55개, 89개, 144개 있고, 그에 맞게 반시계 방향 나선이 34개, 55개, 89개, 144개, 233개 있습니다. 또 솔방울에는 시계 방향 나선 8개와 반시계 방향 나선 13개가 있습니다. 이 수들은 모두 피보나치 수열에 나오는 수입니다.

어떤 것이 자라거나 증가할 때는 기존에 있던 대상을 바탕으로 새로운 것이 나옵니다. 피보나치 수열은 이 관계를 아주 분명하게 표현하고 있습니다. 따라서 어떤 것이든 증가하거나 성장한다면 성장 속도는 피보나치 수열을 따르게 되는 거죠.

해바라기에서 확인할 수 있는 피보나치의 황금비.

솔방울에 있는 시계 방향 나선 8개와 반시계 방향 나선 13개.
ⓒ Jean-Lvc W (Wikimedia)

주식시장과 피보나치 숫자

후대의 수학자들은 피보나치 수열이 수학, 과학의 많은 문제에 적용된다는 것을 밝혀냈습니다. 이 유명한 수열이 각 분야에 어떻게 적용되는지 전문적으로 다루는 계간지 〈Fibonacci Quarterly〉가 있을 정도입니다. 심지어 이 오묘한 수열은 주식, 채권 등을 거래할 때 시세 차트 분석에도 이용되고 있습니다.

1930년대, 미국의 다우존스는 중요 기업 30개의 주식 가격을 이용해 주가지수를 산정하고 있었습니다. 회계사 출신 아마추어 주식 분석가였던 랠프 넬슨 엘리엇(Ralph Nelson Elliott)은 과거 75년 동안 주가의 움직임에 대한 연간, 월간, 주간, 일간, 시간, 30분 단위 데이터까지 미국 주식시장의 변화를 주의 깊게 살펴봤는데, 여기서 피보나치 수열을 발견해냈습니다. 이 결과를 토대로 1939년에 자신의 이름을 붙인 '엘리엇 파동 이론'을 완성해 발표했습니다.

이 이론에 따르면 주식시장은 항상 같은 주기를 반복하는데, 각 주기는 상승하는 5개의 파동과 하락하는 3개의 파동으로 이루어집니다. 상승하는 5개의 파동은 상승만 하는 것이 아니라 올라가는 3개의 파동과 내려가는 2개의 파동으로 되어 있으며, 하락하는 3개의 파동도 올라가는 1개의 파동과 내려가는 2개의 파동으로 되어 있습니다.

더 큰 흐름에서 보면 상승하는 21개 파동과 하락하는 13개 파동으로 전체 34개 파동으로 이루어져 있다는 주장입니다. 여기에 나오는 수 모두 피보나치 수라는 사실이 참으로 신비합니다.

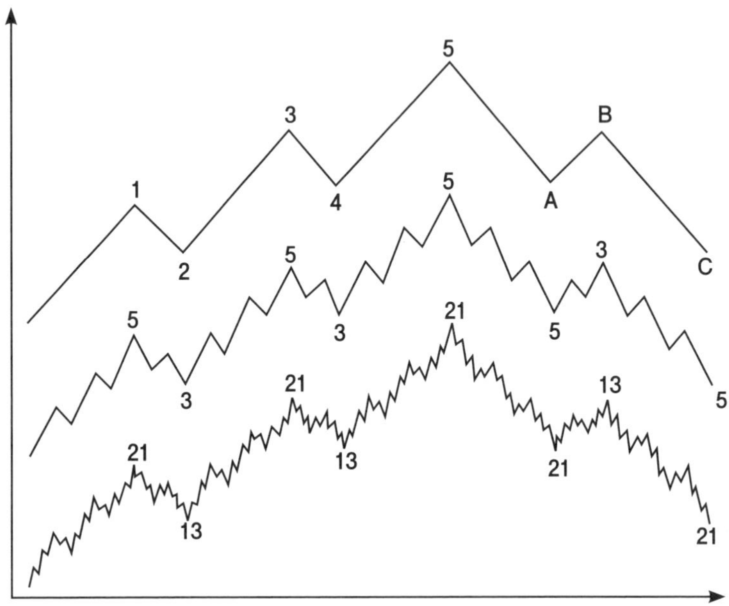

엘리엇 파동. 상승과 하락을 반복하는 주식시장의 변동에서 발견되는 피보나치 수.
ⓒ Masur (Wikimedia)

엘리엇 파동 이론은 1987년 미국 주식시장의 폭락 사태(블랙 먼데이)를 정확하게 예측해내면서 투자자들의 관심을 끌어 오늘날에도 주식 예측을 위한 기술적 분석 도구로 사용되고 있습니다. 원래 다우지

수와 같은 전체 주가지수의 움직임을 바탕으로 연구된 이론이기 때문에 개별 종목에 적용하기에는 무리가 있고, 시장 주기와 추세를 확인하는 데에 사용됩니다.

지도와 연표로 보는 수학사

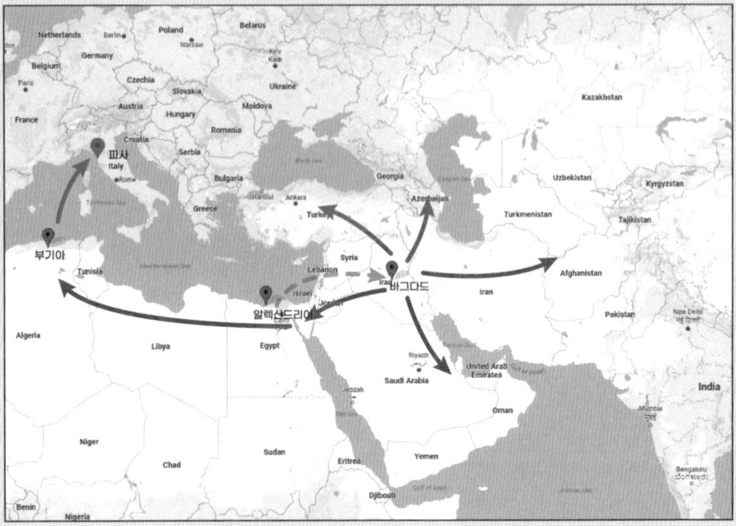

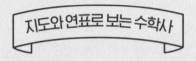

이슬람제국은 8세기부터 13세기 중반까지 서로는 스페인에서 동으로는 인도 국경까지 지배했습니다. 하나로 묶인 넓은 영토에서 여러 문화가 섞이게 되었습니다. 엄밀한 논증을 중요시하는 그리스 수학과 기호를 이용한 인도의 대수학이 혼합되어 기하학적 대수가 만들어졌습니다. 오늘날의 이차방정식의 해를 구하는 근의 공식을 아랍인들은 이미 9세기에 도형을 이용해 사용하고 있었습니다. 아랍 수학의 황금기였던 9~10세기에는 대수학과 삼각법이 크게 발전했습니다.

지중해 북안의 유럽과 남안의 아랍 사이에서 무역이 활발하게 이루어지면서 아랍 수학이 유럽에 전해집니다. 인도-아라비아숫자가 당시 학문을 전담하던 교회에 전해졌지만 수학이라는 '학문'에 국한되어 영향력을 끼치지 못했습니다. 부기아를 비롯해 북아프리카의 상인들에게서 아랍 수학을 배운 피보나치는 그 내용을 상인들의 니즈에 부합하도록 구성해서 《산반서》를 출간했습니다. 피보나치가 인도-아라비아숫자 체계의 유용성을 강조하고 적극 전파하면서 유럽은 인도-아라비아숫자를 이용해 종이와 펜으로 계산하는 사람들과 로마숫자를 사용해 주판이나 계산판, 체커 바둑판 무늬가 있는 천으로 계산하는 교회에서 사용하는 전통적인 방법을 고수하는 사람들로 나뉘게 되었습니다. 결국 실용적이고 빠른 인도-아라비아숫자와 그 계산법이 승리를 거두었습니다.

연표

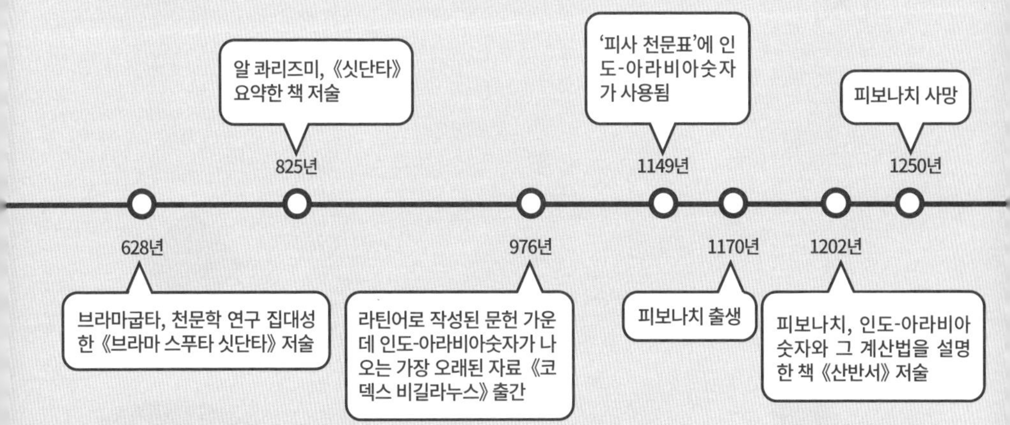
628년
브라마굽타, 천문학 연구 집대성한 《브라마 스푸타 싯단타》 저술
825년
알 콰리즈미, 《싯단타》 요약한 책 저술
976년
라틴어로 작성된 문헌 가운데 인도-아라비아숫자가 나오는 가장 오래된 자료 《코덱스 비길라누스》 출간
1149년
'피사 천문표'에 인도-아라비아숫자가 사용됨
1170년
피보나치 출생
1202년
피보나치, 인도-아라비아숫자와 그 계산법을 설명한 책 《산반서》 저술
1250년
피보나치 사망

PART 05

위대한 예술가의 수학 선생님, 파치올리

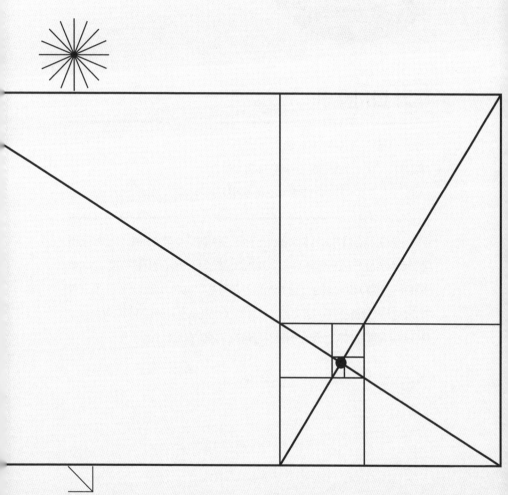

루카 파치올리 Luca Pacioli

출생 - 사망	1445년~1517년
출생지	이탈리아 산 세폴크로의 보르고
직업	프란체스코회 수도사, 수학자

수학 가정교사로 시작해서 이탈리아의 여러 대학에서 수학 강의를 한 경험을 바탕으로 르네상스 시대 수학 지식과 기법을 모은 책 《산술집성》을 썼다. 당시 베네치아 상인들 사이에서 쓰이던 복식부기 회계 방법까지 기록되어 있어 '회계학의 아버지'라고 불리기도 한다. 르네상스 시대 여러 예술가들에게 기하학 지식을 제공하여 생동감 넘치는 예술 작품이 탄생하는 데에 도움을 줬다.

다빈치와 만나 희대의 걸작을 완성시키다!

가장 유명한 레오나르도?

‘레오나르도’라는 이름을 들으면 누가 떠오르나요? 누군가는 배우 ‘디카프리오’를, 또 누군가는 르네상스 시대 화가 ‘다빈치’를 떠올렸겠죠? 아마 이 책을 처음부터 찬찬히 읽은 독자라면 피사의 레오나르도, 피보나치를 떠올렸을 것 같습니다.

르네상스 시대 이탈리아는 많은 예술가를 배출했는데, 그중 최고의 예술가로 꼽히는 사람이 바로 레오나르도 다빈치(1452~1519)입니다. 그의 본명은 ‘레오나르도 디 세르 피에로 다빈치(Leonardo di ser Piero da Vinci)’로, 빈치 지역 출신인 세르 피에로의 아들 레오나르도라는 뜻입니다. ‘다빈치’는 성(姓)이 아니라 ‘빈치’ 출신이라는 것을 밝혀주는 이름입니다. 빈치 출신으로 가장 유명한 사람이 그이기 때문에

서양에서도 '레오나르도'와 '다빈치'를 섞어 씁니다.

피렌체에서 사생아로 태어난 레오나르도는 열다섯 살이 되던 해, 유명한 피렌체의 조각가이자 화가였던 안드레아 델 베로키오의 공방에 들어가 도제 생활을 시작했습니다. 제자의 뛰어난 솜씨에 깊이 감명받은 스승은 "다시는 물감에 손대지 않겠노라"고 맹세하기까지 했다고 합니다. 서른 살이 되던 1481년, 다빈치는 15년간의 도제 생활을 마치고 당시 밀라노를 통치하던 스포르차 가문의 화가로 초빙되었습니다. 이곳에서 스승이자 동료로서 그에게 큰 영향을 끼친 루카 파치올리(1445~1517)를 만나게 됩니다.

실력 있는 수학 교사 파치올리

파치올리는 피렌체 근처의 작은 상업 도시 산 세폴크로에서 태어났습니다. 1460년, 책을 좋아하는 소년으로 자란 파치올리는 고향 교회의 제단화를 그리러 온 유명한 예술가이자 수학자 피에로 델라 프란체스카(1420?~1492)와 만나면서 많은 영향을 받게 됩니다. 델라 프란체스카는 고대 로마 건축가 비트루비우스(흔히 '다빈치의 인체 비례도'라고 불리는 '비트루비우스 인간'은 바로 이 건축가의 이름에서 따온 것입니다)

의 설계 이론을 기초로 한 건축적 투영법을 도입한 원근법을 이용해 살아 있는 것 같은 생생한 그림을 그렸습니다. 단순히 원근법을 작품에 적용하는 것을 넘어 화가를 대상으로 하는 전문적인 이론서《회화의 원근법에 관하여(De Prospectiva Pingendi)》까지 냈습니다. 그런 유명 인사 델라 프란체스카 역시 지연(地緣)에 끌린 걸까요? 아니면 소년의 영특함을 알아본 걸까요? 그는 고향에서 만난 똑똑한 소년 파치올리를 당시 가장 좋은 도서관으로 꼽히던 우르비노 궁전 도서관으로 데리고 가서 마음껏 이용할 수 있게 해주었고, 많은 학자들을 만날 수 있도록 주선해주었습니다. 도서관에서 읽은 자료들은 후에 파치올리가 책을 쓰는 바탕이 되었습니다.

1463년, 열아홉 살이 된 파치올리는 고향을 떠나 베네치아의 부유한 상인 롬피아시(Antonio Ropiasi)의 집에 삼형제를 가르치는 수학 가정교사로 들어갔습니다. 파치올리는 참 성실한 교사였던 것 같습니다. 삼형제를 가르칠 자료를 구하기 위해 우르비노 궁전 도서관을 여러 번 찾았으며, 맞춤 교재도 직접 만들었으니 말입니다. 파치올리가 쓴 첫 번째 책이 바로 삼형제를 위한 교재였습니다. 큰 사업을 하는 상인의 집에서 6년 동안 가정교사를 하면서 파치올리는 자연스럽게 경영에 대해 경험하는 시간을 가지게 되었습니다. 이 과정에서 상업부기도 배우게 되는데, 후에 이 내용을 체계적으로 정리해 쓴 책

《산술집성(summa de arithmetica, geometria, proportioni et proportionalita)》(1494)으로 '회계학의 아버지'로 불리게 됩니다.

1470년에 파치올리는 베네치아를 떠나 델라 프란체스카의 추천으로 로마에 있는 건축가 레온 바티스타 알베르티(1404~1472)의 집에서 몇 개월 지내게 되었습니다. 건축에 관련된 실용 수학과 기하학 작도를 결합해 원근법의 이론을 정립한 사람이 바로 알베르티입니다. 노년의 알베르티에게서 수학과 신앙에 대해 많은 영향을 받은 파치올리는 몇 년 동안 신학을 공부한 후, 프란체스코 수도회에서 사제 서품을 받았습니다. 당시에는 사제가 되면 보수를 받고 강의할 수 있어서 여러 곳을 여행할 수 있었습니다. 파치올리는 상선을 타고 여행하면서 지중해에 접한 여러 아랍 지역의 발달한 수학 문물을 익혔습니다.

해외 유학까지 한 실력파 수학 교사 파치올리를 찾는 곳은 많았습니다. 파치올리는 계산학교(르네상스 시대의 새로운 학교. 인도-아라비아숫자를 이용해 주판을 쓰지 않고 계산하는 법을 가르쳤다. 161쪽 수학외전 참조)부터 시작해서 피렌체, 피사, 볼로냐, 로마, 나폴리, 밀라노 등 이탈리아에 있는 여러 대학에서 수학을 가르쳤습니다. 1489년 고향 산세폴크로로 돌아온 파치올리는 여러 곳에서 배우고 익힌 자신의 경험을 모두 모은 책을 쓰기 시작했습니다. 수학 가정교사를 시작할 때부터 모은 자료를 바탕으로 점성술, 건축, 조각, 신학, 우주론 등 거의 모든 분야를 설명한 수학 입문서《산술집성》이 바로 그 책입니다. 파치올리는 이 책을 쓸 때 라틴어와 이탈리아어를 같이 썼습니다. 라틴어를 읽을 줄 모르는 일반인을 배려하려는 의도였겠지요. 그 덕분에《산술집성》은 구텐베르크 인쇄술로 이탈리아 전역에 보급되어 널리 읽힌 수학책이 되었습니다.

세상의 모든 수학,《산술집성》

르네상스 시대의 수학 지식과 기법을 모두 모은 책인《산술집성》은 이후 수학 교육의 표준 교과서 역할을 톡톡히 해냈습니다. 파치올리가 베네치아 상인들 사이에서 직접 보고 배웠던 복식부기 회계 방법에 대해 자세히 기록했기 때문에 상업 발전에도 크게 기여했습니다.

이 책의 원본은 총 10개의 장으로 구성되어 있는데, 1장부터 8장까지는 곱셈표와 손가락 숫자 표현과 같이 기본적인 산수와 대수에 대한 내용을 담고 있습니다. 9장의 제목은 '상업적 계산과 기록'인데 물물교환, 지폐 교환, 무게와 측정, 장부 기록 등 상업에 관련된 여러 가지 주제에 대해 설명하고 있습니다. 그중에는 복리 계산 공식인 '72의 법칙'도 있습니다.

복리는 원금에 이자를 더한 금액을 새로운 원금으로 보고 다음 이자를 계산하는 방식입니다. 즉, 100원에 대해 연이율 10%를 복리로 지급한다고 하면 첫 해의 이자는 10원이지만, 두 번째 해에는 원래 원금 100원에 첫 해 이자를 더한 110원이 새로운 원금이 되어 이자가 110원의 10%인 11원이 됩니다. 세 번째 해의 원금은 121원(110 + 11)이고 이자는 121원의 10%가 되는 방식으로 계산됩니다. 그렇다면 100원을 연 복리 4%로 저축했을 때, 원금이 200원, 즉 2배가 되려면 몇 년이 지나야 할까요? 10년? 15년? 복잡한 계산을 한참 해야 답을 구할 수 있을 것 같은데 파치올리가 알려주는 방법으로 구하면 쉽게 답을 구할 수 있습니다. 72를 복리 금리로 나눈 기간만큼 예금해두면 원금의 2배가 된다는 게 '72의 법칙'입니다. 연 복리 4%로 저축한 100원이 200원이 되려면 72 ÷ 4 = 18, 즉 18년이 걸립니다. 원금이 2배가 되는 데 걸리는 정확한 시간을 연 복리에 따라 계산한 다음 표와 비교하면 약간의 오차가 있기는 하지만 '72의 법칙'은 계산하기 쉬운 실용적인 방법이라 널리 알려져 있습니다.

연 복리(%)	원금의 2배가 되는 데 걸리는 정확한 기간(년)	72의 법칙
0.25	277.258	288
0.5	138.629	144
1	69.314	72
2	34.657	36
3	23.104	24
4	17.328	18
5	13.862	14.4
6	11.552	12
7	9.902	10.285
8	8.664	9
9	7.701	8
10	6.931	7.2
11	6.301	6.545
12	5.776	6

《산술집성》은 '복식부기'라고 하는 당시의 최신 기법을 처음으로 자세히 기록한 책입니다. 우리나라에도 《1494 베니스 회계》라는 제목으로 9장을 번역한 책이 나와 있습니다. 마지막 10장은 실용적인 기하와 삼각법을 다뤘습니다.

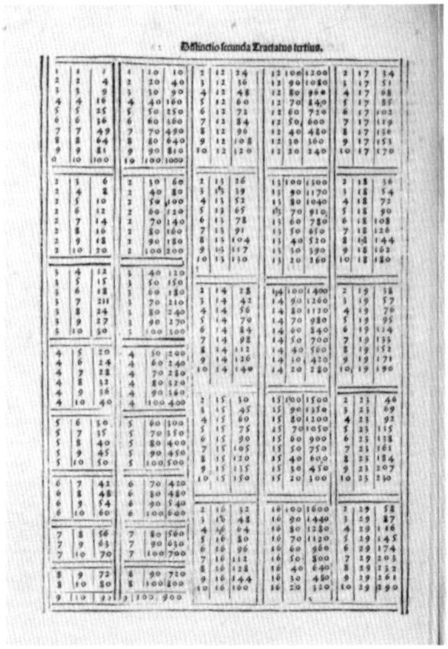

《산술집성》에 실린 곱셈표. ⓒ MAA

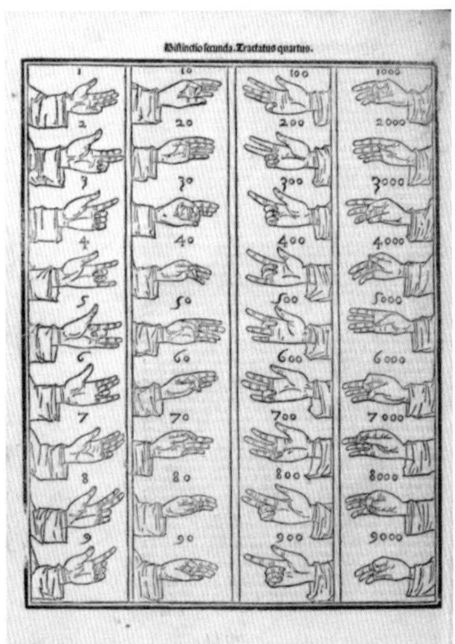

《산술집성》의 또 다른 페이지. 손가락으로 숫자를 표현하는 방법을 나타내고 있다. ⓒ MAA

예술과 수학의 만남

15세기 중엽에서 16세기 초 이탈리아 밀라노는 스포르차라는 귀족 가문이 다스렸습니다. 용병대장으로 무공을 세워 귀족이 되었지만 문예를 보호, 장려해 밀라노를 북이탈리아 문화의 중심지로 만들었습니다. 이 가문의 최전성기는 루도비코 스포르차(1452~1508)가 밀라노를 다스리던 시기입니다. 학자와 예술가에게 후원을 아끼지 않던 루도비코 스포르차는 밀라노에 유럽 최고의 궁전을 세우고자 1482년에 레오나르도 다빈치를 초빙해서 궁전을 장식할 그림과 조각을 맡겼습니다. 그리고 1497년에는 파치올리를 수학 교사로 초빙했습니다. 수학에 관심이 많던 다빈치가 파치올리의 《산술집성》을 보고 루도비코에게 추천했다는 이야기도 있습니다.

다빈치는 파치올리보다 일곱 살이나 어렸지만, 둘은 함께 수학과 예술에 관한 이야기를 나누면서 금방 친해졌고 서로의 일을 도와 발전하는 관계가 되었습니다. 다빈치가 맡은 일 중에는 스포르차 가문을 세운 프란체스코 스포르차를 기념해 거대한 청동기마상을 세우는 일도 있었는데, 여기에 들어갈 청동의 양을 계산해준 사람도 파치올리였다고 합니다. 파치올리는 다빈치에게 유클리드 기하학과 원근법을 가르쳤습니다. 원근법을 처음으로 만든 두 예술가 알베르티와 델라 프란체스카의 이론이 파치올리를 통해 다빈치에게 전해진 겁니다. 제곱과 제곱근의 곱셈도 가르치려 했지만 예술가에게 대수학은 어려웠는지 별로 성과를 얻지는 못했다고 합니다. 다빈치는 자기가 이해하기 힘든 개념이 나오면 파치올리의 설명을 빼놓지 않고 노트에 필기하는 성실한 학생이었습니다. 다년간의 교사 경력에 베스트셀러 교과서까지 집필한 훌륭한 수학 선생님 파치올리가 위대한 예술가 다빈치에게 수학을 가르쳐주자, 예술과 수학은 하나가 되었습니다.

완벽한 작품을 만들려는 예술가의 성격 때문이었을까요? 다빈치는 작품을 완성하는 속도가 무척 느린 것으로 유명했습니다. 1494년에 수도원으로 사용되는 성당 식당 벽화를 그려달라는 부탁을 받았는데, 완성된 것은 그로부터 5년이 지난 후였습니다. 공공장소에 대규모 벽화를 그려본 적이 없던 다빈치가 구상만 하고 붓을 들고 작업을 하지 않자 지켜보던 수도원장은 못마땅했나 봅니다. 다빈치의 고용주 루도비코를 압박했고, 고용주의 재촉을 받은 다빈치는 그제야 본격적으로 작업에 들어갔습니다. 이 작업을 할 때, 다빈치는 파치올리와 많은 토론을 했다고 합니다. 그렇게 완성된 작품이 완벽한 원근법의 걸작 〈최후의 만찬〉입니다.

〈최후의 만찬〉은 가로 길이가 880cm, 세로 길이 460cm의 거대한 벽화입니다. 다빈치는 마치 건축물을 설계하듯이 그림을 그렸습니다.

밀라노에 있는 산타 마리아 델레 그라치에 성당 수도원의 식당 벽화로 그려진 〈최후의 만찬〉.
Photo ⓒ Dimitris Kamaras (Flickr)

식당에서 실제로 식사하는 사람들의 눈높이를 고려해서 이 벽화를 바라볼 때 식탁과 천장을 우러러보도록 그려놓았습니다. 원근법과 황금비를 치밀하게 계산해서 말이죠. 식당의 넓은 벽면을 36개의 칸으로 나누어 구획하고 선 원근법에 맞추어 화면 속에 창을 그려 넣었습니다. 선 원근법은 사물의 멀고 가까움을 표현하기 위해 천장의 평행선들이 한 점에서 만나도록 그리는데, 이 점을 '소실점'이라 부릅니다. 이 그림에서는 그리스도의 이마 부근이 소실점입니다. 그 덕분에 식

〈최후의 만찬〉 속 황금비.

당의 실제 공간이 연장되어 마치 식당 안에 작은 다락방이 있어 그리스도와 열두 제자가 식사를 하고 있는 중인 것처럼 보입니다. 〈최후의 만찬〉이 완성된 후 이 식당에서 식사를 하는 수도사들은 그리스도와 함께 식탁을 나누고 있는 것처럼 느끼며 식사를 했을 것 같습니다.

〈최후의 만찬〉을 확대해서 자세히 볼까요? 식탁은 그리스도를 중심으로 한 짧은 부분과 양쪽의 긴 부분으로 나누어지는데, 짧은 부분과 긴 부분, 그리고 이 둘을 합한 전체의 비가 황금비 Φ 입니다. 식탁 전체의 높이와 테이블보로 덮인 부분, 드러난 식탁 다리 부분 역시 황금비를 이룹니다. 이런 식으로 그림 곳곳에서 황금비를 찾아볼 수 있습니다.

다빈치와 같은 시대의 피렌체 화가들은 기본적으로 공방에서 일하는 기술자였기 때문에 세밀하게 관찰하고 실험하는 사람들이었습니다. 당시 스콜라 철학자나 인문학자처럼 고전으로 내려온 책만 파고들지 않고 자연을 직접 관찰하고 실험하면서 새로운 이론을 만들어 적용했습니다. 이런 태도가 근대 과학이 발전하는 배경이 되었다고 생각됩니다. '피렌체의 레오나르도'로 불린 다빈치가 오늘날에 르네상스를 대표하는 예술가로 꼽히는 이유는 〈최후의 만찬〉, 〈모나리자〉 같은 그가 남긴 불후의 명작 때문만이 아니라 그가 남긴 명언 속에서 드러나는 정신이 그 시대를 정의하기 때문일 겁니다.

"경험에 의해서 확증되지 않는 사색가의 교훈을 피하라. 사물 그 자체를 연구하지 않고 사변적 이론만을 연구하는 사람은 그저 기억하는 것에 불과하다. 수학적 관계는 모든 자연 속에서 볼 수 있다."

신의 성품을 드러내는 신성한 비례?

파치올리는 스포르차 가문에 오기 전부터 쓰고 있던 수학 관련 원고를 3년 만인 1498년에 완성했습니다. 자신을 가르쳐준 수학 선생님에게 도움이 되고자 다빈치는 특기를 살려서 이 원고에 들어갈 삽화를 그렸습니다. 다빈치의 손끝에서 태어난 삽화는 그 자체가 예술작품으로도 손색이 없었습니다. 다빈치의 삽화를 보고 감동한 파치올리는 "형언할 수 없을 만큼 뛰어난 왼손잡이이자 모든 수학 분야에 정통한 인물인 다빈치가 고맙게도 삽화를 그려줬다"라고 서문에 소개했습니다. 이 책이 다루는 주제는 건축, 예술, 해부학, 수학에서 비율과 비례의 역할이었습니다. 수학과 과학, 예술에 능한 다빈치가 흥미를 가질 만한 주제였지요. 이 책에서 파치올리가 집중해서 깊게 연구한 비율은 앞에서도 언급한 황금비였습니다. 그는 황금비를 '신의 성품을 드러내는 신성한 비례', 즉 '신성 비례'라는 이름으로 부르며 책 제목으로 삼았습니다.

《신성 비례》는 세 부분으로 구성되어 있습니다. 1부에서는 수학적으로 황금비를 연구하고 다양한 예술에 대한 응용법을 다뤘고, 2부에서는 수학을 건축에 응용한 비트루비우스의 이론에 근거를 둔 건축 이론을 다루었습니다. 어린 시절부터 파치올리에게 큰 영향을 끼친 델라 프란체스카의 정다면체에 관한 책을 이탈리아어로 번역하고 이와 관련된 예제를 마지막에 실었습니다. 다빈치의 삽화는 다면체 이론을 다루는 마지막 부분에 60여 개가 들어가 있습니다.

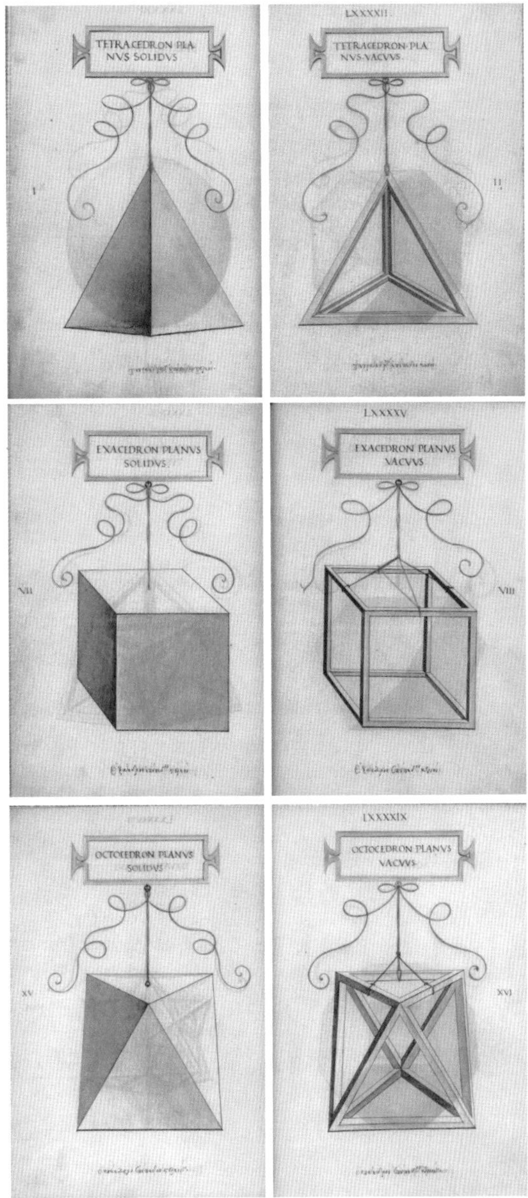

《신성 비례》에 수록된 다빈치의 정사면체, 정육면체, 정팔면체 삽화. 오른쪽 그림은 왼쪽 그림에서 면을 제외하고 그려 모서리와 꼭짓점이 잘 드러나도록 했다. ⓒ MAA

또 한 사람의 제자

야코포 데 바르바리가 그린 〈파치올리 수사와 어느 젊은이〉.

위 그림은 1495년경 르네상스 시대의 화가 야코포 데 바르바리(1440?~1516)가 그린 〈파치올리 수사와 어느 젊은이〉인데, 이 그림 속에 파치올리의 업적이 압축적으로 들어 있습니다. 파치올리가 왼손으로 책을 짚어가며 오른손으로 칠판에 도형을 그리고 있습니다. 그가 펼친 책은 유클리드의 《기하학 원론》, 그중에서도 정다면체를 설명하고 있는 제13권이고, 그가 칠판에 그리는 것은 정오각형으로 보입니다. 정오각형은 정십이면체의 한 면을 이루는 정다각형이면서 황금비를 발견할 수 있는 특별한 도형이기도 합니다. 펼친 책 옆에 놓인 붉은 표지의 책은 파치올리의《산술집성》이고, 마침 그 위에 정십이면체가 올려져 있습니다.

그림의 왼쪽 위 투명한 다면체는 파치올리가 최초로 발견한 부풀린 6-8면체를 유리로 만든 것입니다. 화가가 빛의 투과, 반사, 굴절이라는 광학의 원리에 따라 매우 정밀하게 묘사했다는 것을 이 다면체를 통해 알 수 있습니다. 다면체는 절반 정도 물이 채워져 있는데 그림 바깥쪽에 있는 창문이 다면체의 왼쪽 위로 비쳐 보이고 물에 반사된 창문이 다면체의 오른쪽 상단에, 굴절된 창문은 오른쪽 하단에 나타나고 있습니다.

파치올리 뒤에 있는 젊은이는 누구일까요? 짐작되는 세 사람이 있습니다. 그림을 그린 바르바리, 파치올리를 후원했던 구이도발도, 당시 20대 초반으로 이탈리아를 여행하며 그림을 배우던 독일 화가 알브레히트 뒤러(1471~1528)입니다. 그림 속 청년이 누구인지는 크게 중요하지 않습니다. 세 명의 후보자 모두 파치올리로부터 수학을 배운 제자이니까요. 그래도 셋 중 가장 가능성이 높은 한 사람을 꼽으면 뒤러가 아닐까 합니다. 다음은 1498년에 그려진 뒤러의 그림 〈장갑

뒤러의 그림 〈장갑을 낀 자화상〉.

을 낀 자화상〉인데, 오뚝한 콧날과 곱슬머리가 앞의 그림 속 청년과 무척 닮아 있습니다.

뒤러는 젊은 시절 이미 북유럽에서 천재로 이름났던 화가입니다. 1494년과 1505년, 두 번의 이탈리아 여행에서 그는 원근법과 기하학, 그리고 인체 비율에 대해 공부했는데, 이때 건축가 레온 바티스타 알베르티와 레오나르도 다빈치, 루카 파치올리, 화가이자 기하학자인 자코포 데 바르바리와 같은 인물에게서 깊은 영향을 받았습니다. 이탈리아에서 기하학적 원근법을 배운 뒤러는 다빈치와 마찬가지로 그리스 고대의 조각상과 비트루비우스의 고대 문헌을 연구하는 한편, 수많은 사람을 실제 측정하고 보편 타당한 비례의 법칙을 만들고자 했습니다. 그 결과《인체 비례론》,《원근법에 관한 고찰》등의 이론서를 집필하고 모눈 유리판, 시각 피라미드 등 원근법을 쉽게 활용하기 위한 도구도 개발했습니다. 르네상스 시대의 전성기를 누리고 있는 이탈리아에서 최신 기법을 익히고 돌아온 뒤러는 독일 미술 전통을 혼합해 독자적인 화풍을 창조했습니다. 다빈치에게서 하나로 융합한 수학과 예술은 뒤러에게 전해져 유럽 전체로 퍼져 나가게 되었던 거죠. 그래서 뒤러는 독일 르네상스 회화를 완성한 최고의 화가로 평가받습니다.

뒤러의 작품 중 수학적인 요소가 눈에 띄는 작품 하나를 소개하며 르네상스 시대 수학에 관한 이야기를 마무리하겠습니다. 다음 그림은 1514년에 제작된 동판화 작품 〈멜랑콜리아 I〉입니다.

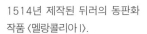

1514년 제작된 뒤러의 동판화 작품 〈멜랑콜리아 I〉.

이 그림에서 가장 먼저 사람들의 시선을 끄는 주인공은 오른손에 컴퍼스를 쥐고 왼손으로 턱을 괸 채 골똘히 생각에 빠진 듯한 모습의 날개 달린 천사입니다. 천사의 눈높이에 다면체 하나가 놓여 있고, 발치에는 구가 놓여 있습니다. 혹시 천사가 손에 쥔 컴퍼스의 벌어진 거리가 구의 반지름과 같다는 것을 눈치채셨나요?

그림 속 다면체는 '뒤러의 다면체'라고 불리는데, 삼각형 두 개, 오각형 여섯 개, 총 여덟 개의 면으로 이루어져 있습니다. 주사위 같은 정육면체에서 대각선의 양끝점을 잡고 죽 늘린 다음 이 두 꼭짓점 부분을 잘라내면 이런 모양을 만들 수 있고, 그림 속 오각형 면의 각은 다음과 같이 126°, 108°, 72°, 108°, 126°입니다. 석회석 결정 모양이 이와 유사하다는 발견이 이루어지는 등 이 다면체에 대한 분석은 현재까지도 이어지고 있습니다.

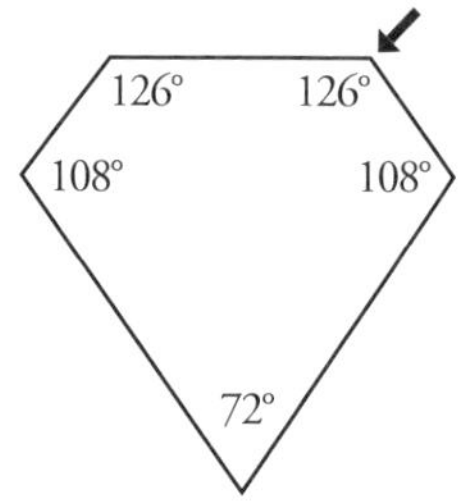

천사의 머리 위쪽으로 창문처럼 생긴 정사각형에 숫자가 적혀 있습니다. 가로, 세로, 대각선에 놓인 숫자들의 합이 모두 34가 되는 4×4 마방진입니다. 특히 네 모서리 숫자의 합(16 + 13 + 4 + 1 = 34)과 정중앙에 있는 작은 정사각형 숫자 4개의 합(10 + 11 + 6 + 7 = 34)도 34입니다. 가장 아래 줄 가운데 있는 두 개의 숫자를 붙여 읽으면 1514가 되는데, 재미있게도 이 그림이 그려진 연도입니다. 천사가 앉아 있는 판 오른쪽 아래에도 같은 숫자가 적혀 있습니다.

〈멜랑콜리아 I〉 속 천사 머리 위쪽에 있는 숫자판. 4×4 마방진이다.

이제 시선을 왼쪽으로 옮기면 하늘에 뜬 둥근 무지개 아래로 빛이 보입니다. 해나 달은 아닌 듯한 게 위에서 아래로 떨어지고 있는 듯 보입니다. 하늘에서 떨어지는 빛이라면 혜성이나 유성이 아닐까 싶습니다. 그런데 뒤러가 살았던 당시에는 이런 특이한 천체 현상은 불길한 징조로 여겨졌습니다. 실제 1492년 11월 7일에는 뒤러가 살았던 바젤에서 약 50km 떨어진 프랑스 북동부 알자스 지역 엔시스하임 마을에 운석이 떨어졌는데, 뒤러도 이를 목격했을 것입니다. 하늘에서 떨어지는 운석을 직접 관찰한 직후 자신의 다른 판화 작품으로 남겼고 강렬한 그때의 느낌을 이 작품에도 담았던 겁니다.

이 작품의 숨은 의미를 분석하는 수많은 해석이 나와 있습니다. '우

울'이라는 뜻의 제목에 걸맞게 우울증을 상징하는 박쥐와 개가 나오고, 천사가 쓴 화관은 우울증을 치료하는 풀로 만든 것이라고 합니다. 여러 가지 도구들이 어지럽게 늘어져 있는 배경은 천사의 마음이 어지럽고 삶의 의욕이 사라졌음을 나타낸다고 해석하기도 합니다. 그렇지만 다양한 시각의 해석들 가운데 공통적인 내용이 하나 있습니다. 천사의 모습을 한 인물은 뒤러를 비롯한 르네상스 시대 예술가의 모습을 상징한다는 겁니다. 수학과 과학이라는 도구를 가지고 신이 창조한 우주의 질서와 아름다움의 법칙을 밝혀내는 과정에서 고뇌와 우울에 빠지는 예술가의 모습을 그려낸 걸작, 바로 뒤러의 〈멜랑콜리아 I〉입니다.

수학 외전

르네상스 시대의 새로운 학교, 계산학교

13세기 초까지 이탈리아에서는 상류 계급만 대학 교육을 받을 수 있었는데, 오직 라틴어와 로마숫자로 된 교재만 쓰였습니다. 그런데 피보나치가 《산반서》를 통해 인도-아라비아숫자를 소개하면서 유럽에는 새로운 바람이 불기 시작했습니다. 인도-아라비아숫자를 이용해 주판을 쓰지 않고 계산하는 법을 가르치는 계산학교가 생겨난 겁니다.

십자군 전쟁을 치르는 동안 십자군과 군수물자를 예루살렘으로 실어 나르면서 지중해 무역이 살아났습니다. 무역업이 주요 산업이었던 베네치아, 제노바 공화국은 경제, 문화적으로 발전하게 되었죠. 중세 상인들은 직접 지중해 뱃길로 북아프리카와 아랍 지역을 오가며 지역 특산물을 바꿨는데, 르네상스 시대의 상인들은 사람을 고용해서 여러 항구를 다니며 거래하고 물건을 실어 오도록 했습니다. 말하자면 보따리 상인에서 국제 무역상사로 바뀐 겁니다. 이렇게 무역 규모가 커지고 복잡해지면서 단순히 물건값을 계산하고 거래 내역을 기록하는 정도가 아니라 수익 배분, 이자와 보험료 계산 등 다양한 문제를 해결할 수 있는 수학이 필요했습니다. 이탈리아 상인들은 자기 사업을 물려줄 아들과 사업에 필요한 인력을 키우기 위해 전문적인 수학자를 가정교사로 들이거나 수학을 주로 가르치는 학교를 세웠습니다. 그 학교가 바로 '계산학교'입니다.

수학 외전

단식부기와 복식부기

'부기(簿記)'는 돈 계산을 기록하는 것입니다. '장부 부(簿)'에 '기록할 기(記)'를 써서 글자 그대로 '장부에 기록하는 것'이란 뜻이죠. 돈 계산을 기록하려면 몇 가지 조건이 갖춰져야 합니다. 일단 돈이 있어야 하고, 돈이 오간 내용을 표현할 수 있는 문자와 기록하고 보관할 수 있는 도구(종이와 붓 또는 펜)가 있어야 합니다.

돈과 문자는 일찍부터 있었지만, 기록할 수 있는 수단이 나오기까지 시간이 좀 걸렸습니다. 종이가 세상에 등장한 건 105년이니까요. 중국에서 만들어진 종이는 당나라 때에 전 세계 여러 나라로 전파되어 나갔습니다. 근동 지방을 거쳐 이집트에 보급된 종이가 지중해를 건너 스페인, 그리스, 이탈리아 등 유럽에 전해진 시기가 11~12세기입니다. 13세기 초, 피보나치가 인도-아라비아숫자를 전하면서 부기를 시작할 수 있는 조건이 모두 갖춰지게 되었습니다.

오랜 십자군 전쟁 기간 동안 십자군과 군수물자를 예루살렘으로 실어 나르면서 피렌체, 제노바, 베네치아는 지중해 무역의 중심지가 되었습니다. 특히 영국식으로 '베니스'라고 불리는 베네치아는 영국의 셰익스피어가 《베니스의 상인》이란 작품을 쓸 정도로 유명한 상업 도시가 되었습니다. 베네치아의 상인들은 활발한 무역으로 생긴 돈의 흐름을 정확하고 정직하게 기록하는 방법을 발달시켰습니다.

부기에는 2종류가 있는데, 단식부기(單式簿記)는 현금이 들고 나가는 것만 적는 간단한 방법입니다. 초등학생이 쓰는 용돈 기입장이나 집에서 쓰는 가계부, 소규모 영세 사업자를 위한 간편장부 등을 예로 들 수 있습니다. 복식부기(複式簿記)는 하나의 거래에 대해 거래의 '원인'과 '결과'라는 두 가지 측면에서 이중으로 기록하는 방식입니다.

만일 노트북 컴퓨터를 현금 100만 원을 주고 샀다고 해볼까요? 단식부기에서는 아래처럼 간단하게 적으면 됩니다.

단식부기
노트북 컴퓨터 100만 원 지출

그런데 복식부기에서는 거래의 원인인 '100만 원짜리 노트북 컴퓨터 구입'과 그에 따른 결과 '현금 100만 원 감소'로 구분해서 적습니다.

복식부기	
차변(거래의 원인)	대변(거래의 결과)
노트북 컴퓨터 100만 원 구입	현금 100만 원 감소

장부의 왼쪽을 '차변'이라 하고, 오른쪽은 '대변'이라 하는데, 장부를 제대로 적었다면 차변과 대변의 합은 반드시 같습니다. 만일 일치하지 않는다면 계산 실수나 누락, 혹은 부정 등이 있다는 뜻입니다. 복식부기는 외상거래와 같은 비현금 거래도 기록할 수 있어 손익을 정확하게 계산하고 재무 상태를 제대로 파악할 수 있다는 장점이 있습니다.

지도와 연표로 보는 수학사

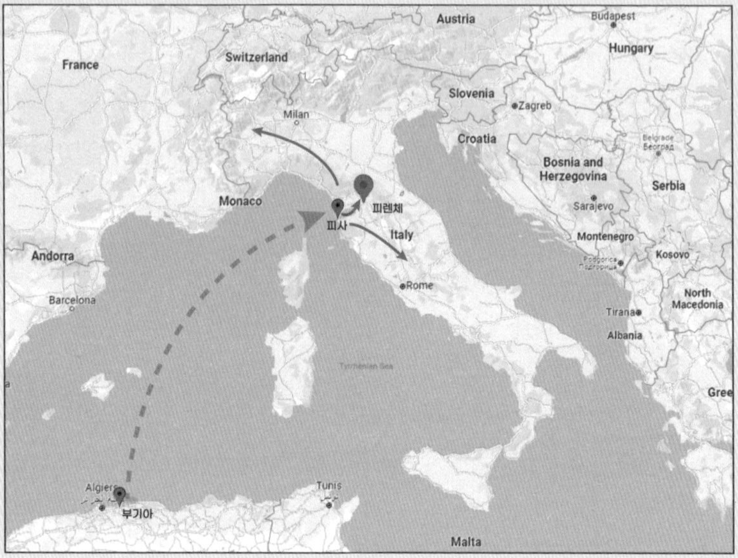

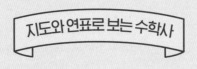

수학, 이탈리아에서 상업과 예술로 꽃피다

피보나치의《산반서》를 통해 인도-아라비아숫자와 산술, 대수학이 이탈리아에 들어오게 되었습니다. 아랍의 신문물인 이 새로운 기법들은 피보나치의 고향인 피사에서부터 피렌체로 대표되는 토스카나 지방으로 퍼져 나갔습니다. 상업이 비약적으로 발달하면서 인도-아라비아숫자를 이용해 주판을 쓰지 않고 계산하는 법을 가르치는 계산학교가 생겨나고 활판 인쇄술의 발명으로 상업용 산술을 다루는 책이 나오면서 나머지 이탈리아 지역과 유럽 전역으로 전파되었습니다. 그 과정에서 수학은 상업 활동에 필요한 산술과 복식부기, 고차방정식의 해법을 찾는 데에 쓰였습니다.

경제가 발전하면 예술도 발전하기 마련입니다. 중세 시대 종교화의 문법에서 벗어나 자연을 그대로 화폭에 옮기려는 화가들의 노력은 원근법의 발명으로 이어졌습니다. 자연의 모습을 보다 생생하고 정교하게 옮기는 데에 수학이 필요했던 겁니다. 물이 높은 곳에서 낮은 곳으로 흐르듯 이탈리아에서 발전한 수학은 이후 북쪽으로 점차 퍼져 나가 유럽 곳곳에 이르게 됩니다.

연표

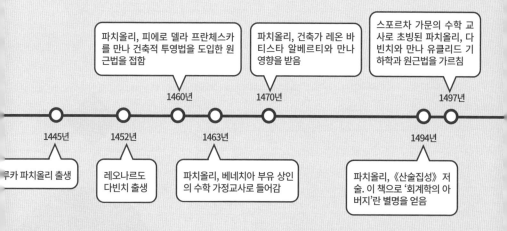

- 1445년 루카 파치올리 출생
- 1452년 레오나르도 다빈치 출생
- 1460년 파치올리, 피에로 델라 프란체스카를 만나 건축적 투영법을 도입한 원근법을 접함
- 1463년 파치올리, 베네치아 부유 상인의 수학 가정교사로 들어감
- 1470년 파치올리, 건축가 레온 바티스타 알베르티와 만나 영향을 받음
- 1494년 파치올리, 《산술집성》 저술. 이 책으로 '회계학의 아버지'란 별명을 얻음
- 1497년 스포르차 가문의 수학 교사로 초빙된 파치올리, 다빈치와 만나 유클리드 기하학과 원근법을 가르침

PART 06

게으른 천재, 데카르트

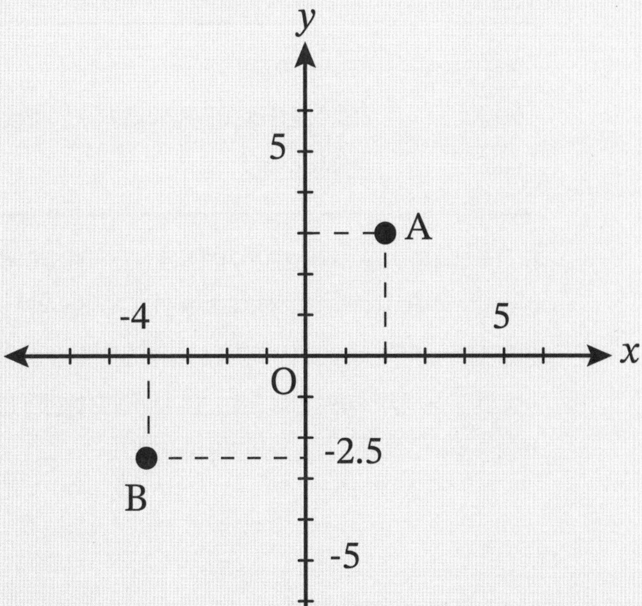

르네 데카르트 René Descartes

출생 - 사망	1596년~1650년
출생지	프랑스 투렌의 소도시 라에(현재 그의 이름을 따서 데카르트시로 개명)
직업	철학자, 수학자

미지수로 x를 처음 사용했으며 기하학은 어려워서 싫어했던 수학자. 기하학을 어렵다고 포기하지 않고 일정한 규칙에 따라 계산만 하면 되는 대수학처럼 쉽게 만들겠다는 아이디어로, 기하학과 대수학을 결합해 새로운 수학 '해석기하학'을 만들었다. 해석기하학의 탄생으로 근대 자연과학 발전의 바탕이 만들어졌다(즉, 어려운 수학이 생겨나기 시작했다는 이야기다).

그 덕분에 아인슈타인의 상대성이론이 나올 수 있었다?

도형의 방정식과 철학자 데카르트

중고등학생 시절, 암호 같던 수학 시간 중 특히 더 어려웠던 때는 함수를 만났을 때가 아니었던가 싶습니다. x축, y축이 나오고 x와 y를 짝 맞추어 하나의 점으로 나타내는 것까지는 식은 죽 먹기입니다. 그런데 어느 순간부터 직선 하나를 그려놓고 그 직선의 방정식을 찾아보라고 합니다. 자를 대고 곧게 선을 그리면 그만인데 직선의 방정식이라니요. 거기서 멈추지 않고 x, y가 들어간 식을 주고는 함수의 그래프를 그리라는 주문까지 합니다. 방정식 하나 풀기도 벅찬데 방정식이 나타내는 도형을 그리라고 하고, 반대로 주어진 그래프의 방정식을 구하라는 무리한 요구를 하는 단원이 바로 고등학생 시절 배웠던 '도형의 방정식'이었습니다.

'도형의 방정식' 단원에서는 직선과 원의 교점을 찾는 문제를 풀기 위해 우선 그림을 그립니다. 그러다 어느 순간부터는 y를 x에 대한 식으로 모두 바꿔 정리해서 이차방정식을 풀죠. 어려운 도형 문제를 방정식 문제로 바꿨더니 금방 답이 나오고, 반대로 방정식 문제를 그림으로 그려봤더니 내용이 쉽게 파악되기도 합니다. 그런데 아시나요? 이 모든 게 "나는 생각한다. 고로 나는 존재한다"라는 말을 남긴 철학자로 더 유명한 데카르트의 업적입니다. 수학의 역사 속 그의 업적을 알아보려면 르네상스 시대 이탈리아에서 시작하는 게 좋을 듯합니다.

이자 계산에서 나온 삼차방정식

르네상스 시대에는 상업이 발달하면서 금융 산업이 커지기 시작했습니다. 무역을 할 상품을 사기 위해서는 막대한 자본이 필요했죠. 돈 많은 재산가는 큰돈이 필요한 사람에게 돈을 빌려주고 이자를 받아 재산을 불려갔습니다. 이렇게 여러 나라의 화폐를 바꿔주거나 돈을 빌려주고 맡아주는 금융업자들이 생겨났습니다. 중세 시대 지중해 무역의 중심지 베네치아의 금융업자는 광장에 벤치나 책상, 탁자 등을 가져다 놓고 세계 각국의 화폐를 바꿔주곤 했답니다. 베네치아의 금융업자는 매우 믿을 만해서 외국인이 돈을 맡기고 여행을 떠나도 다시 돌아오면 어김없이 돈을 되찾을 수 있었다고 합니다.

금융업자는 돈거래에서 나오는 여러 계산을 해결해야 했습니다. 〈PART 05〉에서도 잠시 다루었던 복리 계산을 현재의 수학 기호법을 이용해서 식으로 써볼까요? 원금을 a, 연이율은 b, 기간은 n, 원리합계를 x라고 하면, 다음과 같습니다.

$$x = a(1+b)^n$$

큰돈을 굴리는 금융업자는 원금, 연이율, 기간이 정해졌을 때 이자가 얼마인지 알아내는 단순한 계산 외에 자기에게 유리한 이율이 얼마인지 구하는 계산을 더 많이 했을 것 같습니다. 그런데 기간이 3년 이상이 될 때 연이율을 구하는 문제는 당시의 수학 수준에서는 무척 어려웠습니다.

"원금 a원이 있다. 3년 후의 원리합계가 c가 되는 연이율은 얼마인가?"

이러한 문제는 단순한 산수 계산만으로는 해결할 수 없습니다. 연이율을 x라 하고 식을 세우면, 다음과 같은 삼차방정식이 나옵니다.

$$a(1+x)^3 = c$$

$$x^3 + 3x^2 + 3x + 1 = \frac{c}{a}$$

아랍 수학자들이 원뿔곡선을 이용하는 기하학적 방법으로 삼차방정식의 해를 구했지만 대수적인 해는 아직 찾지 못하고 있었습니다. 당시의 최고 수학자 파치올리조차 그의 책 《산술집성》에서 삼차방정식의 해를 대수적으로 구할 수 없다고 기록할 정도였으니까요. 이차방정식의 해법은 이미 알려져 있었고, 이자 계산이라는 현실적인 이유가 더해져 수학자들은 삼차방정식의 해법을 찾는 일에 매달렸습니다.

삼차방정식 해법은 르네상스 수학자들에겐 영업 비밀이었다?

르네상스 시대 당시 수학자들은 지금의 변호사들처럼 사무실을 차려놓고 상인, 금융업자의 계산 문제를 해결해주었습니다. 문제를 잘 푸는 실력 있는 수학자에게는 의뢰가 많이 들어왔기 때문에 명성을 얻고자 하는 수학자들 사이에서 실력을 겨루는 수학 시합이 자주 열렸습니다. 시합은 서로 상대에게 문제를 내고 정한 시간 안에 누가 상대의 문제를 많이 푸는가로 승부를 가렸습니다. 그러다 보니 삼차방정식의 해법을 발견하고도 비밀에 부치는 경우가 많았습니다. 르네상스 시대 수학자에게는 말 그대로 '비밀 병기'이자 '영업 비밀'이었던 거죠.

스키피오네 델 페로(Scipione del Ferro)는 아랍 수학을 연구한 끝에 $x^3+cx+d=0$ 꼴의 삼차방정식의 해법을 알아내 제자에게만 비밀스럽게 전했습니다. 그의 제자는 1535년 스승의 비법을 가지고 자신만만하게 볼로냐대학에서 열린 수학 시합에 나갔지만, '말더듬이'라는 뜻의 별명 '타르탈리아'로 불리는 가난한 이탈리아 수학자 니콜로 폰타나(Niccolo Fontana)에게 지고 말았습니다. 이미 $ax^3+bx^2+d=0$의 풀이법을 알고 있던 타르탈리아는 이 시합을 하면서 독자적으로 페로의 해법을 알아냈던 겁니다.

시합에서 이긴 타르탈리아가 명성을 얻자, 당시 잘나가는 의사이자 수학자, 천재적인 도박사였던 제롤라모 카르다노(Gerolamo Cardano)가 삼차방정식의 해법을 알고자 그에게 접근했습니다. 후원자를 소개하겠다는 카르다노의 꼬임에 넘어가 타르탈리아는 모호한 시 구절로 표현한 삼차방정식의 해법을 알려주며 절대 발설하지 말라고 했습니다. 카르다노와 똑똑한 제자 페라리(Lodovico Ferrari)는 타르탈리아가 알려준 해법을 연구해 모든 삼차방정식은 $ax^3+cx+d=0$ 꼴로 나타낼 수 있고, 페로의 해법만으로 삼차방정식을 해결할 수 있다는 걸 알아냈습니다. 거기에 한 걸음 더 나아가 사차방정식의 일반적인 해법까지 알아냈습니다. 타르탈리아와의 약속을 깨지 않고도 삼차방정식의 해법을 발표할 수 있다는 걸 깨달은 카르다노는 1545년에 삼차, 사차방정식의 해법을 담은 대수학 책을 출간합니다. 제목은《아르스 마그나(Artis magnae, sive de regulis algenraicis)》, '위대한 술법'이라는 뜻입니다. 이후로 삼차방정식의 근의 공식은 '카르다노의 공식'이라고 불리게 되었습니다.

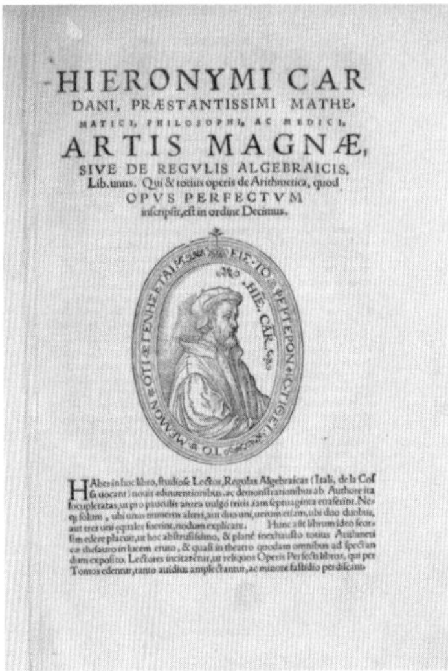

《아르스 마그나》의 표제지. ⓒMAA

자신의 영업 비밀이 책으로 나온 것에 크게 화가 난 타르탈리아는 카르다노를 공개적으로 비난했지만 아무 소용이 없었습니다. 1548년 카르다노의 제자 페라리와의 시합으로 자신의 주장이 옳다는 것을 증명하려 했지만 페라리의 실력이 자신을 뛰어넘는다는 사실만 깨닫고 말았습니다. 패한 타르탈리아는 시름시름 앓다가 1557년에 세상을 떠났습니다. 이후 승승장구할 것 같던 카르다노와 그의 제자 페라리의 삶도 순탄치 않았습니다. 페라리는 술에 찌들어 싸움과 도박을 서슴지 않다가 여동생에게 독살당했습니다. 점성술사였던 카르다노는 이단 혐의로 몇 달간 감옥에 갇히기도 했고, 자신이 죽는 날짜를 점성술로 알아낸 후 그날에 맞춰 자살했다고 합니다. 자신의 연구 결과를 도둑맞았다고 생각한 타르탈리아가 이 두 사람에게 저주라도 걸었던 건 아닐까요?

방정식이 가져온 수 – 음수와 허수

초등학생은 못 푸는데 중학생은 푸는 일차방정식이 있습니다. $x + 2 = 0$이 바로 그런 문제입니다. 초등학생이 알고 있는 수는 0과 같거나 그보다 큰 수, 양수입니다. 그래서 2를 더해서 0이 되는 수를 찾을 수 없습니다. 하지만 중학교에서는 0보다 작은 수, 즉 음수라는 개념을 배우기 때문에 0보다 2만큼 작은 수 –2가 $x + 2 = 0$의 해가 된다는 걸 알게 됩니다. 중학생은 양수와 0, 음수로 이루어진 실수 안에서 이 방정식의 해를 구할 수 있습니다.

그런데 $x^2 + 1 = 0$과 같은 이차방정식을 중학생은 못 푸는데 고등학생은 풀어냅니다. 이 방정식을 풀려면 제곱했을 때 –1이 되는 수를 찾아야 합니다. 중학교에서 다루는 수는 실수인데, 실수 안에는 제곱했을 때 0보다 작아지는 수가 없습니다. 하지만 고등학교에서는 제곱하면 -1이 되는 수를 허수 i라고 약속해서 복소수까지 수의 범위를 넓힙니다. 복소수 안에 이 방정식의 해 $\pm i$가 있습니다. 더 높은 차수의 방정식을 푼다는 것은 다루는 수의 범위가 늘어난다는 뜻입니다. 삼차, 사차방정식의 해법을 담은《아르스 마그나》의 출간으로 수학자들은 이전까지는 그 존재 자체를 무시함으로써 피하려 했던 새로운 수를 정면으로 바라보게 되었습니다.

무리수의 존재를 감추기 위해 벌어졌던 '$\sqrt{2}$ 살인사건' 이후 2천 년이 지난 카르다노의 시대에 무리수는 아직 확고한 기초는 갖추지 못했지만, 그런대로 존재는 인정받고 있었습니다. 정확한 무리수의 값을 나타내지는 못해도 유리수로 원하는 만큼 가까운 값을 찾을 수 있었기 때문이지요.

반면, 고대 그리스 시대에서 16세기에 이르기까지 수학자들은 음수를 제대로 이해하지 못했습니다. 모든 수는 선의 길이로 나타낼 수 있다는 그리스의 기하학에 바탕을 둔 수 개념 때문에 음수를 의미가 없는 수로 여기거나 재산의 반대 개념인 빚 정도로 생각했지요. 그래서 많은 수학자들이 방정식의 근으로 음수가 나오면 의미 없는 것이라고 생각했습니다. 인도 수학자 브라마굽타가 음수를 사용하는 계산 규칙을 정한 후 천 년이 지났는데도 말입니다.

카르다노의 《아르스 마그나》에는 $x(10 - x) = 40$이라는 이차방정식이 실려 있습니다. 이미 이차방정식의 근의 공식이 알려져 있어서 그냥 계산하면 되는데, 나온 답을 보고 혼란에 빠져버렸습니다. 차근차근 계산해서 나온 답은 $5\pm\sqrt{-15}$. 놀랍게도 근호 안에 음수가 들어가 있었습니다.

"음수에 음수를 곱하면 양수가 되기 때문에 어떤 수를 제곱한 수는 음수가 될 수 없다. 따라서 음수의 제곱근을 구하는 것은 불가능하다. 하지만 이 수는 방정식을 만족시킨다. 너무나 이상한 수다."

'근호 안의 음수'. 말이 안 되지만 계산해보면 또 방정식의 근이 되는 기묘한 상황을 카르다노는 그의 책에 기록했습니다. 덕분에 그의 책은 허수 계산을 실은 최초의 논문이라는 영예도 지니게 되었습니다.

수학 기호를 개발하다

1450년대 독일의 구텐베르크가 발명한 활판 인쇄술은 현대의 인터넷과 같은 역할을 했습니다. 당시의 활발한 상업 활동과 맞물린 새로운 인쇄술은 대량 출판의 시대를 열어 새로운 생각들을 실어 날랐습니다. 구텐베르크 이전에는 필사본 한 권을 만드는 데 두 달이나 걸렸지만, 이후에는 책 500권을 일주일 만에 만들 수 있게 되었습니다.

인쇄술의 발전은 수학에도 많은 영향을 주었습니다. 수학책 중에는 최초로 유클리드의《기하학 원론》이 1482년에 베네치아에서 인쇄되었고, 상인들을 대상으로 하는 계산법에 대한 책이 나왔습니다. 하지만 책만으로는 알기 어려운 수학 때문에 상인들은 개인 수학 교사를 채용하기 시작했습니다. 이런 수학 교사들은 자기 학생들을 위한 교재들을 만들어 또다시 책을 내기도 했고요. 이 교재에는 학생들에게 문제 푸는 연습을 시키기 위해 같은 말이 반복되는 문제가 여러 개 실렸습니다. 같은 단어가 반복되다 보니 이를 하나의 문자로 간단하게 줄여 쓰거나 아예 특정한 기호로 대신하게 되었습니다. 인도와 아랍, 중국은 방정식 이론에서는 유럽보다 앞섰지만, 문자와 기호를 쓰지 않았던 이들 나라에서는 대수학으로 나아가지 못하고 단순한 계산법 정도에 그치고 말았습니다. 반면 유럽의 대수학은 문자와 기호를 사용하면서 급속도로 발전하게 됩니다.

수학사에서 문자와 기호의 사용은 매우 중요합니다. 낮은 수준의 기계어나 어셈블리 언어로 프로그래밍을 하다가 C언어나 자바, 파이선과 같은 고급 프로그래밍 언어로 개발하는 것과 같은 정도라고 할까요? 16세기 유럽의 수학자들은 수학적 표현을 위한 다양한 기호를 개발했습니다. 사칙연산 기호와 등호 및 부등호, 무리수를 표시하는 근호, 거듭제곱 표시, 소수 기호 등 문자와 기호를 적극적으로 이용했습니다. 여러 수학자들이 제안한 기호들이 표준화되는 데까지는 시간이 걸렸지만 17세기에 이르러 현재 우리가 사용하고 있는 수학 기호들이 개발되어 자리 잡았습니다. 수학 기호가 정비됨으로써 새로운 수학이 등장할 준비가 되었던 거죠.

수학이라는 학문을 크게 둘로 나누면 도형을 연구하는 기하학, 그리고 계산법과 방정식을 다루는 대수학으로 가를 수 있습니다. 피타고라스로 시작해서 유클리드를 거쳐 중세에 이르기까지 유럽 수학의 주류는 기하학이었습니다. 피보나치를 통해 아랍에서 전해진 대수학은 르네상스 시대와 15, 16세기를 거치면서 유럽에 뿌리내렸습니다. 기하학은 아무래도 그림으로 많이 표현되고, 대수학은 주로 수와 기호를 다룹니다. 각기 다른 학문이었던 이 둘은 프랑스의 철학자이자 수학자 데카르트에 의해 하나가 되어 새로운 수학으로 태어납니다.

게으른 천재가 만든 새로운 수학

카르다노가 죽고 20년이 지나서 부유한 프랑스 귀족 집안에 르네 데카르트(1596~1650)가 태어났습니다. 태어난 지 며칠 만에 엄마를 잃은 데다가 몸도 약한 아들을 가엽게 여긴 그의 아버지는 아들이 늦게까지 침대에 누워 있는 것을 허용했습니다. 소년이 된 데카르트가 라 플레슈 기숙학교에 들어갔을 때도 특별 대우는 이어졌고, 데카르트는 학교 측의 허락으로 새벽 5시에 일어나는 다른 학생들과 다르게 오전 11시까지 침대에 머무를 수 있었습니다. 그래서 데카르트는 평생 오전 11시까지 침대에서 쉬는 습관을 갖게 되었습니다. 많은 사람들이 바쁘게 움직이는 오전에도 아늑한 침대에 여유롭게 누워 있던 데카르트. 겉으로는 무척 게으른 사람 같지만 그의 머릿속은 누구보다도 바빴을 것 같습니다. 행동이 게으른 사람은 게으른 상태를 최대한 유지하기 위해 머릿속으로 부지런히 최적의 해법을 찾는 경향이 있거든요.

기숙학교를 졸업한 데카르트는 대학에 진학해서 법학을 전공했지만 별다른 흥미를 갖지 못했습니다. 스무 살의 나이로 대학을 졸업한 데카르트는 책 대신 넓은 세상에서 배우고자 문화와 향락의 도시, 파리로 향했습니다. 피 끓는 20대의 청춘이었던 데카르트의 파리 생활

초반 1년은 음주가무로 채워졌습니다. 그렇게 지내던 중 파리에서 수도사가 된 기숙학교 동창생과 만났는데, 이 친구가 마침 과학과 수학에 폭넓은 관심을 갖고 있던 메르센이었습니다. 그와 교류하면서 당시 프랑스의 지성인들이 연구하고 있는 내용을 접하게 된 데카르트는 모든 사교 활동을 접었습니다. 혼자 조용히 생각하고 연구에 집중하기 위해서 말입니다. 한참 놀았으니 이제는 공부할 때라고 생각했나 봅니다.

그렇게 1년 정도 사색의 시기를 보낸 데카르트에게 직업을 선택해야 할 순간이 왔습니다. 당시 귀족 자제는 성직자와 군인 둘 중의 하나가 되는 것이 일반적이었습니다. 병약한 데카르트에게는 군인보다는 성직자가 어울렸지만, 넓은 세상을 경험하고 싶던 데카르트는 군인을 선택했습니다. 군대에 입대하여 전투에 참여하면서 유럽 여기저기를 다녀본 데카르트는 군인이 되는 건 포기하고 수학, 과학을 연구하는 삶을 선택해 1628년, 네덜란드에서 머물며 연구 활동에 집중하기로 결정했습니다.

데카르트 시대의 학교는 전통에 따라 유클리드 기하학을 가르쳤는데 데카르트는 그 과목의 절반은 좋아하고 절반은 싫어했던 것 같습니다. 유클리드 기하학의 논리 정연함은 그의 마음에 쏙 들어서 자신의 철학 체계 역시 의심할 바가 없는 명제에서 시작하려 했습니다.

"나는 생각한다, 고로 나는 존재한다." 모든 것을 의심하는 자신의 존재는 의심할 수 없다는 결론을 내리고 이를 출발점으로 삼아 수학적 추론 과정과 방법을 활용해서 지식의 체계를 세우려 시도했습니다.

하지만 적절한 보조선을 찾아야 하는 기하학의 증명 과정은 맘에 들지 않았던 것 같습니다. 중고등학생 시절 도형 문제를 풀 때, 보조선을 적당한 위치에 잘 그으면 문제가 쉽게 풀리지만, 엉뚱한 곳에 잘못 그은 보조선 때문에 미궁에 빠졌던 경험이 한 번쯤 있으실 겁니다. 적절한 보조선을 긋는 것은 직관과 통찰력이 필요한 일종의 '발견'이라고 할 수 있습니다.

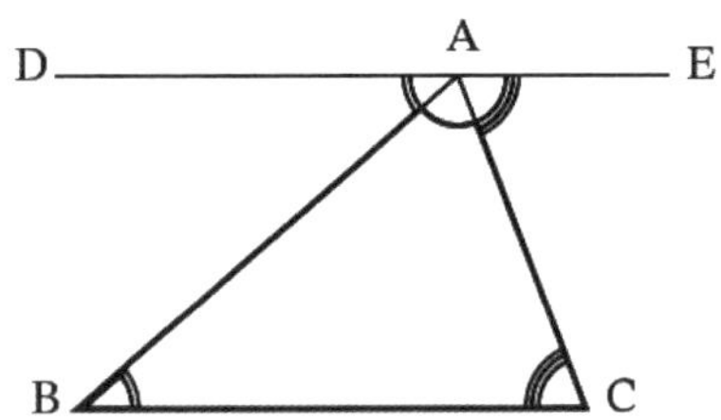

삼각형의 세 내각의 크기의 합이 180°임을 증명하기 위하여 삼각형 ABC의 꼭짓점 A를 지나 변 BC에 평행인 보조선, 즉 직선 DE를 그은 그림.

우연히 발견하는 기하학적인 요소를 사용하는 증명 방법이 체계적이지 않다고 느낀 데카르트는 좀 더 확실하고 쉽게, 체계적으로 기하학 문제를 해결할 방법은 없을까 궁리했습니다. 방정식을 풀 때, 그

값을 알지 못하는 미지수를 x라 놓고 마치 알고 있는 것처럼 다루어서 '$3x + 5 = 17$'과 같은 식을 얻으면 규칙을 따라 계산만으로 답을 구할 수 있습니다. 적절한 보조선을 '발견'해서 그어야 풀 수 있는 도형 문제를 대수학처럼 규칙에 따른 기계적인 조작만으로 풀 수 있게 만들겠다는 게 데카르트의 목표였던 겁니다. 부지런한 학생은 도형을 이리저리 돌려 보면서 어떻게 해서든 적절한 보조선을 긋는 방법을 찾아 증명하려 했을 텐데 게으른 데카르트는 완전히 다른 독창적인 방법을 찾으려 한 겁니다.

아늑한 침대 속에서 머릿속으로 바쁘게 생각하던 데카르트는 마침내 곡선을 방정식으로 나타내는 기발한 방법을 찾아냅니다.

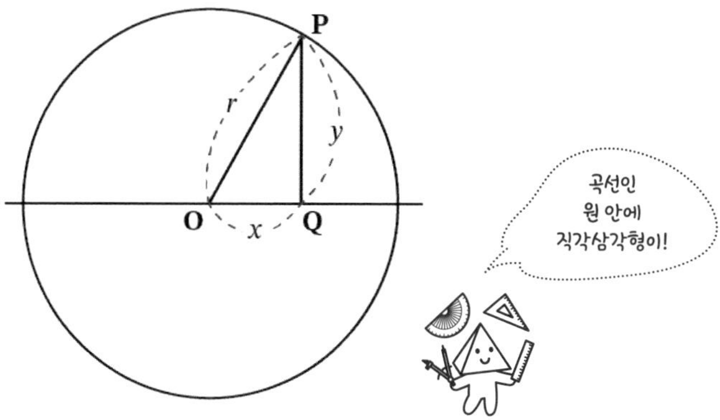

위의 그림과 같이 반지름이 r인 원을 그리고 원의 중심을 O, 원둘레

위의 한 점을 P, P에서 내린 수선의 발을 Q라고 이름 붙입니다. $\overline{OQ}$의 길이를 x, $\overline{PQ}$의 길이를 y라는 변수로 나타내겠습니다. 점 P가 어디 있느냐에 x, y의 값이 달라지니까요. 이제 삼각형 OPQ를 살펴볼까요? 빗변의 길이가 r이고, 나머지 두 변이 각각 x, y인 직각삼각형이네요. 직각삼각형 하면 뭐가 생각나나요? 예, 맞습니다. 피타고라스 정리죠. 직각삼각형에서 빗변 길이의 제곱은 다른 두 변의 제곱을 더한 것과 같다는 피타고라스 정리에 의해 다음과 같이 쓸 수 있습니다.

$$x^2 + y^2 = r^2$$

점 P를 원 둘레 위의 다른 점으로 택해도 이 관계는 항상 성립합니다. 원 둘레 위에 있는 모든 점이 이런 식으로 표시되니까 이 방정식은 원이라는 곡선 자체를 나타내고 있다고 볼 수 있습니다.

이런 방식으로 타원이나 포물선, 쌍곡선 같은 곡선도 방정식으로 나타낼 수 있습니다. 바로 고등학교 수학 교과서 '도형의 방정식' 단원에서 다루는 내용이죠. 데카르트의 방법으로 기하학 문제를 대수학 문제로 바꾸거나 반대로 대수학 문제를 기하학 문제로 바꾸어 해결하는 게 가능해졌습니다. 데카르트는 이 아이디어를 그의 책《방법서설》(1637)의 부록《기하학》에 실었습니다.

유클리드 기하학에 바탕을 둔 수학에서는 거듭제곱을 기하학적 관점으로 해석했습니다. x 또는 y는 선분의 길이, 거듭제곱은 정사각형의 넓이, 세제곱은 정육면체의 부피라고 봤습니다. 그러다 보니 $y = x^2$과 같은 표현은 서로 다른 종류의 양인 길이와 넓이가 같을 수 없기 때문에 아예 다루지 않았고, 구체적인 기하학 대상이 없는 네제곱 이상은 생각하기조차 쉽지 않았습니다. 이런 당시의 기하학과 대수학을 데카르트는 다음과 같이 평하고 있습니다.

1659년 라틴어판 《기하학》의 표제지에 나온 르네 데카르트의 초상화. ⓒ MAA

"기하학은 항상 도형을 고찰의 대상으로 삼기 때문에 상상력을 지치게 하지 않고는 이해력을 작용시킬 수 없으며, 대수학에 있어서도 약간의 규칙이나 약간의 기호에 따르도록 덮어놓고 강요받은 결과, (…) 번거롭고 이해하기 힘든 기술이 되고 말았다."

– 데카르트의 《평면 및 입체궤적 입문》 17쪽, 《수학사대전(김용운 · 김용국, 1990)》에서 재인용

책 제목과 달리 데카르트의 《기하학》은 대수학의 규칙과 기호법을 단순화시키는 것부터 시작합니다. 데카르트는 상수는 a, b, c, d, e 등 알파벳 앞쪽 문자로, 미지수는 x, y, z 와 같은 알파벳 뒤쪽의 문자로 나타내고, x^2, x^3 등과 같이 거듭제곱을 숫자로 된 위첨자로 표시하는 통일적인 기호를 도입했습니다. 이런 기호의 정비로 대수학은 기하학적인 의미를 가져야 한다는 속박에서 벗어나게 되었습니다.

수면 부족이 부른 비극

데카르트가 머물기로 한 네덜란드는 종교적, 사상적 자유가 유럽의 다른 곳에 비해 상대적으로 폭넓게 보장되는 곳이었습니다. 데카르트는 그곳에서 20년 넘게 살면서 진리의 본질, 신의 존재와 우주의 물리적 구조에 관해 비판적이고 심오한 사색에 몰두하고 그 결과를 책으로 펴냈습니다. 《방법서설》, 《성찰》(1641), 《철학의 원리》(1644)가 이 시기에 나온 책입니다. 이 책들 덕분에 데카르트는 유명해졌고 그의 철학은 인기와 반감을 동시에 얻었습니다. 데카르트의 철학이 중세로부터 내려온 스콜라 철학과 대립했기 때문에 네덜란드의 성직자와 신학자 들이 공개적으로 비난하기 시작했던 겁니다. 마침 스웨덴 크리스티나 여왕이 데카르트를 철학 개인 교사로 초빙했고, 몸과 마음이 지쳤던 데카르트는 이를 받아들여 네덜란드를 떠나 스톡홀름으로 향했습니다.

어릴 적부터 병약했던 데카르트는 오전 11시가 될 때까지 침대에 누워 있는 게 습관이었습니다. 데카르트의 좌표계에 대한 아이디어는 오전 늦게까지 침대에 누워 방 안의 파리가 천정에 앉았다 날아갔다 하는 모습을 보다가 나온 거란 이야기도 있습니다. 실제 1647년 파스칼을 만난 데카르트는 "스스로 일어나야겠다고 느끼기 전에는 아침에 어느 누구도 깨우지 못하게 한 덕분에 수학에서 좋은 작업을 할 수 있고, 그나마 건강을 유지할 수 있다"고 말했다고 합니다.

평생 늦잠 자는 습관을 가졌던 데카르트지만 말년에는 새벽에 일어나야 했습니다. 젊고 건강하며 배움에 대한 열정이 충만했던 여왕이 데카르트와의 수업 시간을 새벽 5시로 잡았기 때문입니다. 새벽 수업을 시작하고 다섯 달이 지난 추운 겨울, 데카르트는 앓아누웠습니다. 아마도 수면 부족으로 면역력이 약해져 폐렴이 심해진 탓인 것 같습니다. 여왕이 보낸 의사가 최고의 치료법을 처방했지만 소용없었습니다. 당시에는 의료 지식이 형편없어 몸속에 있는 나쁜 피를 뽑아내는 사혈법으로 모든 병을 고칠 수 있다 여겼답니다. 결국 1650년 2월에 데카르트는 추운 스톡홀름에서 숨을 거뒀습니다.

데카르트의 아이디어에서 나온 카테시안 좌표계

원을 방정식으로 나타내는 앞의 과정에서 데카르트는 원의 중심과 원둘레 위의 한 점으로 만들어지는 직각삼각형의 빗변이 아닌 두 변의 길이를 x, y라는 변수로 표시했습니다. 이게 도형을 방정식으로 바꾸는 핵심적인 아이디어입니다. 독일의 철학자이자 정치가, 수학자였던 라이프니츠는 데카르트의 이 아이디어에서 한 발짝 더 나갑니다. 점 P의 위치를 두 개의 문자 x, y로 표시할 수 있지 않을까? 점이라는 기본 도형을 대수적으로 표현하는 방법을 찾으면 어떤 도형이든지 방정식으로 나타낼 수 있고, 여러 개의 점들을 비교하고 계산할 수 있지 않을까?

이런 생각을 다듬어 '좌표'와 '좌표공간'이라는 개념을 만들었습니다. 기준점 O를 지나는 'x축'이라고 부르는 수평선과 'y축'이라고 부르는 수직선을 그려서 좌표평면을 만듭니다. 그러면 2차원 평면 위에 있는 모든 점은 y축으로부터 떨어진 수직거리 x와 x축으로부터 떨어진 수직거리 y를 순서쌍으로 적은 (x, y)로 나타낼 수 있습니다. 다음 그림에서 점 A는 (2, 3), 점 B는 (−4, −2.5)라고 나타낼 수 있습니다.

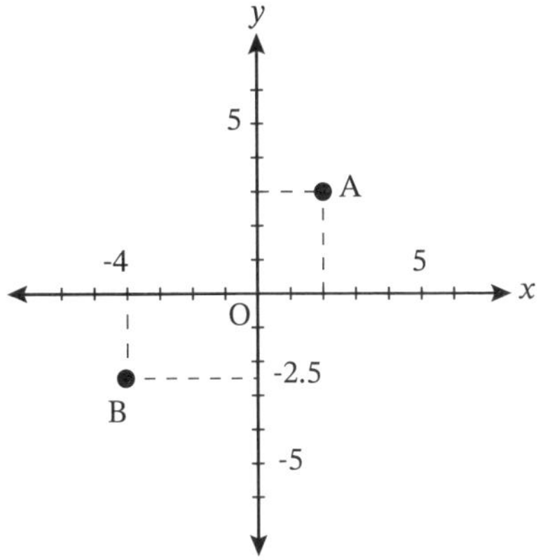

데카르트의 아이디어를 발전시켜 라이프니츠가 고안한 이 좌표계를 '데카르트 좌표', '데카르트 좌표평면'이라고 부릅니다. 간혹 데카르트의 라틴어 필명 Cartesius에서 나온 수식어를 사용해 '카테시안(Cartesian) 좌표', '카테시안 좌표평면'이라고도 부르지요. 두 축이 서로 수직으로 만난다고 해서 '직교좌표'라고 부르기도 합니다.

직교좌표계는 3차원 입체로 쉽게 확장됩니다. 3차원상의 한 점은 세 개 숫자로 이루어진 순서쌍으로 나타낼 수 있습니다. 그럼 4차원으로도 확장해볼까요? 우리를 살고 있는 실제 세상은 3차원이어서 4차원 도형을 기하학에서 상상하기는 어렵습니다. 그런데 대수학에서는 문제가 되지 않습니다. 4차원상에서 한 점은 단지 네 개의 숫자로 이루어진 순서쌍일 뿐이니까요. 20세기에 와서 알베르트 아인슈타인은 상대성이론을 설명하는 과정에서 시간을 모델링하기 위해 네 번째 좌표를 사용합니다. 바로 실재하는 4차원인 거죠. 데카르트의 아이디어가 문을 열어준 덕분에 이후 수학자들이 3차원 이상의 기하학을 상상할 수 있었던 겁니다.

데카르트의 유산

서로 다른 영역에 존재하던 대수학과 기하학을 연결시킨 데카르트 덕분에 수학은 획기적으로 발전하게 됩니다. 데카르트보다 약 50년 후에 태어난 뉴턴과 라이프니츠가 미적분을 발명할 수 있었던 것은 바로 점을 좌표로 표시하는 좌표계에 대한 초기 아이디어가 있었기 때문입니다. 이를 바탕으로 해서 두 변수 사이의 관계를 나타내는 함수라는 개념이 나오게 되었고, 좌표를 통해 기하학과 대수학, 함수를 다루는 해석학이 결합하면서 해석기하학이란 새로운 학문이 탄생했습니다.

고등학교 수학 시간, 우리를 괴롭힌 함수와 미분, 적분이 태어날 수 있게 환경을 조성한 사람이 바로 데카르트입니다. 하지만 우리가 누리는 편리한 생활의 많은 부분은 데카르트 덕분이기도 합니다. 데카르트의 아이디어에서 나온 좌표평면은 일상생활 속 곳곳에서 사용되고 있는데, 건축 설계나 각종 비행기, 로봇, 자동차 등의 기계 설계에 쓰이고 있습니다. 인공위성이나 로켓 발사처럼 정교한 계산이 필요한 우주과학에서는 좌표가 없다는 걸 상상할 수도 없습니다. 천문학 연구와 같은 과학은 물론 우리가 즐기는 각종 게임 화면을 만드는 데도 좌표가 필요합니다.

데카르트가 만든 새로운 수학이 근대 과학과 수학의 토대가 되고, 데카르트의 표기법은 그 이후의 수학자들이 수학 문제를 표현하는 새로운 언어가 되었습니다. 이 사실만으로도 데카르트는 수학사에서 매우 중요한 인물입니다. 만일 데카르트가 추운 스웨덴에 가지 않았다면, 계속해서 늦잠을 자면서 침대에서 생각에 빠져들 수 있었다면 세상은 어떻게 달라졌을지 궁금해집니다.

좌표평면이
없었다면
우주과학은
발전할 수 없었겠네!

수학 외전

자주 쓰는 수학 기호의 유래

• 플러스(+)와 마이너스(−)

독일 수학자 비드만(Johannes Widmann)이 더하기를 위한 기호로 +, 빼기를 위한 기호로 −를 소개했다. + 기호는 라틴어에서 '또는'이라는 의미를 갖는 et를 빨리 쓴 형태에서 비롯되었고, − 기호는 '빼기'라는 뜻을 가진 라틴어 minus의 첫 글자 m을 빨리 쓴 형태에서 나왔다.

• 곱셈(×)과 나눗셈(÷)

영국의 수학자 오트레드가 교회 십자가에서 힌트를 얻어 곱셈 기호 ×를 처음 사용했다. 나눗셈을 분수로 표시한 모양에서 나온 나눗셈 기호 ÷는 스위스의 수학자 란(Johann Heinrich Rahn)이 쓰기 시작했다.

• 등호(=)

영국인 의사이자 수학자 레코드가 쓴 《지혜의 숫돌》에서 처음 사용했다. '두 개의 평행선만큼 같은 것은 없기 때문'에 = 기호를 '같음'을 나타내는 기호로 삼았다고 한다.

• 부등호(>, <, ≥, ≤)

양변의 크기 관계를 나타내는 기호인 부등호(>, <)는 영국의 수학자 해리엇(Thomas Harriot)의 사후에 출판된 책에 처음으로 사용되었는데, 오

늘날 사용되는 것과 반대로 사용되었다. '~보다 크거나 같다', '~보다 작거나 같다'를 나타내는 기호 ≥, ≤는 1세기 후, 프랑스의 과학자 부게(Pierre Bouguer)가 처음 사용했다.

• 근호(√‾)

독일의 교재 집필자 루돌프(Christoff Rudolff)가 1525년에 발행된 대수학 교재에서 +, − 외에도 제곱근을 표시하는 근호를 사용했다. 처음에는 근을 의미하는 루트(root)의 첫 글자 r을 변형시킨 √‾를 사용했다.

• 소수 기호

네덜란드의 수학자이자 기술자 스테빈(Simon Stevin)은 10진법 소수 기호를 처음으로 도입했다. 스테빈의 표기로 184⓪5①4②2③9④0는 184.54290을 뜻한다.

• 문자 기호

프랑스의 수학자 비에트(François Viète)는 방정식의 미지수는 a, e, u 등의 모음 문자로, 주어진 상수는 b, c, d 등의 자음 문자로 나타냈다. 현재와 같이 상수를 a, b, c, d, e 등 알파벳 앞쪽 문자로 나타내고, 미지수를 x, y, z 와 같은 알파벳 뒤쪽의 문자를 쓰는 관례는 데카르트가 확립했다.

지도와 연표로 보는 수학사

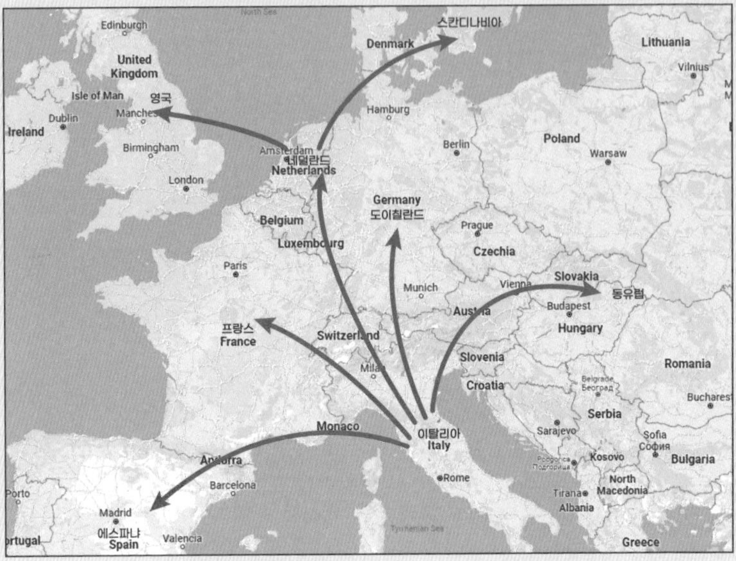

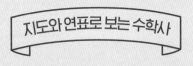

유럽 곳곳에 뿌리내리는 대수학

동방과 가까운 지중해에 자리 잡은 이탈리아의 도시국가 연합은 강력한 해군력을 가지고 동방무역을 독점해 엄청난 부를 축적했습니다. 하지만 16세기 들어 오스만 제국이 이슬람 세계를 거의 장악하자 이탈리아 도시국가 연합의 지중해 무역은 점차 어려워졌고, 중국, 인도와의 무역이 거의 끊기다시피 하면서 도시국가들은 쇠퇴의 길로 들어섰습니다. 포르투갈이 동방으로 가는 새로운 길 찾기에 가장 먼저 뛰어들었고, 대서양을 가로지르는 새로운 바닷길을 열고자 했던 콜럼버스는 에스파냐 이사벨 여왕의 후원을 받아 떠난 길에서 아메리카 대륙을 발견했습니다. 새로운 항로가 개척되면서 동방 무역의 주도권은 이탈리아에서 서유럽 나라들로 옮겨졌습니다. 새롭게 유럽의 강대국이 된 에스파냐, 프랑스, 오스트리아가 이탈리아반도에서 치열하게 분쟁을 벌이면서 16세기 이후 이탈리아반도는 중심에서 밀려나 도시국가를 비롯해 전 지역이 가난하고 보잘것없는 처지가 되고 말았습니다.

1588년, 네덜란드는 에스파냐 통치를 스스로의 힘으로 물리치고 신앙의 자유를 쟁취했습니다. 로마가톨릭의 박해를 받던 신교도들에겐 믿음과 행동과 생각의 자유를 누릴 수 있는 나라로 여겨졌습니다. 그래서 로마가톨릭 국가인 프랑스의 신교도들이 생명과 믿음의 자유를 지키기 위해 무더기로 네덜란드로 도망쳐 왔습니다. 데카르트도 그중 한 사람이었죠. 이 외에도 에스파냐, 포르투갈, 스위스, 도이칠란트 지방의 신교도들이 네덜란드로 몰려들었습니다.

17세기에 들어 네덜란드는 세계 해상무역을 이끄는 강국으로 발전했습니다. 적극적으로 해외로 진출한 네덜란드는 세계 경제를 장악하며 황금시대를 맞이하게 됩니다. 암스테르담에는 전 세계에서 생산된 물건들이 거래되었고, 자유롭고 활기찬 분위기 속에서 철학 · 문학 · 미술 등의 문화와 과학이 꽃피었습니다.

르네상스 이후 수학사에 있어 획기적인 발전은 눈에 띄지 않습니다. 하지만 이탈리아에서 삼차, 사차방정식의 해법을 찾아내고, 프랑스에서 기호를 정비하는 등 대수학이 뿌리내리는 것을 볼 수 있습니다. 17세기에 접어든 유럽은 신항로 개척으로 많은 부를 얻게 되고, 이를 바탕으로 다른 나라보다 더 강해지기 위해 천문학 · 물리학 등 과학 연구에 몰두하게 됩니다. 이른바 '과학혁명의 시대'에 들어가게 되는 거죠.

연표

1450년대
독일 구텐베르크, 활판 인쇄술 발명

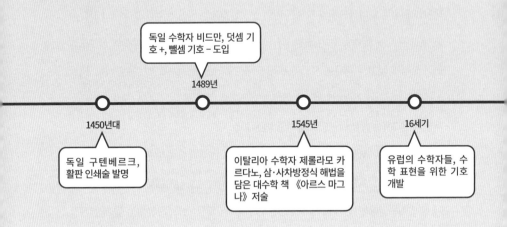

1489년
독일 수학자 비드만, 덧셈 기호 +, 뺄셈 기호 − 도입

1545년
이탈리아 수학자 제롤라모 카르다노, 삼·사차방정식 해법을 담은 대수학 책 《아르스 마그나》 저술

16세기
유럽의 수학자들, 수학 표현을 위한 기호 개발

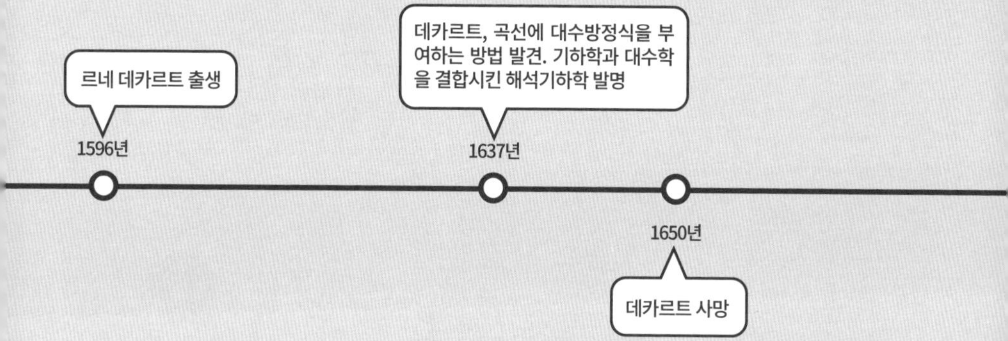

르네 데카르트 출생
1596년
데카르트, 곡선에 대수방정식을 부여하는 방법 발견. 기하학과 대수학을 결합시킨 해석기하학 발명
1637년
1650년
데카르트 사망

PART 07

프로를 이긴 아마추어 수학자, 페르마

$$x^n + y^n \neq z^n$$

$$\text{if } x, y, z, n \in Z+$$

$$\text{and } n > 2$$

피에르 드 페르마 Pierre de Fermat

출생 - 사망	1607년~1665년
출생지	프랑스 툴루즈
직업	툴루즈 지방의회 의원, 수학자

350여 년 동안 수학자들을 괴롭혔던 '페르마의 마지막 정리' 문제로 유명한 17세기 유럽의 수학자. 취미로 수학을 연구하는 그의 짧은, 그렇지만 허세가 한 스푼 들어 있는 메모에 낚인 수학자들이 이 문제에 매달리면서 정수론은 계속해서 발전해올 수 있었다. 동시대 수학자인 파스칼과 교환한 편지에서 확률론이 시작되기도 했다.

'세상에서 가장 까다로운 수학 문제'로 기네스북에 오르다?

350여 년 동안 풀리지 않은 문제

두 제곱수를 더해서 또 다른 제곱수를 만들어낼 수 있습니다. $3^2+4^2=5^2$, $5^2+12^2=13^2$처럼 말입니다. 그렇다면 두 세제곱수를 더해서 또 하나의 세제곱수를 만들어낼 수도 있을까요?

사실 이 문제는 17세기 프랑스의 아마추어 수학자 피에르 드 페르마(1607~1665)가 낸 문제로, '페르마의 마지막 정리'라는 이름으로 불리면서 오랫동안 풀리지 않고 있었습니다. 수많은 수학자들이 이 문제를 풀기 위해 매달렸지만, 21세기를 앞둔 1995년에 와서야 완전한 해답을 찾아냈습니다. 두 세제곱수를 더해서 만들어지는 세제곱수는 없다는 다소 맥 빠지는 해답이었죠. 간단해 보이는 내용인데 증명하기는 무척 어려워 350여 년간 많은 수학자들을 괴롭혔답니다.

부유한 가죽 상인의 아들로 태어난 페르마는 법학을 공부한 뒤 서른 살에 나이로 지방의회 의원이 되어 공무원 생활을 했습니다. 〈달타냥의 모험〉이란 애니메이션의 원작인 뒤마의 소설 《삼총사》가 페르마가 살았던 17세기 프랑스를 배경으로 하는데, 당시는 정치적으로 매우 혼란스러운 시기였습니다. 사람들과 어울리다 보면 정치적 음모에 휘말리기 쉽기 때문에 페르마는 스스로를 고립시키는 방법으로 수학 연구를 선택했습니다.

페르마가 수학 연구에 참고했던 교재 중 하나는 〈PART 03〉에서 언급했던 고대 그리스의 수학자 디오판토스가 쓴 《산술》이었습니다. 구텐베르크의 인쇄술로 많은 고전이 라틴어로 번역되어 읽혔는데, 그 중 하나가 디오판토스의 책이었던 거죠. 페르마는 이 책을 곁에 두고 시간이 날 때마다 책장을 넘겨가며 여기에 실린 150개의 문제들을 혼자 힘으로 풀었습니다. 당시 학자들은 새로운 사실을 발견하면 사람들에게 알리고 내용을 정리해서 책으로 냈습니다. 하지만 페르마는 연구에만 열중할 뿐 책으로 낼 생각이 없었기 때문에 연구한 내용을 특별히 정리하지 않았습니다. 그저 책의 빈 곳에 낙서하듯이 문제 풀이나 새로운 증명을 적어놓곤 했습니다.

1637년 어느 날, 《산술》에 실린 문제를 풀던 페르마는 직각삼각형의 세 변 사이에 성립하는 관계인 피타고라스 정리를 이차방정식으로 적고는 아이디어를 떠올렸습니다.

$$a^2 + b^2 = c^2$$

이 방정식을 만족시키는 정수해는 여러 개 있습니다. $3^2 + 4^2 = 5^2$이니까 $a = 3$, $b = 4$, $c = 5$는 그중 하나입니다. 그림으로 그려보면 더 쉽게 알 수 있습니다. 다음 그림과 같이 3×3 정사각형을 풀어서 4×4 정사각형의 둘레를 감싸면 5×5 정사각형이 됩니다.

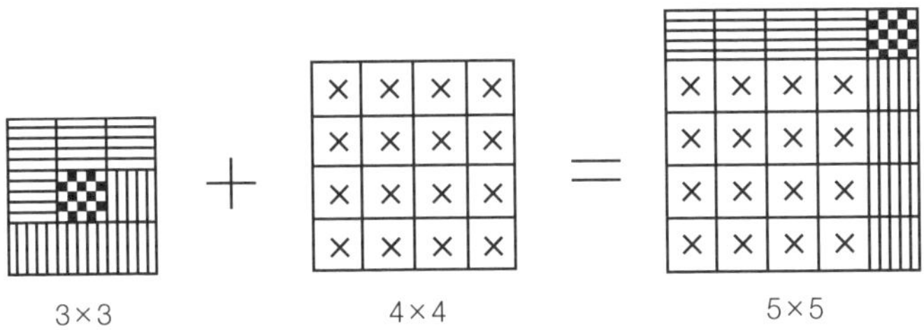

$5^2 + 12^2 = 13^2$이기 때문에 $a = 5$, $b = 12$, $c = 13$도 답이 됩니다. 사실 이 방정식을 만족시키는 정수해는 무한히 많습니다. 새로울 것 없는 방정식이었지만, 이 방정식을 본 순간 페르마에게 반짝 아이디어가 떠올랐습니다. 만일 이 방정식의 제곱수를 세제곱수로 바꾸면 어떨까?

방정식으로 적으면 다음과 같은 삼차방정식이 되는 겁니다.

$$a^3 + b^3 = c^3$$

새로운 문제를 생각해낸 페르마는 맨 처음에는 쉽게 풀 수 있을 거라 생각했을 겁니다. 이차방정식은 정사각형으로 생각할 수 있고, 삼차방정식은 정육면체로 생각할 수 있으니까 앞에서 정사각형 하나를 풀어서 다른 정사각형의 주변을 둘러쌓아 또 다른 정사각형을 만든 것처럼 정육면체에도 똑같은 방법을 적용하면 될 거라고 만만하게 봤을 것 같습니다. 정육면체 주변으로 다른 정육면체를 풀어서 덧씌워서 또 다른 정육면체를 만들려고 했겠지요. 하지만 이 문제가 쉽게 해결되지 않는다는 걸 발견한 페르마는 책의 여백에 다음과 같이 적었습니다.

"2보다 큰 정수 n에 대하여 $a^n + b^n = c^n$을 만족시키는 정수해 a, b, c는 없다. 정말 놀라운 증명 방법을 발견했으나, 여백이 좁아 적지 못한다."

페르마는 이 문제에 대해 분명 무언가 발견했지만 확실하게 증명하진 못했던 것 같습니다. 그가 남긴 정리를 정확하게 증명하기 위해

350여 년 동안 무수히 많은 수학자들이 매달렸지만 실패했습니다. 비록 완벽한 증명을 찾진 못했지만 그런 시도를 통해 현대 대수학에서 사용하는 중요한 기법이 개발되었습니다. 그러던 중 지난 1995년 영국의 수학자 앤드루 와일즈(Andrew John Wiles)가 이 정리를 완벽하게 증명했습니다. 1993년에 처음 발표한 증명에서 오류가 발견되었지만 동료들의 도움을 받아 기존의 오류를 제거하고 증명에 성공했습니다. 앤드루 와일즈의 증명이 화제가 된 후 한동안 뉴욕 지하철에는 이런 낙서가 있었다고 합니다.

"나는 지금 막 페르마의 마지막 정리를 풀었다. 하지만 지금 지하철이 도착해서 시간이 없는 관계로 증명을 생략한다."

Inuentum nouum. 11

Diophantum in plurimis Fermatius superat.

페르마의 주석이 달린 디오판토스의 《산술》(1670) 중 '페르마의 마지막 정리'에 관한 페이지. 페르마 사후 그의 아들이 연구 내용을 정리해서 출판했다. ⓒ MAA

페르마의 마지막 정리에 걸린 상금은 얼마?

페르마의 마지막 정리가 대중에게 널리 알려지게 된 건 독일의 사업가이자 아마추어 수학자인 파울 볼프스켈(Paul Wolfskehl) 덕분입니다. 그는 페르마의 마지막 정리를 최초로 완벽하게 증명한 사람에게 줄 상금으로 10만 마르크를 괴팅겐 왕립 과학원에 기증했습니다. 그의 뜻에 따라 1908년 볼프스켈상이 제정되었고 100년 안에 완벽한 증명을 제시하는 사람에게 이 상금을 지급하기로 했습니다.

볼프스켈이 상금을 기증하게 된 이유에 관해서는 이런 이야기가 전해집니다. 짝사랑하던 여성에게 거절당하고 크게 상심한 볼프스켈은 자살을 결심했습니다. 삶을 끝내기에 적당한 날을 고른 후 그날 자정에 권총 방아쇠를 당기기로 마음먹었습니다. 신변 정리를 다 마치고 친구와 가족에게 유서도 다 썼지만 자정이 되려면 아직 몇 시간 남아 그는 서재로 가서 책을 뒤적였습니다. 마침 그의 손에 들렸던 책은 페르마의 마지막 정리에 관한 논문이었습니다. 찬찬히 살펴보던 중 계산 오류를 발견한 볼프스켈은 바로잡을 방법을 찾느라 깊은 생각에 빠져들었습니다. 그사이 자정이 훌쩍 지났고, 수학 문제에 몰두하느라 실연의 아픔을 잊었다는 걸 깨달은 볼프스켈은 유서를 찢어버리고 다시 살아가기로 결심했습니다. 페르마의 마지막 정리 덕분에 새로 살게 된 볼프스켈이 생명의 은인에게 사례하는 마음으로 10만 마르크라는 상금을 기증한 거라고 합니다.

언뜻 보기에 쉬워 보이는 문제에 거액의 상금까지 걸리자 수많은 아마추어 수학자들이 자기 나름의 논리적이지만 잘못된 증명을 괴팅겐 과학원으로 보냈습니다. 볼프스켈상이 제정된 첫해에는 621개의 증명이 접수되었고 이후에도 계속 잘못된 증명들이 날아들었습니다. 접수된 증명들을 모아 쌓았더니 높이가 3m나 되었다고 합니다. 그래서 페르마의 마지막 정리는 '잘못된 풀이가 가장 많은 문제'가 되었고 '세상에서 가장 까다로운 수학 문제'로 기네스북에 오르기까지 했습니다. 다행스럽게 볼프스켈상이 제정되고 100년이 넘지 않은 1995년, 페르마의 마지막 정리가 앤드루 와일즈에 의해 증명된 것이죠. 증명이 발표되고 2년간의 깐깐한 검증 과정을 거친 후 1997년 와일즈에게 볼프스켈상이 수여됐습니다.

와일즈가 받은 상금은 얼마였을까요? 1908년의 10만 마르크는 약 36㎏의 금과 바꿀 수 있었는데 이를 현재의 가치로 환산하면 약 170만 달러 정도라고 합니다. 그런데 제1차 세계대전 후 독일에서 발생한 심각한 인플레이션 때문에 푼돈이 되어버렸다는 이야기도 있습니다. 하지만 볼프스켈은 생각보다 굉장히 꼼꼼한 사람이었던 것 같습니다. 페르마의 마지막 정리를 증명한 최초의 사람이라는 명예에 걸맞은 상금이 되도록 약 5%의 연이율을 더한 금액을 지급해달라고 유언을 남겼습니다. 하지만 1948년 제1차 세계대전과 독일 마르크의 도입에 이은 초인플레이션으로 인해 상금의 실제 가치는 많이 줄어들었습니다. 와일즈의 증명이 발표된 후 괴팅겐 과학원은 증명이 정확하다고 검증되면 약 7만 마르크의 상금이 수여될 것이라고 발표했습니다. 그렇지만 상금이 얼마인지는 와일즈에게 중요한 문제가 아니었습니다.

학교에서 돌아오는 길에 동네 도서관에 들른 열 살 어린이 와일즈는 책을 읽다가 페르마의 마지막 정리를 발견했습니다. 열 살 아이도 이해할 만큼 간단하지만 350여 년간 아무도 증명하지 못한 정리에 매료된 와일즈는 '내가 처음으로 증명해야지!' 하고 마음먹었습니다. 그 후 수학자의 길을 걷게 되고, 페르마의 마지막 정리와 관련된 분야를 전공하면서 비밀스럽게 연구를 진행한 끝에 완벽한 증명을 찾아냈습니다. 어린 시절의 꿈을 이뤘다는 것, 와일즈에겐 이것이 가장 큰 상이었을 겁니다.

프로보다 뛰어난 아마추어 수학자

17세기에 수학은 그리 인기 있는 학문이 아니었던 것 같습니다. 당시 피사대학의 유명한 수학 교수들도 수입이 적어 생계를 위해서는 개인 과외를 해야 했다고 합니다. "그래도 지구는 돈다"는 말로 유명한 갈릴레오 갈릴레이의 얘기입니다. 아직 수학이 본격적으로 발전하기 이전이라 전문적인 수학자가 없던 시절이었습니다. 하지만 수학 전반에 걸친 페르마의 연구 성과로 수학의 폭발적인 발전이 시작되고 전문적인 수학자가 나오게 됩니다.

법학을 전공한 후 공무원 생활을 하면서 법률과 관련된 일을 해온 페르마는 독학으로 수학을 공부한 아마추어 수학자였습니다. 그는 수학 연구가 즐거웠을 뿐 명예를 얻는 데에 관심이 없어서 자신의 연구를 공개적으로 세상에 내놓으려 하지 않았습니다. 대신 몇몇의 수학자에게 연구 성과를 편지로 알리는 정도였습니다. 사후에 그의 아들이 남아 있는 자료를 모아 세상에 내놓아 겨우 그의 연구 업적이 알려졌습니다. 페르마는 대부분 낙서나 메모 형태로 연구 내용을 남겼는데 증명이 빠진 경우가 많았습니다. 그래서 많은 수학자들의 애를 태우다가 시간이 지난 후 오일러, 가우스 등의 수학자들이 증명을 채워 넣었습니다. 그런 문제 중 가장 오래도록 풀리지 않고 있던 문제가 바로 앞에서 얘기한 '페르마의 마지막 정리'입니다.

페르마는 수학을 전공한 수학자들보다 훨씬 많은 연구 성과를 거뒀는데, 해석기하학에서 미적분학과 확률론, 정수론에 이르기까지 다방면에 걸쳐 있다는 게 더 놀랍습니다. 〈PART 06〉에서 기하학과 대수학을 결합한 새로운 수학, 해석기하학을 만든 사람으로 데카르트를 이야기했습니다. 그런데 페르마 사후 발표된 원고에 따르면 페르마가 데카르트보다 먼저 해석기하학의 아이디어를 떠올렸고, 페르마의 좌표계가 데카르트의 것보다 훨씬 오늘날의 좌표계에 가까웠다는 것을 알 수 있습니다. 뒤에서 좀 더 자세히 이야기하겠지만 미분법을 발명한 뉴턴에게 영향을 준 것도 페르마입니다.

메르센의 과학 동호회

학문이 발전하려면 우선 그 분야를 연구하는 사람들이 있어야 하고, 각자의 연구 성과에 대해 발표하고 의견을 주고받을 수 있는 공간이 있어야 합니다. 연구자들의 의견이 활발하게 오가는 가운데 경쟁과 협력을 통해 학문이 발전하게 됩니다. 오늘날은 각종 학회와 학술지 등이 연구자들이 교류하는 공간의 역할을 하고 있습니다. 17세기에 이런 공간의 역할을 했던 사람이 있습니다. 프랑스의 성직자이자 수학자, 물리학자인 마랭 메르센(Marin Mersenne)입니다.

어릴 적 메르센은 라 플레슈 기숙학교에서 교육을 받았는데, 데카르트가 후배로 이 학교에 들어와 서로 알고 지내게 되었습니다. 졸업 후 가톨릭 사제 서품을 받은 메르센은 신학과 철학을 연구하다가 나중에 물리학과 천문학, 수학 연구로 방향을 바꿨습니다. 다방면의 지식을 갖추고 있던 메르센은 갈릴레이, 호이겐스(Christian Huygens), 토리첼리, 데카르트, 파스칼 등 여러 학자들과 편지를 주고받으며 학문적 의견을 교환했습니다.

연구 성과를 출판하기를 꺼리던 페르마도 종종 메르센에게 편지로 새로 발견한 내용을 보냈는데, 증명 없이 문제만 알려주곤 했습니다. "한번 증명해보세요. 나는 이미 증명했습니다." 이런 식으로 자신의 연구 성과를 발표해서 다른 사람들이 증명하도록 유도했던 겁니다. 그러다 보니 페르마가 했다고 주장한 증명을 실제로 해냈는지 의문을 갖는 사람들도 있었습니다.

메르센은 이탈리아를 비롯한 이웃 나라의 학자들을 서로 만나게 하거나 편지를 교환하게 했고, 덕분에 폭넓은 학문 교류가 이루어졌습니다. 서로 연구 내용을 교환하고 토론하는 과정을 통해 객관적인 검증이 이루어지고, 이것이 하나의 이론으로 정립되면서 확산되어 또다

마랭 메르센의 초상화.

시 새로운 연구로 이어질 수 있었던 거죠. 또한 메르센은 학자들과 주고받은 편지들을 소책자로 만들었습니다. 자신과 서신 교환을 하는 학자들에게 보내 최신 연구 성과를 공유하도록 했습니다. 이런 면에서 메르센이 만든 소책자는 오늘날의 〈사이언스〉, 〈네이처〉 같은 유명 과학 저널의 뿌리라고 볼 수 있습니다.

메르센 개인의 과학 동호회는 점차 학자들의 정보 교환 네트워크의 중심 역할을 톡톡히 해내게 되고 이후 프랑스 최초 과학단체로 이어지게 됩니다. 1666년 루이 14세의 인가를 얻어 세워진 파리왕립과학아카데미는 학자들이 종교의 영향에서 벗어나 자유롭게 학문을 할 수 있는 환경을 만들어 이후 프랑스 과학 발달에 큰 역할을 하게 됩니다.

메르센 소수

약수가 1과 자기 자신뿐인 수를 소수라고 합니다. 우리는 소수가 무한히 많다는 것을 유클리드의 증명으로 〈PART 02〉에서 살펴보고 왔습니다. 많은 수학자들이 소수에 관심을 갖고 연구했는데, 메르센도 그중 한 사람이었습니다. 메르센은 모든 소수를 나타낼 수 있는 수학 공식을 찾으려고 애썼지만, 찾지 못하고 일정한 꼴을 가진 소수를 깊게 연구하는 쪽을 택했습니다.

메르센이 연구한 수는 2의 거듭제곱에서 1이 모자라는 수(식으로 나타내면 $M_n = 2^n - 1$)였는데, 이런 꼴의 수를 그의 이름을 따 '메르센 수'라고 합니다. 메르센 수 몇 개를 예로 들면 다음과 같습니다.

$$M_2 = 2^2 - 1 = 3$$
$$M_3 = 2^3 - 1 = 7$$
$$M_4 = 2^4 - 1 = 15$$
$$M_5 = 2^5 - 1 = 31$$
$$M_6 = 2^6 - 1 = 63$$
$$M_7 = 2^7 - 1 = 127$$

이 가운데 3, 7, 31, 127은 소수이기도 해서 이 수들을 '메르센 소수'라고 부릅니다. M_2에서 M_7까지 여섯 개의 수를 잘 살펴보면 2를 거듭제곱한 수가 소수인 M_2, M_3, M_5, M_7도 소수라는 걸 알 수 있습니다. 그러면 자연스럽게 다음의 메르센 수도 소수일 거라 예상할 수 있습니다.

$$M_{11} = 2^{11} - 1 = 2{,}047$$
$$M_{13} = 2^{13} - 1 = 8{,}191$$
$$M_{17} = 2^{17} - 1 = 131{,}071$$
$$M_{19} = 2^{19} - 1 = 524{,}287$$

그런데 11은 소수이지만 이에 해당하는 메르센 수 $M_{11} = 2{,}047 = 23 \times 89$여서 소수가 아닙니다. 메르센은 $2^n - 1$ 모양의 수는 n이 257과 같거나 작을 때, $n = 2, 3, 5, 7, 13, 17, 19, 31, 67, 127, 257$일 때만 소수라고 주장했습니다. 하지만 M_{67}, M_{257}은 소수가 아니고 소수 목록에서 빠져 있던 M_{61}, M_{89}, M_{107} 이 소수라는 게 이후 오일러를 비롯한 여러 수학자들에 의해 밝혀졌습니다.

1952년부터는 컴퓨터를 사용해 메르센 소수를 발견하고 있습니다. 최신 슈퍼컴퓨터를 갖춘 연구소에서 새로운 메르센 소수를 발견해오

다가 1996년부터는 전 세계 PC를 인터넷으로 연결해 메르센 소수를 찾아내는 프로젝트(GIMPS)가 시작되었습니다. 이 프로젝트를 통해 최근에 발견된 메르센 소수는 2018년에 발견된 51번째 메르센 소수입니다. 이 수는 $2^{82589933}-1$로 자그마치 24,862,048 자릿수입니다. 여전히 GIMPS는 진행 중이고, 새로운 메르센 소수의 발견에 상금 3천 달러를 걸고 전 세계 인터넷 사용자의 참여를 기다리고 있습니다. 암호화폐 채굴 대신 메르센 소수 찾기에 도전해보는 건 어떨까요?

천재 소년 파스칼

17~18세기 프랑스 상류층에서는 문화계 명사를 집으로 초청해 식사 대접을 하면서 철학, 문학, 예술 등에 대해 자유롭게 이야기 나누는 모임이 유행이었습니다. 이를 '살롱(salon)'이라고 하는데 고급 요리를 즐기며 토론하기를 좋아하는 프랑스 사람들의 문화를 한눈에 보여준다고 할 수 있습니다. 메르센도 자신이 머물던 파리 수도원으로 사람들을 초대해 과학에 대한 이야기를 나누었습니다. 먼 곳에 떨어져 있는 학자들과는 편지 교환으로 온라인 모임을 했다면 수도원 살롱으로 오프라인 정모를 가졌던 거죠. 이 모임의 회원 한 사람이 이

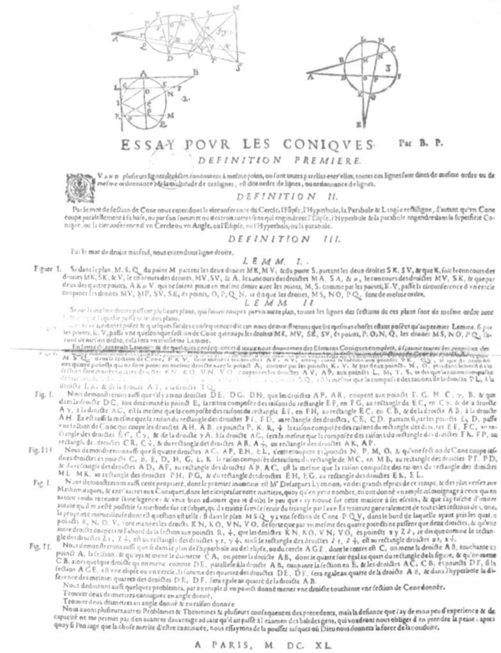

ESSAY POVR LES CONIQVES. Par B. P.

DEFINITION PREMIERE.

DEFINITION II.

DEFINITION III.

Par le mot de droite mis seul, nous entendons ligne droite.

LEMM. I.

LEMM. II

A PARIS, M. DC. XL.

1640년에 출판된 파스칼의 〈원추곡선론〉.

제 열다섯 살이 된 아들을 수학, 과학에 재능 있는 아이라고 하면서 데리고 왔습니다. 저명한 학자들의 연구 발표와 토론 내용을 어린 소년이 제대로 이해할 수 있을지 걱정하는 사람도 있었지만 소년은 꾸준히 모임에 참석했습니다.

원뿔을 평면으로 자를 때 만들어지는 원과 타원, 포물선, 쌍곡선을 원뿔곡선 또는 원추곡선이라고 합니다. 건축가 데자르그는 실제 건축에서 이용되는 이론을 바탕으로 원뿔곡선을 연구했고, 그 과정을 모임에서 발표했습니다. 이 연구 과정을 지켜보던 소년은 자신의 연구 결과를 한 장으로 요약해서 발표합니다. 소년이 발표한 내용은 상당히 수준이 높았기 때문에 이 모임의 회원이었던 데카르트는 소년이 아니라 그의 아버지가 연구한 것이라고 의심했을 정도였습니다. 소년의 이름은 블레즈 파스칼(Blaise Pascal), 소년이 발표한 것은 오늘날 '파스칼의 정리(1639)'라고 알려진 사영기하학의 원리를 담은 논문 〈원추곡선론〉입니다.

할아버지 때부터 고위 세무공무원을 지냈던 귀족 가문에서 태어난 파스칼은 어릴 적부터 수학, 과학에 천재적인 재능을 보였습니다. 수학을 배우지도 않았는데 열두 살 때 혼자서 '삼각형의 내각의 합은 180°'라는 사실을 발견했고, 이에 감탄한 그의 아버지는 그제야 유클리드의 《기하학 원론》을 가르치고 메르센의 모임에도 데려갔습니다. 열아홉 살의 파스칼은 단순 연산을 반복하는 아버지의 세무 업무를 돕기 위해 덧셈, 뺄셈, 곱셈, 나눗셈을 정확하고 빠르게 계산하는 기계를 발명했습니다. 바로 컴퓨터의 원조, 파스칼린 또는 파스칼 라인이라고 부르는 기계식 계산기입니다. 직접 제작까지 하고 왕실로부터 독점 판매권까지 따냈지만, 워낙 제작비가 많이 들어 상용화되지는 못했습니다.

과학 분야에는 파스칼의 이름이 선명하게 남아 있습니다. 스물다섯

1652년 제작된 파스칼린. ⓒDavid. Monniaux (Wikimedia)

살이 되던 해, 파스칼은 산꼭대기와 평지의 수은 기둥 높이가 서로 다른 것을 확인해서 대기압의 존재를 증명했습니다. 이후 그의 이름은 압력 단위로 쓰이게 되었는데, 한여름 우리나라로 다가오는 태풍의 중심기압을 이야기할 때 쓰는 단위, 바로 '파스칼(Pa)'입니다. 1Pa는 1제곱미터당 1뉴턴의 힘을 작용하는 것을 뜻하는데, 태풍의 중심기압을 이야기할 때는 앞에 '100배'를 뜻하는 '헥토(hecto-)'를 붙어 '헥토파스칼(hPa)'로 씁니다.

도박사의 질문에서 나온 수학

기계 발명과 과학 연구에 몰입했던 파스칼은 1654년, 문제를 풀어달라는 친구 슈발리에 드 메레(Chevalier de Méré)의 부탁으로 다시 수학 연구를 시작하게 되었습니다. 드 메레는 운이 아닌 수학 실력으로 도박에서 이기는 솜씨 좋은 도박사로 유명했습니다. 이런 드 메레도 풀기 어려운 문제와 만나자 수학 천재인 파스칼에게 가져온 겁니다. 드 메레가 풀어달라고 가져온 첫 번째 문제는 다음과 같습니다.

"주사위 하나를 4번 던져서 6이 나오면 이기는 게임과 주사위 두 개를 24번 던져서 두 개 모두 6이 나오면 이기는 게임이 있다. 어느 게임에 돈을 거는 게 유리할까?"

당시 사람들은 24번 던지는 쪽이 던지는 횟수가 많아 아무래도 유리할 것이라고 생각했습니다. 확실히 주사위를 던지는 횟수만 비교하면 4번보다는 24번이 유리할 것 같습니다. 하지만 주사위 두 개 모두 6이 나올 가능성은 하나만 던져 6이 나올 가능성보다 확실히 적습니다. 오늘날의 확률 계산으로 어느 게임이 유리한지 각각의 확률을 구해보면 주사위 하나로 하는 게임이 유리하다는 것을 알 수 있습니다.

주사위 하나 던지기

주사위를 한 번 던져서 6이 나올 확률은 $\frac{1}{6}$이니까, 6이 아닌 다른 숫자가 나올 확률은 $1 - \frac{1}{6} = \frac{5}{6}$입니다. 주사위를 던져 처음 6이 나왔다고 해서 다음에 6이 아닌 다른 숫자가 나올 확률이 늘어나거나 줄어들지 않습니다. 여러 번 주사위를 던져도 각각의 경우에서 확률은 서로 영향을 미치지 않습니다. 즉, 주사위를 던지는 사건들은 '독립적'이어서 이 확률은 사건들이 일어나는 횟수만큼 곱할 수 있습니다. 그러므로 주사위를 4번 던져서 모두 6이 나오지 않을 확률은 $\frac{5}{6}\times\frac{5}{6}\times\frac{5}{6}\times\frac{5}{6}=\left(\frac{5}{6}\right)^4$이니까, 적어도 한 번 6이 나올 확률은 $1-\left(\frac{5}{6}\right)^4=0.517746\cdots$입니다. 이 게임에 돈을 걸면 약 51.8%의 확률로 이길 수 있습니다.

주사위 두 개 던지기

주사위를 한 번 던져서 모두 6이 나오지 않을 확률은 $\frac{5}{6}\times\frac{5}{6}=\frac{35}{36}$입니다. 24번 던졌을 때 모두 6이 나오지 않을 확률은 $\left(\frac{35}{36}\right)^{24}$입니다. 따라서 적어도 한 번 두 개의 주사위 모두 6이 나올 확률은 $1-\left(\frac{35}{36}\right)^{24}=0.491404\cdots$입니다. 이 게임에서 이길 확률은 약 49.1%입니다.

드 메레가 가져온 두 번째 문제는 갑자기 게임이 중단되었을 때, 공평하게 판돈을 나누는 문제였습니다.

실력이 똑같은 A, B 두 사람이 각각 금화 32개를 걸고 먼저 세 번 이긴 사람이 모두 가지기로 했다. 만일 A가 두 번, B가 한 번 이긴 상태에서 게임이 중단됐다면 금화 64개를 어떻게 나누어 가져야 하는가?

사실 이 문제는 도박에 관한 오래된 문제로 여러 수학자들이 해답을 찾으려 했습니다. 파치올리는 두 사람이 이긴 횟수의 비가 2 : 1이니까 금화도 같은 비율로 나누면 된다고 생각했습니다. 언뜻 보기에는 합리적인 답이었지만 타르탈리아와 카르다노는 반론을 제기했습니다. 201점 내기에서 한쪽은 200점, 다른 쪽은 100점을 낸 상황에서 게임이 중단되었을 때와 같이 승부를 바로 앞에 둔 시점에서 게임이 중단되었다고 전체 경기의 승률인 2 : 1로 판돈을 나누는 건 불합리하다고 주장했습니다.

당시 유명한 수학자들도 답을 내지 못했던 문제였기 때문에 파스칼은 조심스럽게 답을 냈습니다. 남아 있는 게임 수와 이기는 데 필요한 게임 수를 함께 고려해야 된다고 생각해서 다음과 같이 답을 냈습니다.

파스칼의 답

A가 이기면 점수는 A : B = 3 : 1이므로 A는 금화 64개를 모두 가집니다. 그런데 만일 B가 이기면 점수는 A : B = 2 : 2이므로 A와 B는 똑같이 32개씩 갖게 됩니다. 이 두 상황을 모두 고려해보면, A는 이기든 지든 금화 32개를 가져가게 되고, 나머지 금화 32개를 건 게임에서 이길 확률은 $\frac{1}{2}$이므로 A는 $32 + 32 \times \frac{1}{2} = 48$개, B는 16개를 가지면 됩니다.

파스칼은 자신이 찾은 해답을 편지에 적어 페르마에게 보내어 검토해줄 것을 부탁했고, 페르마는 같은 답을 내놓았지만 다른 방법으로 해결한 풀이를 답장으로 보냈습니다.

페르마의 답

최종 승리에 필요한 횟수는 A가 한 번, B는 두 번이므로 최대 두 번의 게임으로 승패를 가릴 수 있습니다. A와 B의 실력이 똑같으므로 두 번의 게임에서 나올 수 있는 경우는 다음의 네 가지입니다.

① (A 승리, A 승리), ② (A 승리, B 승리), ③ (B 승리, A 승리), ④ (B 승리, B 승리)

이 중 ④의 경우만 B가 최종 승리를 거두게 됩니다. 그러므로 A가 승리할 확률은 $\frac{3}{4}$, B가 승리할 확률은 $\frac{1}{4}$이므로 판돈을 3 : 1로 나누면 됩니다.

두 수학자는 6개월 동안 편지를 주고받으면서 판돈을 공정하게 나누는 다양한 방법에 대해 의견을 나눴습니다. 이 과정을 통해 확률과 기대값 등 확률론의 기본 개념이 다져졌습니다. 확률론은 도박과 같이 우연이 지배하는 세계에도 엄밀한 수학적 원리를 적용할 수 있다는 것을 보여주는 학문입니다. 페르마와 파스칼, 두 천재 수학자의 공동 작업으로 새로운 수학 분야가 개척된 거죠.

수학 외전

사영기하학

사영기하학은 3차원 공간을 평평한 2차원 캔버스에 담으려고 개발한 원근법이 발전한 것입니다. 르네상스 시대 화가들은 원근법을 이용해서 다빈치의 <최후의 만찬>, 라파엘로의 <아테네 학당>과 같은 걸작을 탄생시켰고, 데자르그와 파스칼은 화가들이 그림 그리는 데 사용한 원근법의 원리를 파고들어갔습니다. 2차원 도형인 원뿔곡선을 원근법을 이용해서 1차원으로 그리면 어떻게 되는지를 연구한 겁니다. 이들의 연구는 200년 후 탄생한 사영기하학의 바탕이 되었습니다.

3D 게임이나 애니메이션에 사용되는 컴퓨터 그래픽은 사영기하학을 통해 만들어집니다. 요즘 게임이나 애니메이션에서는 캐릭터를 3차원으로 모델링해서 가상의 3차원 공간에 두고 라이트와 카메라를 배치한 다음 캐릭터가 움직이는 모습을 1초에 24장 또는 30장의 정지 화면으로 만들어냅니다. 이 화면을 만드는 과정이 바로 화가가 원근법을 이용해서 그림을 그리는 것과 같습니다. 또한 원근법 계산을 거꾸로 하면 촬영 위치가 약간 다른 사진 2장을 이용해서 깊이 정보를 알아낼 수 있습니다. 멋진 풍경 사진을 만들어주는 파노라마 기능, 지도 위에 실제 거리 풍경을 보여주는 스트리트뷰 등이 그런 예입니다.

지도와 연표로 보는 수학사

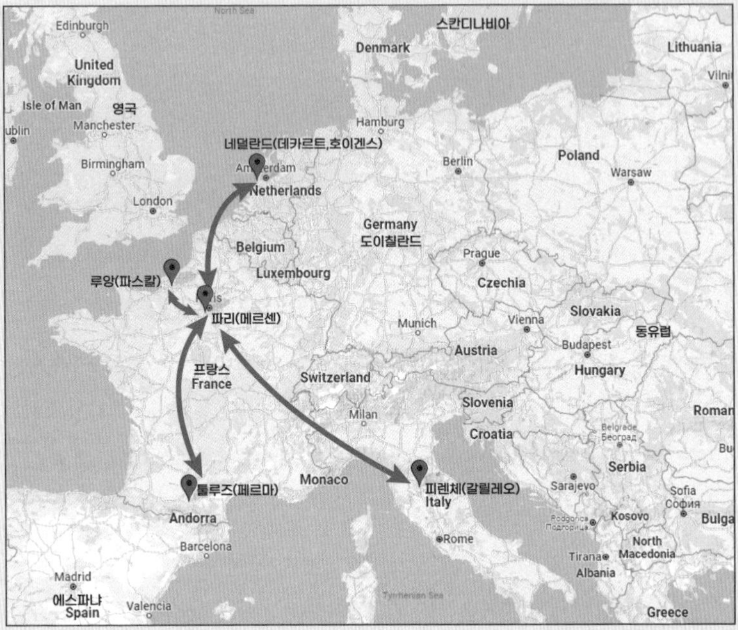

연표

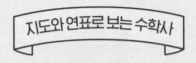

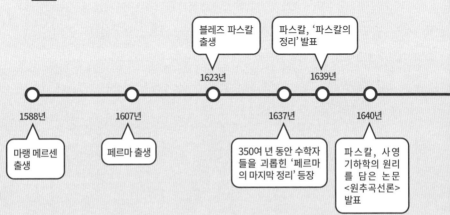

- 1588년: 마랭 메르센 출생
- 1607년: 페르마 출생
- 1623년: 블레즈 파스칼 출생
- 1637년: 350여 년 동안 수학자들을 괴롭힌 '페르마의 마지막 정리' 등장
- 1639년: 파스칼, '파스칼의 정리' 발표
- 1640년: 파스칼, 사영기하학의 원리를 담은 논문 <원추곡선론> 발표

17세기 프랑스 수학자, 수학의 영토를 개척하다

16세기 후반 약 40년 동안 프랑스는 가톨릭교도와 신교도 사이의 종교 분쟁으로 심각한 혼란 속에 있었지만, 앙리 4세가 1598년 유럽에서 최초로 개인의 종교 자유를 인정하는 낭트칙령을 반포하면서 안정을 되찾게 됩니다. 앙리 4세 때 쉴리, 루이 13세 때 리슐리외라는 유능한 정치가가 왕을 보좌한 덕분에 프랑스의 산업은 크게 발달되고 국가 재정이 튼튼하게 되었습니다. 세계 3대 박물관 중 하나인 루브르 박물관에는 이 두 정치가의 이름을 기념해 '쉴리관'과 '리슐리외관'이 있을 정도입니다.

이렇게 경제적인 기반이 만들어지고 사회적으로도 안정된 상태에서 문화는 꽃피웁니다. 앙리 4세는 잔혹한 종교전쟁을 거치면서 거칠어진 귀족들의 기질을 누그러뜨리고 세련된 예절과 말씨를 가르치고자 우아한 여성들과 식사하면서 함께 이야기를 나누는 모임을 열었습니다. '살롱'이라는 이런 모임은 상류층으로 퍼져 나가 점차 남녀와 신분 차를 넘어선 대화와 토론의 장으로 발전했습니다.

이런 살롱 문화는 수학계에도 영향을 미쳤습니다. 메르센 신부를 중심으로 한 과학 동호회 모임은 각자 연구를 하던 프랑스의 수학자들이 연구 성과를 발표하고 토론하며 의견을 나누는 자리가 되었고, 데카르트, 페르마, 파스칼 등 17세기 프랑스를 대표하는 천재 수학자들 사이의 교류를 통해 해석기하학, 확률론이라는 새로운 분야가 탄생할 수 있었습니다.

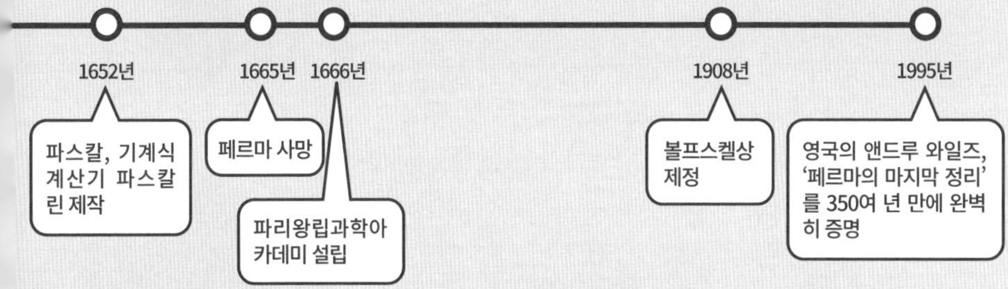
1652년
파스칼, 기계식 계산기 파스칼린 제작
1665년
페르마 사망
1666년
파리왕립과학아카데미 설립
1908년
볼프스켈상 제정
1995년
영국의 앤드루 와일즈, '페르마의 마지막 정리'를 350여 년 만에 완벽히 증명

PART 08

미적분과 2진법을 만든 라이프니츠

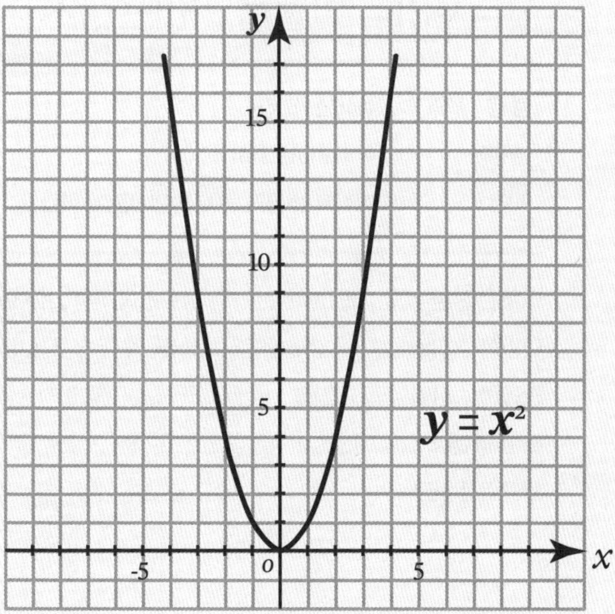

고트프리트 빌헬름 라이프니츠 Gottfried Wilhelm Leibniz

출생 - 사망	1646년~1716년
출생지	독일 라이프치히
직업	철학자, 법률가, 정치가, 외교관, 수학자

수학은 물론 철학, 자연과학, 논리학, 사회과학, 공학, 도서관학, 신학, 중국학 등 다양한 분야에 걸쳐 폭넓게 전문적 지식을 갖춘 천재. 보통의 수학자보다 늦은 스물여섯 살에 수학 공부를 시작했지만 12년 만에 미적분학이라는 새로운 수학을 발명했다. 라이프니츠가 직접 고안한 미적분 기호는 다루기 편리해서 현재도 사용되고 있다.

알고 보니
'수포자' 양산의 주범?

수학을 포기하게 만든 범인, 미적분

'미적분(calculus)'은 고등학교 수학 과정에서 중요한 부분입니다. 교과과정이 바뀌기 전에는 문·이과 공통으로 배웠고 '킬러 문항'이 자주 출제되기도 했습니다. 그 때문에 수험생들에게 애증의 대상이기도 합니다. 수능을 치르고 대학에 진학해서도 이과생이라면 피해 갈 수 없는 과목이 바로 미적분학이지요. 고등학교에서 배웠던 미적분과는 또 다른, 새로운 난이도로 다가오는 미적분을 경험한 많은 학생들이 '도대체 이런 걸 왜 만든 거지?', '누가 이런 걸 만든 거야?'라며 원망을 쏟아냅니다.

학생들의 입장에서는 원망의 대상인 미적분은 과학의 많은 문제들을 쉽게 해결하면서 과학혁명을 이뤄냈습니다. 과학혁명은 산업혁명으로 이어져서 지금 우리가 누리는 많은 것들을 만들었죠. 수학, 과학의 꽃이 바로 미적분입니다.

알다시피 '미적분'은 미분과 적분을 아울러 이르는 말입니다. 미분은 함수의 순간 변화율을 구하는 계산이고, 적분은 곡면 또는 좌표 축으로 둘러싸인 영역의 넓이를 계산하는 겁니다. 고등학교에서는 미분을 먼저 배우고 적분을 나중에 배웁니다. 그런데 역사적으로는 미분보다 적분이 먼저 발달했습니다. 적분은 기원전 1800년경 땅의 넓이를 구하기 위해 탄생해서 넓이나 부피, 호의 길이 등을 구하는 것과 관련되어 발전했습니다. 미분은 이보다 많이 늦은 12세기에 태동했는데, 곡선의 접선과 함수의 최대, 최소에 관한 문제에서 시작되었죠.

이렇게 미분과 적분은 따로 발전을 해오다가 시간이 한참 지난 후, 둘이 보통 사이가 아니라는 게 알려집니다. 마치 덧셈과 뺄셈, 곱셈과 나눗셈처럼 서로 반대되는 계산이라는 놀라운 사실이죠. 단순한 계산법에 불과했던 미분과 적분이 서로 연결되자, 세상 모든 현상을 표현하는 인류의 언어가 되었습니다. 그래서 미분과 적분을 연결한 사람을 미적분의 '창시자', 미적분을 '발명'했다고 부릅니다.

$$\int_a^b f(x)dx = F(b) - F(a)$$

곡선을 연구하다 나온 학문, 미적분

16세기는 코페르니쿠스와 갈릴레이가 주장했던 지동설은 이단으로 몰려 종교재판을 받을 정도였지만, 17세기에 들어서자 분위기가 바뀌었습니다. 코페르니쿠스와 케플러의 태양중심설이 차츰 인정받게 되고 이를 천문학과 실용적인 항해술에 적용하기 시작했던 거죠. 그런데 태양중심설을 다루려면 타원과 포물선, 쌍곡선과 같은 원뿔곡선을 사용해야 했습니다. 또한 유럽에서 대포의 사용이 잦아지면서 대포에서 발사된 포탄의 운동에 관한 수많은 질문이 생겨났습니다.

이런 질문에 대한 답을 찾으려 하다 보니 17세기 수학자들의 관심은 곡선을 다루는 방법에 집중되었습니다. 케플러, 카발리에리, 페르마 등은 다양한 곡선을 만들어 그 길이, 곡선 아래의 넓이, 곡선을 회전시킬 경우 나타나는 부피 등을 계산하는 문제를 풀고자 연구했습니다. 전통적인 유클리드 기하학은 멈춰 있는 도형의 성질을 탐구하는 데 초점이 맞춰져 있어서 움직이는 물체가 만드는 곡선 경로에 관한 문제를 푸는 데에는 적합하지 않았습니다. 새로운 문제는 새로운 도구로 해결하는 거죠. 프랑스의 천재 수학자 데카르트와 프로보다 더 뛰어난 아마추어 수학자 페르마에 의해 기하와 대수가 결합한 해석기하학이 탄생했습니다.

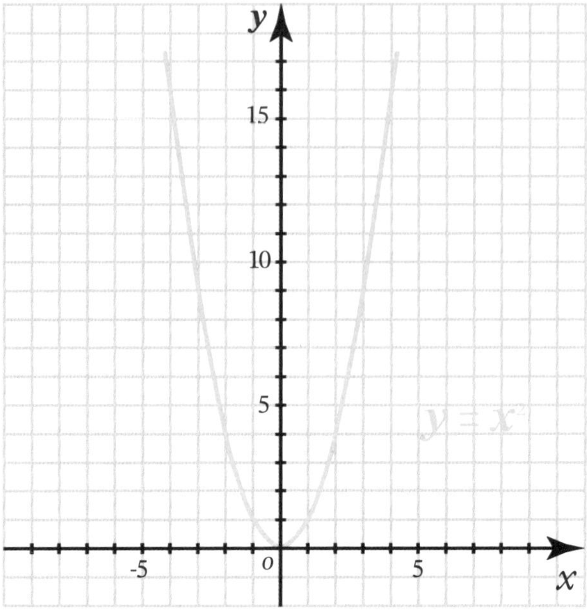

X축 Y축에 함수를 표시하는 해석기하학.

직교좌표계와 그래프라는 강력한 도구를 이용해 곡선을 연구하는 과정에서 새로운 개념과 문제들이 나왔습니다. 케플러가 타원 궤도를 따라 행성이 지나쳐 간 넓이를 계산할 때 무한히 많은 조각으로 나눠 각각의 넓이를 구한 다음 합치는 과정에서 무한대와 무한소의 문제가 나왔습니다. 페르마는 다항식 곡선의 최대값과 최소값을 구하고 곡선 위 한 점에서 접선을 구하는 방법을 개발했습니다. 접선을 구하는 과정에서 극한과 순간 변화율이라는 개념이 나왔습니다.

속력 및 가속도와 같은 순간 변화율을 정의하고 계산하는 문제는 17세기의 거의 모든 수학자들의 연구 주제였습니다. 데카르트, 페르마, 뉴턴의 스승인 아이작 배로, 뉴턴의 친구인 존 월리스, 호이겐스 등의 학자들이 여기에 매달렸죠. 이렇게 미적분의 핵심을 이루는 개념들은 이미 준비된 상태에서 누군가에게 발견되길 기다리고 있었습니다.

미적분을 만든 두 사람

미적분의 발명자라는 영예로운 자리에 오른 사람은 두 명이었습니다. 이전의 학자들은 미적분 개념의 일부분만 이해했지만, 미적분을 발명한 두 사람은 미적분의 일반적 개념을 파악하고 체계화했을 뿐만 아니라 각기 다른 문제에 적용했습니다.

한 사람은 자신이 발명한 미적분을 물리학에 적용했습니다. 바로 사과가 떨어지는 것을 보고 중력을 발견한 것으로 유명한 영국의 물리학자이자 천문학자, 수학자 아이작 뉴턴입니다. 그가 쓴《자연철학의 수학적 원리》(1687)는 코페르니쿠스의 지동설로부터 시작한 과학혁명을 완성했다는 평가를 받고 있습니다. 간단히 《프린키피아》라고 불리는 이 책에는 우리가 과학 시간에 적어도 한 번 이상 들어본 뉴턴의 세 가지 법칙, 즉 관성의 법칙, 운동의 법칙, 작용·반작용의 법칙이 실려 있습니다. 물리학이라는 개념조차 명확하지 않던 때에 뉴턴은 지구의 운동을 수학으로 설명했습니다. 뉴턴의 운동법칙을 기본으로 하는 역학을 뉴턴 역학, 또는 고전 역학이라고 부릅니다. 물리학이라는 학문을 통째로 뉴턴이 만든 거죠.

다른 한 사람은 독일의 고트프리트 빌헬름 라이프니츠(1646~1716)입니다. 그는 순수 수학에 활용하기 위해 미적분을 발명했습니다. 워

사과는 떨어지는데 달은 왜 떨어지지 않는 걸까? 뉴턴은 이 질문을 통해 만유인력의 법칙을 발견했다고 한다. ⓒ Alexander Borek (Wikimedia)

낙 뉴턴이 유명하다 보니 상대적으로 라이프니츠는 덜 알려진 듯합니다. 하지만 고등학생들에게 끼치는 영향력은 뉴턴보다 더 클 것입니다. 문과생의 경우에는 공부하면서 뉴턴을 만날 일은 별로 없지만, 문·이과를 가리지 않고 배우는 미적분에서 쓰이는 기호는 모두 라이프니츠가 만든 겁니다. '합계(sum)'를 의미하는 라틴어 summa의 머리글자 S를 잡아당겨 적분 기호 인테그랄 $\int$을 만들었고, '차이(difference)'를 의미하는 라틴어 differentia의 d를 응용해 미분 기호 $\frac{d}{dx}$를 만들었습니다.

박학다식 천재 라이프니츠

뉴턴과 네 살 차이가 나는 라이프니츠는 독일을 폐허로 만든 30년 전쟁이 끝날 무렵 라이프치히에서 태어났습니다. 라이프치히대학 교수였던 그의 아버지는 아들의 천재성을 알아봤지만 그의 나이 여섯 살에 세상을 떠나고 말았습니다. 어린 라이프니츠는 아버지의 서재에 있던 그리스어와 라틴어로 된 고전을 읽으며 문학, 역사, 예술, 정치, 종교학, 철학, 수학 등 다양한 분야의 지식을 쌓았습니다. 일곱 살에 영재학교에 입학한 라이프니츠는 상급생이 잘못 놓아둔 책을 가져다

닥치는 대로 읽어버리는 바람에 동급생들보다 진도가 훨씬 빨랐다고 합니다. 라이프니츠가 독학으로 라틴어를 익혔다는 걸 알게 된 교사들이 상급생들이 배우는 책을 읽지 못하게 했지만 몰래 아버지의 서재에서 수준 높은 책들을 읽었다는 이야기가 전해집니다.

열다섯 나이로 영재학교를 졸업한 라이프니츠는 라이프치히대학에 진학했습니다. 사춘기 질풍노도의 시기를 지낼 나이에 대학에서 철학과 수학을 공부했다니 대단합니다. 이때 유클리드 수학 강의를 들었는데 너무 어려워서 제대로 이해하는 학생은 라이프니츠 한 사람뿐이었다고 하네요. 법학에 관심을 가지게 된 라이프니츠는 스무 살에 학부를 마치고 법학 박사 과정에 진학하려 했지만 대학은 그의 나이가 어리다는 이유로 입학을 허가하지 않았다고 합니다. 할 수 없이 다른 지역의 대학에서 박사 과정을 밟고 1667년 박사 학위를 받았습니다. 대학을 졸업한 스물한 살 법학 박사 라이프니츠는 저명한 독일 정치인 보이네부르크 남작의 후원하에서 정치·외교 실무를 보면서 철학 연구를 함께 해나갔습니다.

당시 독일은 전쟁으로 피폐해져 있었고 이웃 나라 프랑스는 문화와 사상을 선도하고 있었습니다. 1672년, 외교 업무를 수행하러 파리로 파견을 나가게 된 라이프니츠는 새로운 학문을 접할 아주 좋은 기회를 잡게 되었습니다. 수학자 라이프니츠의 인생은 파리에서 시작되었

스물한 살에 법학 박사 학위를 받은 라이프니츠. 당시 그는 수학보다는 철학, 법학에 관심을 두었다.

는데, 그 시작은 물리학자이자 수학자 호이겐스와의 만남이었습니다. 호이겐스는 라이프니츠에게 파스칼의 논문을 건네며 삼각수의 역수를 구하는 문제를 내주었는데, 라이프니츠의 초기 미적분 연구에 이 문제가 큰 역할을 했다고 합니다. 이후 파스칼, 페르마, 데카르트 등의 수학을 독학으로 익힌 라이프니츠는 미적분학 발명에 한걸음 다가서게 됩니다. 스물여섯 살에 본격적으로 수학 공부를 시작했는데 1년 만에 당시 최고 수학자들의 연구 내용을 습득할 정도라니 정말 놀랍습니다. 이렇게 수학의 기초를 닦은 라이프니츠는 호이겐스가 내준 문제를 발전시켜 1673년에서 1676년 사이에 미적분학을 발명했습니다. 아무리 이전의 수학자들이 많은 연구를 해놓았다고 해도 삼사 년 사이에 새로운 학문을 발명하다니 놀라운 천재로 인정할 수밖에 없네요.

1676년, 서른 살의 라이프니츠는 하노버 궁정 도서관 사서로 일하게 되어 독일로 돌아오게 됩니다. 이후 궁정 고문관이 되어 외교 업무를 비롯해 다양한 분야에서 일하며 수학, 철학, 논리학 연구 활동을 이어갔습니다. 라이프니츠가 다양한 분야의 사람들과 주고받은 편지가 1만 5천여 통이나 된다고 합니다. 또한 자료 수집차 방문한 로마에서 예수회 중국 선교사들을 만나 중국에 관심을 가지게 된 라이프니츠는 1697년에 《최신 중국학》을 저술할 정도로 말년에 중국학 연구에 몰두했습니다.

18세기 초 왕을 중심으로 하는 중앙집권국가가 된 유럽의 각 나라는 국력을 높이고 국가의 위신을 높이기 위해 국립과학아카데미를 세웠습니다. 영국과 프랑스는 일찌감치 1660년대에 영국왕립학회, 파리왕립과학아카데미를 설립했고, 독일과 러시아, 스웨덴 등이 그

뒤를 이었습니다. 미적분을 발명한 두 사람 모두 각각 자기 나라의 과학아카데미에서 중요한 역할을 했습니다. 1703년 영국왕립학회 회장은 뉴턴이었고, 라이프니츠는 1700년 창설된 베를린 왕립과학협회의 초대 회장을 맡아 여러 나라를 돌며 과학아카데미를 세웠습니다.

미적분 원조 논쟁

어느 분야나 최초의 기록에 대해서는 원조 논쟁이 있기 마련입니다. 돈가스, 부대찌개, 떡볶이, 곱창, 추어탕 등으로 유명한 먹자골목에 가면 하나같이 자기가 원조라고 주장하는 간판을 달고 있습니다. 한 분야에 여럿이 참여해 경쟁하다 보면 비슷한 결과를 얻는 경우가 많습니다. 누가 가장 먼저 그 결과를 얻었는지 따지는 과정에서 논쟁이 과열되어 다투게 되고 감정의 골이 깊어지게 됩니다. 논리적인 수학자들도 예외가 아니어서 뉴턴과 라이프니츠 사이에 미적분 발명을 놓고 분쟁이 있었습니다.

17세기 중반 뉴턴이 처한 상황은 전 세계가 코로나19라는 전염병의 손아귀에 잡혀 있던 시기와 매우 비슷했습니다. 런던에 흑사병이 돌아 케임브리지대학은 1665년부터 2년 동안 휴교했습니다. 케임브리지 학생으로 수학 강의를 듣던 스물세 살 뉴턴은 하는 수 없이 고향으로 돌아와 집에만 콕 박혀 있었죠. 유튜브도 넷플릭스도 없던 시절, 한적한 시골 마을에서 뉴턴이 할 수 있는 건 별로 없었습니다. 마침 수학 교과서를 가지고 왔던 터라 그는 수학 공부에 열중했습니다. 특히 데카르트가 새로 발명한 기하학을 열심히 공부했다고 합니다. 뉴턴은 이 시기에 수학, 광학, 천문학, 물리학 등 다방면에 걸쳐 중요한 발견을 해냈습니다.《프린키피아》에 실린 중력과 미적분에 대한 기본 원리가 모두 이때 발견된 겁니다. 팬데믹이 준 뜻밖의 선물이라고 할 수 있죠.

이렇게 일찍 미적분을 발명했지만 뉴턴은 주위의 가까운 사람에게만 알렸을 뿐 일반에 공개하지 않았습니다. 소심한 성격 탓에 자신의 성과를 공개하기를 꺼려 출판하지 않았던 겁니다. 뉴턴의 발명을 알지 못했던 라이프니츠가 독자적인 연구 끝에 미적분을 발명하고, 1684년에 미적분에 관한 첫 논문을 발표했습니다. 이로부터 3년 후, 뉴턴은 미적분을 물리학에 적용한 많은 결과를 담아《프린키피아》를 출간했습니다. 이 책에서 "라이프니츠의 방법은 서술과 기호만 다를 뿐, 내가 발견한 것과 거의 같다"라고 썼습니다. 자신과 라이프니츠가 독자적으로 미적분을 발명했다는 것을 인정했던 거죠.

두 사람의 연구가 같다는 것을 알게 된 학자들 사이에 누가 먼저 미적분을 발명했는가에 대한 논쟁이 시작되었습니다. 논문의 출판 연

옥스퍼드대학교 국립사 박물관에 있는 뉴턴과 라이프니츠의 동상.
Photo ⓒ Andrew Gray(원본), Alexey Gomankov(콜라주) (Wikimedia)

도만 따지면 라이프니츠가 앞서지만, 《프린키피아》의 완성도를 감안하면 뉴턴이 먼저 발명한 것으로 보이는 상황이었습니다. 그런데 당시의 영국 수학자들이 라이프니츠가 표절했다고 주장하면서 격렬한 논쟁이 되어버렸습니다. 분쟁이 가라앉기를 바란 라이프니츠가 진상 규명을 해달라고 영국왕립학회에 요청했지만, 뉴턴이 회장으로 있었던 왕립학회는 당연히 뉴턴의 손을 들어줬습니다(1712). 미적분 원조 논쟁에서 패해서 속상한 까닭이었을까요? 4년 후, 라이프니츠는 세상을 떠나고 맙니다.

'뉴턴 파'와 '라이프니츠 파'의 대립으로 시작한 논쟁은 시간이 흐르면서 영국과 유럽 대륙 간의 대립으로 확대되었습니다. 이 논쟁으로 인해 영국과 유럽 대륙 사이에는 수학 교류가 끊겼습니다. 그만큼 감정의 골이 깊었던 거죠. 이후 섬나라 영국의 수학이 대륙에 비해 약 100년이나 늦어졌습니다. 논리적, 이성적인 학문인 수학을 연구하는 수학자들이 감정적으로 행동한 결과였던 겁니다. 아는 것과 행동하는 것은 전혀 다른 일이라는 걸 다시 한번 깨닫게 됩니다.

라이프니츠의 기호 수학

앞에서도 얘기했지만, 오늘날 우리가 알고 있는 미적분법 기호의 대부분은 라이프니츠가 만든 것입니다. 미적분학이 정립될 때까지 여러 수학자들은 다양한 기호를 사용했습니다.

미분 기호

수학자	라이프니츠	뉴턴	라그랑주	오일러
미분 기호	$\frac{dy}{dx}$	$\dot{y}$	$f'(x)$	$D_x f(x)$

적분 기호

수학자	라이프니츠	뉴턴	라그랑주	오일러
적분 기호	$\int y\,dx$	$\acute{y}$	$f^{(-1)}(x)$	$D_x^{-1}y$

문자 위에 검은 점을 찍거나 짧은 세로선을 긋는 뉴턴의 기호는 읽기도 쉽지 않고 인쇄하기도 어려웠습니다. 지금도 수식 편집은 손이 많이 가는 성가신 일입니다. 그러니 17세기에 수학자들의 논문을 인쇄하는 일은 무척 힘든 일이었을 겁니다.

일상언어가 갖는 애매함을 제거하고 모든 문화권에서 사용할 수 있는 보편언어를 발명하고자 했던 라이프니츠는 수학적인 의미를 제대로 담아낸 미적분 기호를 만들어냈습니다. 라이프니츠의 기호가 가진 진가는 실제 계산을 할 때 드러납니다. 미분해서 $f(x)$가 되는 함수 $F(x)$라고 할 때, 두 함수 사이의 관계를 미분을 이용한 식으로 나타내면 다음과 같습니다.

$$\frac{d}{dx}F(x) = f(x)$$

좌변의 $\frac{d}{dx}$ 에서 dx를 분모로 생각할 수 있습니다. 그러면 양변에 dx를 곱해서 다음이 됩니다.

$$dF(x) = f(x)\,dx$$

이제 양변에 적분 기호 $\int$를 취해주면 다음과 같이 됩니다.

$$\int dF(x) = \int f(x)dx$$

그런데 적분 $\int$과 미분 d는 서로 반대되는 연산이어서 상쇄됩니다. 그러므로 이 식은 간단하게 다음과 같이 쓸 수 있습니다.

$$F(x) = \int f(x)dx$$

즉, 미적분에 대한 라이프니츠의 정의는 '$F(x)$가 주어져 있을 때 $f(x)$를 구하는 것'이 '미분한다'는 것이고, '$f(x)$가 주어져 있을 때 $F(x)$를 구하는 것'이 '적분한다'는 것입니다. 이렇게 정해두면 $\int$와 d는 서로 역연산을 나타내는 기호가 되고 다루기가 매우 편리합니다.

"사람은 기호를 씀으로써 발견을 하는 데 편의를 얻게 되며, 이 편의는 그 기호가 사물의 본성을 간명하고 충실하게 표현하고 있을 때, 이를테면 사실 그대로를 묘사하고 있을 때에 최대가 된다. 그리고 실제, 그 경우에 있어서 사고

의 노력은 놀랄 만큼 경감된다."

- 라이프니츠

유럽 대륙의 수학자들은 편리한 라이프니츠의 기호를 사용했습니다. 덕분에 미적분 계산 기술이 발달하게 되어 자연과학의 문제에 적용할 수 있게 되었습니다. 특히 라이프니츠와 자주 편지를 주고받으며 함께 연구한 스위스 베르누이 가문의 수학자들은 미적분의 응용에 크게 기여했습니다. 응용 분야의 연구 성과들이 나오면서 라이프니츠의 기호법은 급속도로 유럽 수학계에 전파되었습니다. 애국심으로 똘똘 뭉쳐 불편함에도 불구하고 뉴턴의 기호를 고수했던 영국 수학자들은 미적분 응용 연구에 참여하지 못해 영국의 수학은 유럽에 비해 100년이나 뒤처지게 된 겁니다.

진짜 컴퓨터 발명자는 라이프니츠?

아버지의 서재에서 그리스어, 라틴어 등 여러 언어로 쓰여진 다양한 분야의 책을 읽던 천재 소년 라이프니츠는 이런 생각을 했습니다.

'사람들은 말로 자신의 생각을 전하는데, 나라마다 언어가 다를 뿐 아니라 단어 하나에도 여러 가지 뜻이 있어 말로 생각을 전하는 게 쉬운 일이 아니네. 이 세상에 있는 다양하고 복잡한 생각을 단순하게 나타낼 수 있는 언어가 있다면 좋을 텐데.'

라이프니츠의 생각은 꼬리에 꼬리를 물고 이어졌습니다. 일상에서 쓰는 언어에서 애매모호함을 없애고 모든 문화, 모든 학문에서 쓰기 위해선 수학 기호만큼 적당한 게 없을 거란 생각이 들었습니다. 수학 기호를 이용하면 일정한 규칙에 따라 계산하는 것도 가능하고, 사람이 할 수 있는 사고 과정 전체를 그 기호로 나타내면 제대로 된 생각인지 아닌지 계산으로 알아낼 수 있을 거라는 데까지 생각이 미쳤습니다. 말꼬리 잡은 것처럼 보이는 철학의 논쟁을 대수학 문제처럼 풀어 명쾌하게 답을 얻을 수 있는 기호 언어를 꿈꿨던 겁니다. 라이프니츠가 생각한 언어를 '보편언어(Universal Language)'라고 하는데, 그는 스무 살이 되던 해에 〈조합의 기술에 대하여(On the Art of Combinations)〉라는 제목으로 이런 아이디어를 기록했습니다.

생각을 기호로 나타내고 규칙에 따라 계산한다는 아이디어는 19세기 말, 기호논리학과 수리논리학에서 다뤄졌습니다. 보편언어에 관한 연구는 평생 동안 이어졌지만 라이프니츠는 출판하지 않고 서랍 속에 간직했습니다. 나중에 이 원고들이 발견되자, 바로 출판되었다면 논리학의 역사는 200년 정도 앞당겨졌을 거란 평가가 있을 정도였으니 아쉬움이 남는 대목입니다.

보편언어를 꿈꿨던 소년은 스물여섯 살 청년이 되어 당시 문화 선진국인 프랑스의 중심 도시 파리에 갈 기회를 얻었습니다. 1672년부터 1676년까지 파리와 런던을 오가며 당대 최고의 학자들과 교류하면서 수학자로 거듭나고 있던 라이프니츠는 사칙연산을 모두 수행할 수 있는 계산기를 고안하고 실제로 제작해서 런던의 왕립학회에 출품했습니다(1673). 이 계산기는 30년 전 파스칼이 만든 계산기, 파스칼린보다 훨씬 뛰어났습니다. 파스칼린은 덧셈과 뺄셈만 가능했지만 라이프니츠의 계산기는 곱셈, 나눗셈은 물론 제곱근도 구할 수 있었습니다.

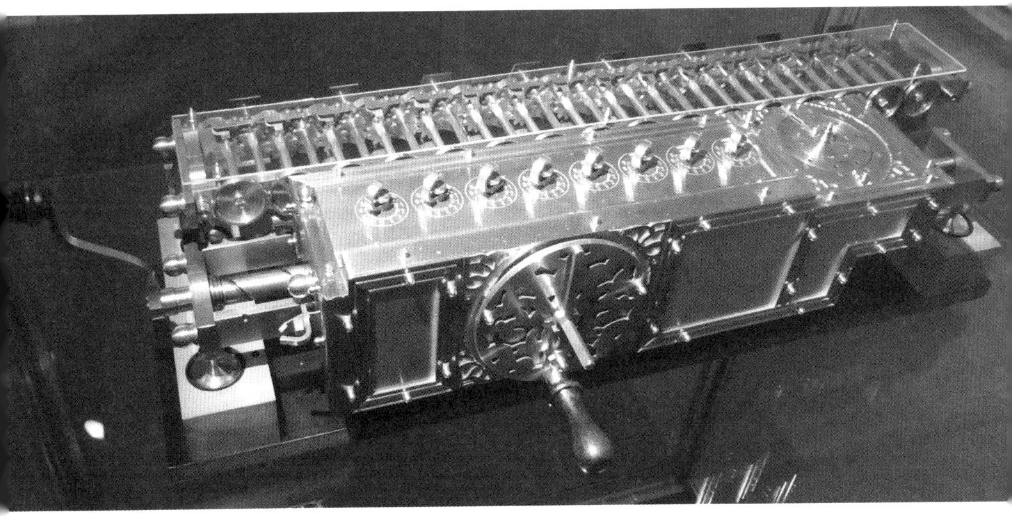

1670년경 라이프니츠의 계산기. 컴퓨터 과학자 니콜라우스 요아킴 레만이 복제해 드레스덴에 있는 기계 컴퓨팅 기술 연구소에 전시했다. ⓒ Dr. Bernd Gross (Wikimedia)

라이프니츠는 이 기계를 고안하면서 0과 1을 사용하는 2진법 아이디어를 떠올렸고, 1679년에는 2진법 체계를 완성했습니다. 라이프니츠는 2진법 체계를 단순히 수와 연산으로 보는 것으로 그치지 않고 간단한 형태의 보편언어로 보았던 것 같습니다. 그는 범용 추론 기계, 오늘날의 컴퓨터와 같은 기계를 구상했는데 0과 1을 이용해 이 기계를 위한 명령어를 작성할 수 있다고 상상했습니다. 라이프니츠가 염두에 두었던 컴퓨터는 전기 신호를 이용하지 않고 대신에 일종의 핀볼 기계처럼 관을 따라 굴러가는 구슬을 이용하는 거였는데, 그 기계에 대해 라이프니츠는 다음과 같이 묘사하고 있습니다.

"용기에 구멍을 여기저기 뚫어 이 구멍들이 열리고 닫히게 한다. 1에 해당되는 자리에서 구멍이 열리고 0에 해당되는 자리에서는 닫혀 있다. 열린 출입문으로 작은 정육면체나 구슬이 용기 속으로 떨어지게 하고, 다른 것들은 일체 들어오지 못하게 만든다."

20세기와 같은 기계, 전자이론이 뒷받침되었다면 컴퓨터의 발명은 라이프니츠에 의해 이뤄졌을 거라는 추측이 결코 무리가 아닙니다. 또한 라이프니츠는 보편언어로 "인류의 모든 지식을 담은 일종의 백과사전"을 써낼 수 있을 거라 상상했습니다. '인류의 지식을 담은 백과사전', 뭔가 떠오르지 않나요? 빅데이터 시대, 수많은 정보가 오가는 정보의 바다, 바로 인터넷입니다. 라이프니츠는 무려 300년 전에 인터넷을 예견했던 겁니다.

라이프니츠의 나이가 쉰 살에 가까워졌을 때, 그는 중국이라는 나라와 그 문화에 대해 관심을 갖게 되었습니다. 그는 예수회 중국 선교사였던 부베 신부가 보내준 놀라운 자료에 매료됐는데, 그 자료는 바

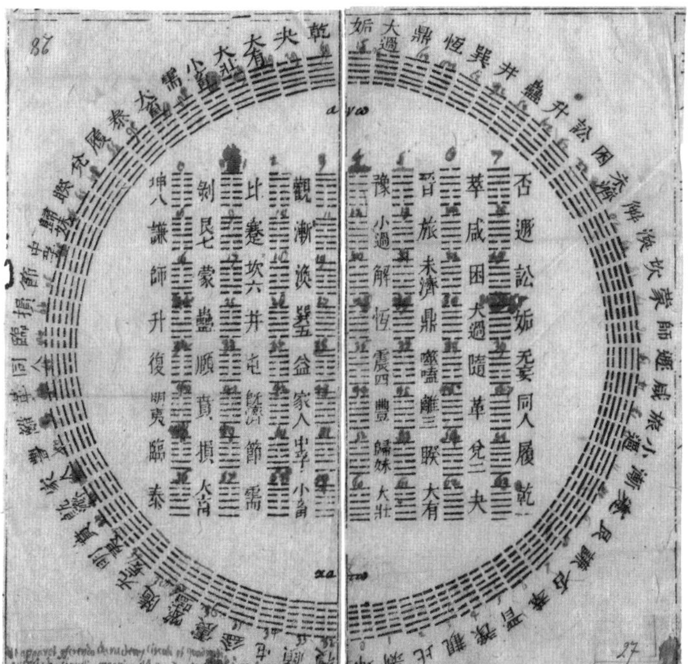

1700년 부베(J. Bouvet) 신부가 라이프니츠에게 보낸《주역》의 64괘. 그림 위에 적혀 있는 아라비아숫자는 라이프니츠가 적어 넣은 것이다.

로《주역(周易)》, 중국 주나라 시대의 점술에 대해 적은 책이었습니다. 유교 경전 중 하나인《주역》은 라이프니츠를 통해 세상에 널리 알려졌습니다. 라이프니츠는 도대체 이 책에서 무엇을 발견한 걸까요?

라이프니츠는 '--'과 '—'의 두 기호를 여섯 층으로 쌓아 올려 만든 주역의 64괘를 0에서 63까지 64개의 수와 대응시켰습니다. 주역의 '--'을 0으로, '—'을 1로 대체하면 0과 1로 모든 수를 표현하는 '2진법 체계'와 같다는 것을 깨달았습니다. 자신이 20년 전에 완성했던 2진법 체계를 멀리 있는 중국의 책에서 발견했으니 무척 놀랐을 겁니다. 뿐만 아니라 중국이라는 완전히 다른 언어를 사용하는 문화권에서도 명확하게 의미를 전달할 수 있는 체계로 2진법을 사용하고 있다는 건 자신이 상상했던 보편언어가 실재한다는 것이니 이를 더 자세하게 파고들어 탐구하고 싶었을 겁니다. 말년에 그가 중국학에 몰두할 충분한 이유가 되었던 거죠.

철학자이자 신학자이기도 했던 라이프니츠는 2진법이 기독교 교리를 잘 설명한다고 생각했습니다. 그는 2진법 체계에 신학적 해석을 덧붙였는데, 0은 아무것도 없는 '무(無)'를, 1은 '신(神)'을 나타낸다고 봤습니다. 모든 수를 0과 1의 두 기호로 나타낼 수 있는 것과 똑같이 신이 무에서 모든 것을 창조했을 것이라 추측했습니다. 선교사들에게서 받은 편지를 통해 중국의 황제가 수학을 좋아한다는 걸 알게 된 라이프니츠는 보편적 진리인 수학을 통해서 황제에게 기독교 교리를 전해 기독교인이 되게 만들 수 있을 거라는 확신을 가졌습니다. 물론 중국에 기독교를 전하는 일은 라이프니츠의 생각처럼 그렇게 낙관적이진 않았습니다.

비록 기독교를 전파하는 데에는 실패했지만, 2진법이 하나님의 창조를 표현하고 있다는 라이프니츠의 생각은 오늘날 우리에게 있어서 현실이 되었습니다. 0과 1의 디지털 세계는 언제 어디서나 편리하게 컴퓨터 자원을 활용할 수 있는 '유비쿼터스'를 넘어서 이제는 '메타버스'라는 가상공간을 창조하고 있습니다. 300년 전에 이미 컴퓨터가 만드는 세상을 내다본 라이프니츠의 안목이 참 놀랍습니다.

수학 외전

수학 DNA, 베르누이 가문

천재 뉴턴과 라이프니츠가 미적분을 발명했지만 이전 세대 수학자들의 업적을 발판으로 해서 만들어진 것입니다. 또한 천재의 아이디어로 만들어진 새로운 학문이 탄탄하게 자리 잡고 사람들에게 받아들여지면서 다양한 응용 분야로 발전해나가는 데에는 여러 학자들의 힘이 필요하기 마련입니다. 유럽 대륙에서 미적분학이 발전하는 데에 크게 공헌을 한 수학자들을 알아볼까요?

수학, 물리, 공학 교과서 여기저기에 '베르누이'라는 이름이 나옵니다. 한 사람이 참 많은 분야를 연구했다 싶은데, 사실 '베르누이'는 성(姓)입니다. 교과서에 실릴 정도로 유명한 수학자, 과학자 들이 전부 다 한집안 사람인 겁니다. 베르누이 가문은 100년 사이에 세계적으로 이름 있는 수학자를 여덟 명이나 배출한 보기 드문 집안입니다. 그중 야코프(Jacob Bernoulli)과 요한(Jahann Bernoulli) 형제는 라이프니츠와 교류하면서 미적분을 발전시켰습니다.

수학 명망가 베르누이 가문은 야코프에서 시작되었습니다. 야코프는 아버지의 뜻에 따라 당시 가장 인기 있는 직업인 신학자가 되기 위해 신학, 철학을 공부했지만, 사실 수학, 물리학에 큰 관심을 가지고 있었습니다. 독학으로 수학 공부를 하던 중 라이프니츠의 논문을 접하고 미적분이라는 최신 학문에 빠져들어 라이프니츠에게 편지를 보내 미적분에 대해 배우는 한편, 열세 살 아래 어린 동생 요한에게 가르쳤습니다. 미적분의 기초를 다지는 연구 성과와 선구적인 확률론 연구를 지속적으로 출판한 야코프는 스위스 바젤

대학의 수학 교수가 되었습니다. 마냥 어리기만 했던 동생 요한도 훌륭한 수학자로 성장해서 라이프니츠와 두 형제는 미적분과 그 응용에 대해 공동 연구를 하게 되었습니다. 후에 라이프니츠는 베르누이 형제가 자기와 함께 '미적분학의 건설자'라고 말할 정도였습니다.

야코프의 동생 요한은 의학을 공부하고 의사 면허증까지 땄지만 형에게서 수학을 배우면서 진로를 바꿨습니다. 당대 최고의 수학자였던 라이프니츠와 편지를 주고받으며 미적분 발전에 크게 기여하면서 수학자로 인정받게 되었습니다. 이후 요한은 프랑스 귀족 로피탈(Guillaume de l'Hôpital)에게 미적분을 가르치며 후원을 받았는데, 이 과정에서 불공정 계약이 이뤄졌습니다. 요한이 새로운 수학적 발견을 하게 되면 오로지 로피탈에게만 알려야 하고 출판도 그의 허락 없이 할 수 없다는 내용이었죠. 계약 기간이 끝나고 1696년, 로피탈은 미적분학에 관한 책을 출간했는데 그 내용은 요한의 연구에 바탕을 둔 것이었습니다. 분수 형태 함수의 극한 계산을 할 때 도움을 주는 '로피탈의 정리' 역시 요한 베르누이가 발견한 것입니다.

요한의 아들 다니엘 베르누이(Daniel Bernoulli)는 수학 천재들이 널린 베르누이 가문에서 가장 뛰어난 천재로 여겨집니다. 의학을 공부했지만 의사의 길을 걷지 않은 데에 대한 미련이 있었는지, 요한은 자기 아들 다니엘에게 의학 공부를 권했습니다. 다니엘은 아버지의 뜻에 따라 의학 공부를 하면서도 틈틈이 수학을 공부했습니다. 베르누이 가문의 수학 DNA가 발현되었던 거죠. 다니엘은 액체의 흐름, 특히 혈액이 흐르는 속도와 혈압의 관계를 연구했습니다(의학 공부를 하는 중 아이디어를 얻었을 것으로 추측됩니다). 이를 통해 유체(공기나 물처럼 흐를 수 있는 기체 또는 액체)의 속도가 빠르면 압력이 감소하고, 속도가 느리면 압력이 증가한다는 '베르누이의 법칙'과 '베르누이 방정식'을 발견했습니다. 이 발견은 유체역학의 발전에 크게 기여했습니다.

지도와 연표로 보는 수학사

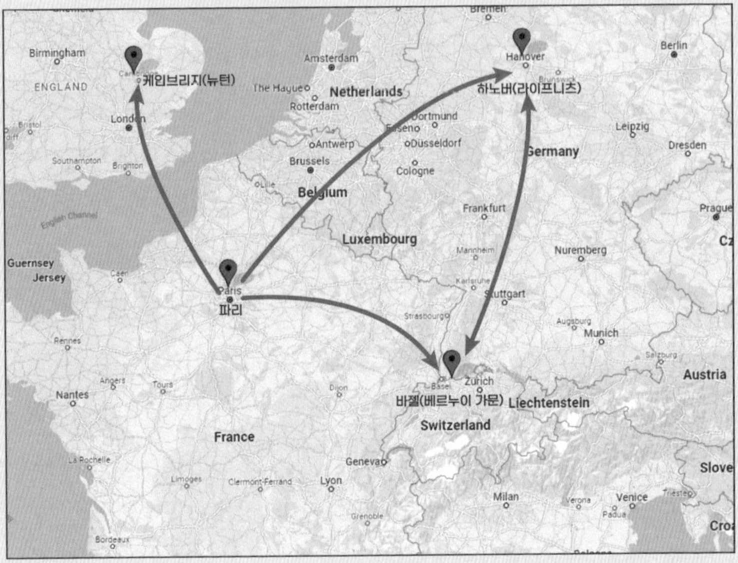

연표

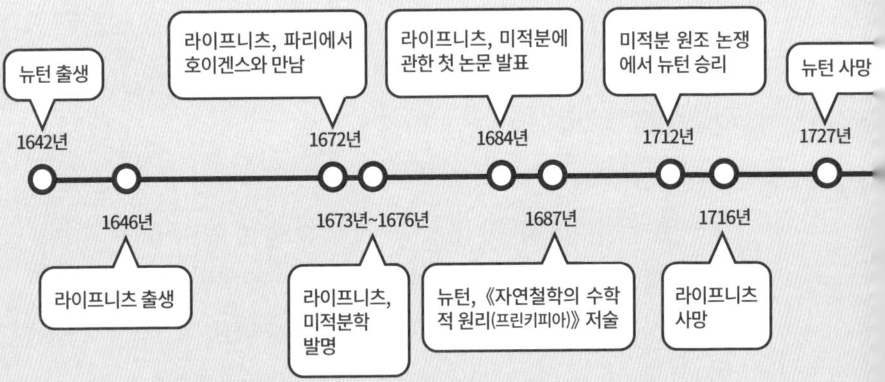

1660년대, 수학의 근대가 열리다

17세기를 살았던 두 과학자의 삶을 간략히 살펴보는 것만으로도 17세기 100년 사이에 세상이 과학을 대하는 태도가 놀랍게 변했다는 것을 알 수 있습니다. 종교재판에서는 지동설을 부인했지만 재판정을 나와서는 '그래도 지구는 돈다'는 말을 남긴 갈릴레이가 세상을 떠난 해는 1642년이었습니다. 같은 해 태어난 아이작 뉴턴은 만유인력 개념으로 태양계의 운동을 설명한 과학적 업적을 인정받아 기사 작위를 받았으며, 죽은 후에는 영국 왕과 위인들이 묻히는 웨스터민스터 사원에 안장되기까지 했습니다. 새로운 지식을 추구하는 과학적 태도가 신을 거스른다고 생각했던 중세가 끝나고 종교를 뒷받침하고 번성하게 만드는 과학을 환영하는 근대의 문이 열린 겁니다.

17세기 유럽의 강대국 프랑스의 토론 문화는 수학계에도 영향을 끼쳐 여러 천재 수학자들이 교류하면서 해석기하학, 확률론 등 새로운 수학의 영토가 개척되었습니다. 이런 토대 위에 뉴턴과 라이프니츠가 미적분을 발명했습니다. 각각 영국과 독일 출신인 두 수학자 모두 당시 최신 수학이었던 데카르트의 저서를 연구하면서 미적분의 아이디어를 발전시켜 나갔으므로 수학적 태생은 프랑스라 할 수 있습니다.

뉴턴과 라이프니츠 사이의 미적분 원조 논쟁으로 영국 수학자들은 자기 나라 사람인 뉴턴에게 충성을 지키며 그의 미적분학과 표기법만 사용했습니다. 반면 유럽 대륙의 수학자들은 라이프니츠의 미적분학에 바탕을 두고 활발하게 교류하며 미적분학의 기초를 다지는 동시에 미적분을 다양한 분야에 응용했습니다. 덕분에 유럽 대륙의 수학이 이룬 발전은 18세기 전체를 통틀어 영국의 발전을 훨씬 더 앞질렀습니다.

PART 09

'세상에서 가장 아름다운 공식'을 만든 오일러

$$e^{i\pi} + 1 = 0$$

레온하르트 오일러 Leonhard Euler

출생 - 사망	1707년~1783년
출생지	스위스 바젤
직업	수학자, 천문학자, 물리학자

92권의 전집과 866편에 달하는 논문을 작성해서 인류 역사상 가장 많은 논문을 쓴 수학자. 더 놀라운 사실은 시력을 잃은 후 쓴 논문 수가 더 많다는 것. 독일과 러시아 학술원 소속의 학자로 평생 성실하게 연구에 집중했고 죽기 직전까지 천왕성 궤도를 계산했다고 한다. 수학자들이 가장 아름답다고 한 공식도 그가 발견한 것이다.

실명한 후 더 많은 논문을 발표했다고?

'아름답다'고 느끼는 수학 공식

대중에게 인기 많은 물리학자 리처드 파인만(Richard Feynman)은 물리학을 강의할 때, 방정식 하나를 칠판에 써놓고 '수학 전체에서 가장 놀라운 공식'이라 소개했습니다. 도대체 어떤 공식이었을까요?

1988년, 최신의 수학 연구에 관한 기사를 싣는 수학 학술지 〈Mathematical Intelligencer〉에서 전 세계 수학자들을 대상으로 인기 투표를 했습니다. 널리 알려진 공식 24개를 제시하고, 본인 생각에 역사상 가장 아름다운 수학 공식을 고르라고 한 겁니다. 2년이나 걸린 투표에서 가장 많은 표를 받아 1위에 뽑힌 공식은 무엇이었을까요?

2014년, 런던대학 신경과학 연구팀에서 15명의 수학자들에게 60가지 공식을 제시하면서 그 공식의 아름다움을 -5점에서 5점까지 점수를 매겨 평가해달라고 했습니다. 그런 다음 수학자들의 뇌기능자기공명영상을 찍으면서 같은 공식을 보여주었습니다. 연구진들은 수학자들이 높은 점수를 줬던 공식을 다시 봤을 때 시각적·음악적 아름다움의 경험과 관련된 뇌 부분들이 활발한 활동을 보였다는 결과를 내놓았습니다. 가장 높은 점수를 받은 공식이 뇌 스캔 사진에서도 가장 활발한 활동을 보였다고 하는데, 그 공식은 무엇이었을까요?

앞의 세 가지 질문에 대한 답이 되는 공식은 18세기 천재 수학자 오일러(1707~1783)와 관련이 있습니다. 바로 오일러 공식이라 불리는 다섯 개의 숫자(e, i, π, 1, 0)로 이루어진 다음 식입니다.

$$e^{i\pi} + 1 = 0$$

이 식에서 e는 자연현상, 경제현상에서 자주 발견되는 중요한 상수여서 '자연상수'라는 이름을 가진 수인데, 구체적인 값은 약 2.7182818284…입니다. i는 제곱하면 -1이 되는 수, 즉 $i^2 = -1$을 만족시키는 복소수이고, π는 초등학교 때 원의 넓이, 둘레를 계산할 때 나오는 수 3.14로 원주율, 즉 원둘레와 지름의 비율입니다. e와 π는 소수점 아래 숫자가 무한히 계속되는 무리수고, i는 존재하지 않는 상상의 수, 허수입니다. 1과 0은 우리가 아주 어릴 적, 수를 세기 시작할 때부터 아는 너무나 친숙한 수입니다. 1은 덧셈을 사용해서 모든 숫자를 만들어낼 수 있습니다. 0은 아무것도 없음을 나타내는 수이면서 아주 큰 수를 쉽게 만들어주기도 하고 음수로 넘어가는 다리 역할도 해줍니다. 또한 오늘날 컴퓨터는 0과 1, 이 단순한 두 개의 숫자만을 이용하는 2진법을 사용하고 있죠.

오일러는 이렇듯 연관 없어 보이는 수들을 결합해서 아주 간결한 식을 만들어냈습니다. 수학자들이 객관적으로 인정하는 '놀랍도록 아름다운' 수학 공식인데, 어디가 아름다운 걸까요? '아름다움' 하면 예술 작품이나 풍경 등을 떠올리기 마련인데 수학 공식에서 아름다움을 찾다니 물리학자, 수학자 들 사이에서 통하는 남다른 아름다움이 있나 봅니다.

세상에서 가장 아름다운 공식이 있으니, 가장 추하고 못생긴 공식도 존재할 거란 생각이 듭니다. '세상에서 제일 못생긴 공식'이라는 키워드로 검색을 해보니 다음과 같은 공식이 나오더군요. 인도 수학자 라마누잔(Srinivasa Ramanujan)이 제시한 원주율 π에 관한 공식입니다.

$$\frac{1}{\pi} = \frac{2\sqrt{2}}{9801}\sum_{k=0}^{\infty}\frac{(4k)!(1103+23690k)}{(k!)^4\,396^{4k}}$$

수학에서는 간결하고 단순하게 표현되면서도 독창적이고 핵심을 잘 담고 있는 것을 '아름답다'고 합니다. 라마누잔이 제시한 식은 원주율 π의 값을 빠르고 정확하게 계산하는 데에는 효과적일지 몰라도 복잡하고 '지저분하다'고 느껴집니다. 보는 것만으로도 머리가 아프죠. 반면 오일러 공식은 단순하면서도 중요한 핵심을 독창적인 방법으로 잘 담고 있기 때문에 사람들이 좋아합니다. 수학자들은 간결하고 단순하면서, 독창적이고, 중요한 내용의 핵심을 잘 나타내는 것을 아름답다고 얘기합니다. 여기에 대칭적인 구조를 가지면서 조화로운 모습을 드러내면 더욱 아름다운 것이고요.

수학자들이 아름답다고 표현하는 것

1. 단순하고 간결함: 짧게 표현되고 고도로 추상화되어 있다.
2. 독창성: 기존의 생각과는 다른 새로운 개념을 제시한다.
3. 핵심에 접근: 일반적이고 전반적으로 적용되는 중요한 내용을 담는다.
4. 조화로움: 대칭적이 구조를 갖거나 전체적인 형태가 조화를 이룬다.

베르누이 가문의 친구

그럼 우선 가장 아름다운 공식을 만든 오일러는 어떤 인물인지 알아볼까요?

라이프니츠와 함께 미적분을 발전시킨 베르누이 형제에 대해 앞에서 이야기했는데, 오일러와 베르누이 가문은 매우 깊은 인연을 가지고 있습니다. 오일러의 아버지 폴은 야코프 베르누이에게 수학을 배웠지만 신학을 택해 목사가 되었습니다. 오일러도 아버지를 따라 목사가 되고 싶었지만, 바젤대학 교수이자 당대 최고의 수학자였던 요한 베르누이가 그의 재능을 발견하고 "위대한 수학자가 될 운명을 타고났다"면서 수학자의 길을 걷도록 설득했습니다. 자신이 직접 일주일에 한 번 소년을 위해 특별 과외를 해주겠다고 하면서 말입니다.

성실하게 공부한 오일러는 열세 살의 나이에 바젤대학에 입학했고, 대학을 졸업할 때까지 요한 베르누이의 특별 지도를 받았습니다. 요한 베르누이의 아들 다니엘은 오일러의 친구가 되어 여러모로 도움을 주었습니다. 스무 살의 오일러가 상트페테르부르크에 있는 러시아 학술원을 첫 직장으로 잡을 수 있던 것도 먼저 수학부 교수로 있던 다니엘이 추천했기 때문이었습니다. 1733년 다니엘이 스위스로 돌아갈 때까지 6년 동안 두 사람은 물리학과 수학에 관해 함께 연구했는데, 이들의 연구는 이후 몇 세기 동안 유럽 과학의 초석이 되었습니다. 후에 다니엘의 동생 요한 2세의 막내아들 야코프 2세가 오일러의 손녀와 결혼하여 두 집안이 사돈 사이가 됐을 정도이니 참 깊은 인연이라고 할 수 있겠죠?

베르누이와 오일러의 가계도

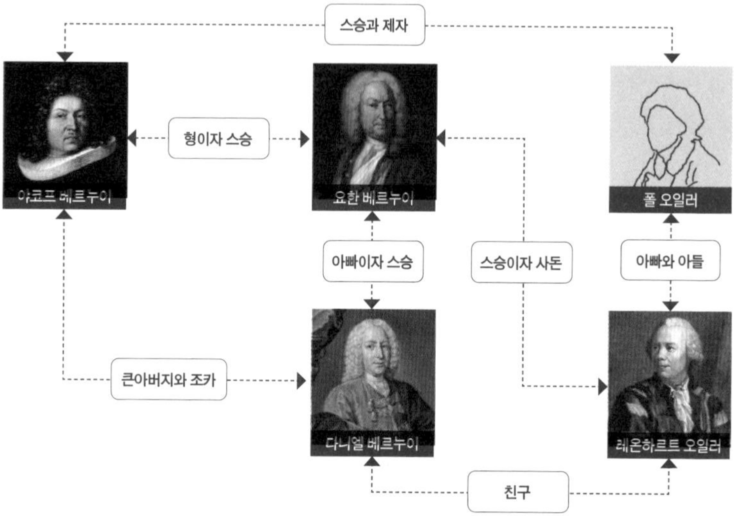

성실하고 열정적인 학자

미적분과 고전역학을 탄생시킨 뉴턴이 세상을 떠난 1727년, 오일러는 상트페테르부르크 학술원에서 학자의 길을 시작했습니다. 뉴턴의 시대가 끝나고 오일러라는 새로운 천재의 시대가 열렸다는 것을 암시하는 듯합니다. 오일러가 수학자로서 커리어를 막 시작했을 때,

해석기하학이 나온 지는 90년, 미적분학은 50년, 뉴턴의 만유인력은 40년이 되고 있었습니다. 이들 학문의 기초는 아직 논리적으로 엄밀하진 않았지만, '변화'를 다뤄 우주 만물을 해석하는 새로운 방법으로 쓸 수 있는 무척 매력적인 학문이었습니다. 오일러는 이 학문들을 이용해 할 수 있는 것이 무엇인지 모두 알아내려는 듯, 미적분학을 발전시켜 역학, 천문학, 광학, 탄도학 등 다양한 분야에 응용해나갔습니다. 이 과정에서 오일러는 수학 기호를 체계화시켰죠. 오늘날 교과서에서 흔히 보는 표현들이 오일러가 처음 만들어낸 것입니다. 상수를 나타낼 때는 a, b, c 를 사용하고, 미지수를 나타낼 때는 x, y, z를 사용하는 관습은 물론, 제곱해서 -1이 되는 허수를 기호 i로 쓰고, 수열의 합을 나타내기 위해 그리스 문자 $\sum$(시그마)를 사용하는 것도 오일러가 처음 시작했습니다. 함수를 나타낼 때, 기호 $f(x)$를 사용하거나 삼각함수를 나타내는 약어 sin, cos, tan 그리고 자연상수 e와 같은 것들도 마찬가지고요. 또 원주율 기호 π(파이)도 처음 쓴 사람은 윌리엄 존스지만 오일러가 사용하면서 표준으로 굳어졌다고 합니다.

러시아 상트페테르부르크와 독일 베를린, 이 두 곳의 학술원을 직장으로 가졌던 오일러는 50여 년의 세월 동안 수학, 천문학, 물리학뿐만 아니라 의학, 식물학, 화학 등 다양한 분야에 걸쳐 쉼 없이 연구했습니다. 이미 있던 학문이 그의 손에 의해 발전되었으며 새로운 분야가 만들어졌습니다. 그가 시작한 변분학, 미분방정식, 복소함수 이론, 그래프 이론 등의 연구는 새로운 수학 분야의 기초가 되었습니다.

오일러는 학자로서 연구만 하는 게 아니라 대중에게 과학을 알리는 데에도 열심이었습니다. 베를린 학술원에 있을 때, 오일러는 프리드리히 2세의 조카딸의 가정교사 역할까지 맡아 과학을 가르쳤습니다. 하늘이 파란 이유, 달이 떠오를 때 더 크게 보이는 이유 등 일반적인 과학 내용을 쉽게 적은 편지를 200통이 넘게 써 보냈는데, 이 편지들은 나중에《독일 왕녀에게 보내는 편지》라는 책으로 유럽과 미국에서 출판되어 베스트셀러가 되었습니다. 또한 그가 쓴 저서《무한해석 개론(Introduction in Analysis Infinitorum)》(1748),《미분학 원리(Institutiones Calculi Differontial)》(1755)는 사람들이 미적분학을 비교적 쉽게 이해하도록 하는 교과서가 되었습니다.

산책로를 찾아라 - 쾨니히스베르크 다리 문제

오일러는 어려운 퍼즐 문제 푸는 것을 아주 좋아했습니다. 오랫동안 아무도 풀지 못했던 난제들을 척척 풀어내는 최고의 문제 해결사였죠. 아무리 어려운 문제라도 오일러에게 물으면 며칠 안으로 답이 나왔습니다. 오일러가 해결한 문제 중 가장 유명한 것이 바로 쾨니히스베르크 다리 문제입니다. 쾨니히스베르크(Konigsberg)는 프로이센의 수도이며 지금은 러시아의 칼리닌그라드입니다. 이 도시는 세계적인 철학자 칸트와 수학자 다비트 힐베르트(David Hilbert)의 고향으로도 유명하죠.

20대 후반의 젊은 오일러가 상트페테르부르크 학술원에 있던 1735년, 당시 프로이센의 쾨니히스베르크에 사는 사람들은 강 중심섬과 연결된 일곱 개의 다리를 건너 오가며 산책했습니다. 사람들은 재미 삼아 '각각의 다리들을 한 번씩만 지나 모든 다리를 건너가는 산책로를 찾을 수 있을까?' 하는 문제를 만들었죠. 그런데 생각보다 쉬운 문제가 아니었던 겁니다. 이 문제에 대해 많은 논쟁이 오갔지만 명쾌한 답을 내놓는 사람이 없었습니다.

이 문제를 들은 오일러는 쾨니히스베르크 다리가 그려진 지도를 보고 문제 해결의 핵심이 무엇일까 고민했습니다. 다리의 길이나 섬의 모양이 아니라 다리와 섬 사이의 관계가 핵심이라는 결론에 이르자 구체적인 다리와 섬의 모양은 버리고 섬은 점으로, 다리는 선으로 나타내 연결한 간단한 그림을 그렸습니다. 점과 선으로만 이뤄진 그림을 '그래프', 연필을 떼지 않고 각각의 선을 한 번씩만 지나 그리는 것을 '한붓그리기'라고 합니다. 이제 모든 다리를 한 번씩만 건너는 산책로 찾기 문제는 4개의 점을 7개의 선으로 연결한 아래 그래프를 한 붓그리기로 그릴 수 있는지 알아보는 문제로 바뀐 겁니다.

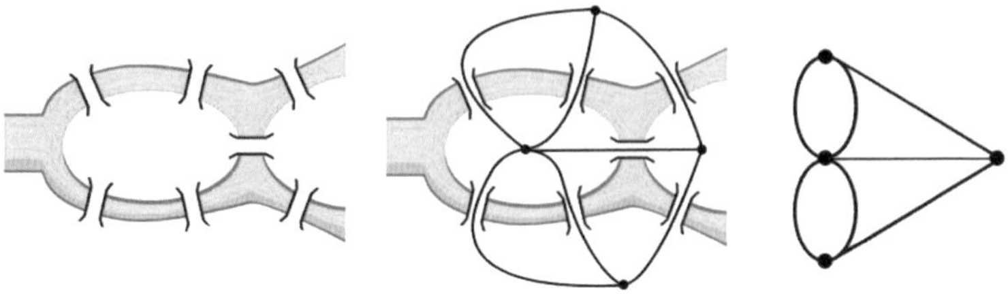

쾨니히스베르크 다리 문제. 점과 선으로 간단하게 나타냈다.

오일러는 이 도형을 한 번에 그리려면 시작점과 마지막 도착점을 뺀 다른 점들은 들어가는 선과 나오는 선이 있어야 다른 점으로 갈 수 있다는 것을 알아챘습니다. 즉 점에 연결된 선의 개수가 짝수일 때만 같은 선을 지나지 않고 다른 점으로 갈 수 있는 거죠. 그래서 오일러는 한 점에서 만나는 선의 개수를 그 점의 '차수(degree)'라고 이름 붙이고 각 점에 대해 차수를 구했습니다.

점에 연결된 선의 개수가 5이므로 이 점의 차수는 5입니다.

쾨니히스베르크의 다리를 간단히 나타낸 앞의 그림에 각 점의 차수를 적어보세요. 모든 점의 차수가 홀수라는 것을 금방 알 수 있을 겁니다. 이 얘기는 다리를 한 번씩만 건너서는 모든 다리를 건널 수 없다는 뜻입니다. 그래서 오일러는 '모든 다리를 한 번씩만 건너는 산책길은 없다'는 결론을 내렸습니다.

산책길을 찾는 문제를 가뿐히 해결한 오일러는 여기서 한 걸음 더 나갔습니다. 어떤 경우에 연필을 떼지 않고 각각의 선을 한 번씩만 지나 그릴 수 있는지 밝혀낸 겁니다.

"한붓그리기가 가능한 그래프에서 차수가 홀수인 점의 개수는 0 또는 짝수이다."

1736년, 오일러는 이 내용을 담은 논문을 상트페테르부르크 학술원에 제출했는데, 이 논문은 그래프 이론 분야 최초의 논문으로 평가되고 있습니다. 섬을 점으로, 다리를 선으로 나타내어 도형 사이의 관계에 초점을 맞춘 오일러의 아이디어는 그래프 이론과 위상수학으로 발전해갔습니다.

2014년 우리나라에서 열린 세계수학자대회를 기념해 수학을 주제로 한 우표가 발행되었는데, 여기에도 한붓그리기에 관한 오일러의 정리가 들어가 있습니다. 오늘날 그래프 이론은 반도체 집적회로 설계, 컴퓨터 기억 장치 배열, 최적 경로 찾기, 인터넷 사용자의 사회적

네트워크 분석, 감염 경로 분석 등 수없이 많은 분야에서 이용됩니다.

Quiz. 산책로를 위한 다리 공사

오일러는 오른쪽과 같은 그림으로 '모든 다리를 한 번씩만 건너는 산책로는 없다', 즉 한붓그리기가 불가능하다는 것을 밝혔습니다. 그런데 다리를 더 놓으면(두 점을 잇는 선을 하나 더 그으면), 가능합니다. 어떻게 다리를 놓아야 할까요?

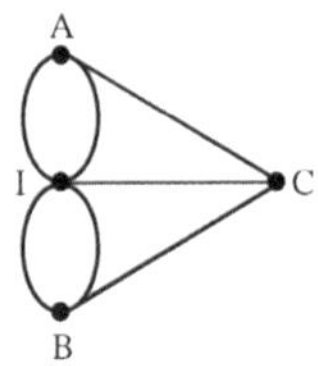

Answer.

만약 섬 I와 강둑 C 사이에 다리를 새로 지으면 I와 C의 차수는 모두 짝수가 됩니다. 이것은 A에서 출발해 모든 다리를 한 번씩만 건넌 후 B에서 산책을 마칠 수 있다는 뜻입니다.

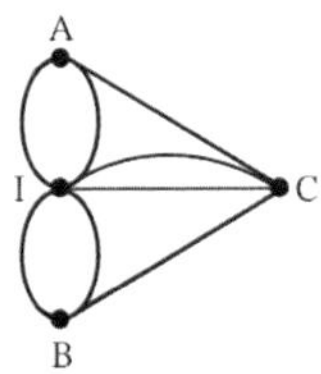

만약 A와 B 사이에도 다리를 놓는다면, 모든 점의 차수가 짝수가 됩니다. 이렇게 되면 어느 점에서 산책을 시작하더라도 모든 다리를 다 건너고 돌아올 수 있게 됩니다.

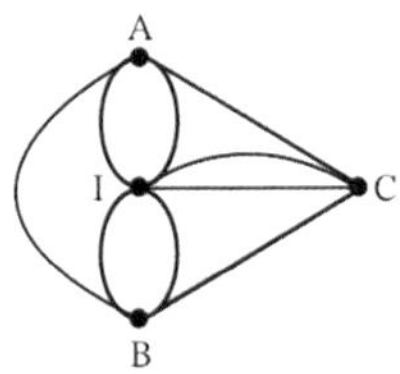

오일러 공식 – 허수의 존재 의미를 찾다!

이제 슬슬 처음에 이야기했던 '가장 아름다운 공식'으로 돌아가보죠. 혹시 16세기 삼차방정식의 해법을 두고 카르다노와 타르탈리아가 격렬하게 다퉜던 이야기, 기억하시나요? 그 이야기의 주인공 카르다노는 '근호 안의 음수', 즉 제곱해서 음수가 되는 수가 있다는 사실과 그 수를 가지고 하는 계산을 기록한 첫 번째 인물입니다. 카르다노 이후 이탈리아 공학자 라파엘 봄벨리(Rafael Bombelli)에 의해 $x^2 + 1 = 0$ 이라는 방정식의 해가 되는 $\sqrt{-1}$ 의 개념이 제대로 소개됩니다.

200년이 넘도록 수많은 수학자들이 음수가 제곱근을 가진다는 것은 불가능하다고 주장했습니다. 해석기하학의 기틀을 마련한 데카르트가 실제로 존재하지 않는 '상상의 수(imaginary numbers)'라고 조롱하듯이 붙인 이름에서 허수라는 명칭이 나왔습니다. 왜 허수가 필요한지 도무지 알 수 없었던 당시의 수학자들은 허수의 존재를 제안한 사람들을 비웃었습니다.

오일러 이전에는 실수와 허수를 섞어 계산한다는 생각조차 하지 못했습니다. 오일러는 $\sqrt{-1}$을 나타내기 위해 i라는 기호를 도입하고 이를 이용해 계산했습니다. 기호법의 정비가 대수학에 얼마나 큰 영향을 줬는지 〈PART 06〉에서 봤듯이, i의 도입으로 허수는 그 자신의 존재 의미를 드러내게 됩니다.

오일러 공식은 오일러 항등식이라 불리는 다음 식에서 이끌어낼 수 있습니다.

$$e^{i\theta} = \cos\theta + i\sin\theta$$

자연상수 e는 지수함수 계산에 쓰였고, 원주율 π는 삼각함수 계산에 쓰이는 수였습니다. 각기 독자적으로 발견, 개발되고 서로 고유의 영역을 이루고 있어서 여간해서는 만날 일 없던 수들이었죠. 오일러는 과감하게 지수함수의 위치에 허수를 넣었습니다. 지수는 실수 범위에서만 정의되기 때문에 당시에는 허수를 지수로 갖는 함수가 있을 리 없다는 생각이 지배적이었습니다. 오일러의 용감한 시도로 실수와 허수를 결합한 복소수를 생각하게 되고, 이를 실수축과 허수축으로 이루어진 복소평면이라는 공간에 표현하게 되었습니다.

뿐만 아니라 지수함수와 삼각함수 사이의 관계를 밝힘으로써 자연현상을 미분방정식으로 나타낼 수 있게 되었습니다. 자연 속의 여러 현상은 일정한 시간을 두고 반복하는 경우가 많습니다. 이런 현상을 주기함수인 삼각함수로 표현할 수 있는데, 삼각함수를 미분, 적분하는 계산은 무척 복잡합니다. 그런데 지수함수는 미분을 해도, 적분을 해도

형태가 변하지 않는 '착한' 함수입니다. 오일러 항등식으로 어려운 삼각함수 계산을 (상대적으로) 쉬운 지수함수로 바꿀 수 있게 된 겁니다.

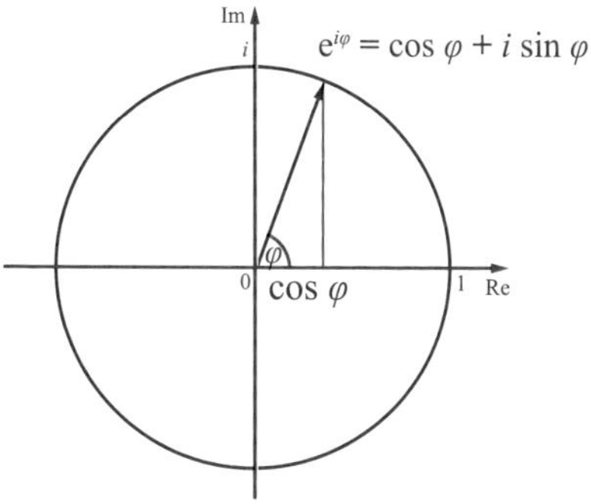

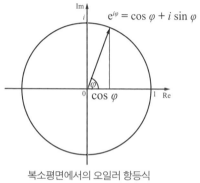

복소평면에서의 오일러 항등식

만일 허수가 없었더라면 현대 물리학의 핵심적인 개념들은 나올 수 없었을 겁니다. 허수 덕분에 물리학자들은 조류 변화, 상대성이론, 신호 처리, 유체역학, 양자역학 같은 방대한 분야의 온갖 다양한 계산을 효율적으로 처리할 수 있었던 거죠.

세상에서 가장 아름다운 공식, $e^{i\pi} + 1 = 0$은 위의 오일러 항등식의 x 자리에 π를 대입하면 쉽게 얻을 수 있습니다. ($\cos\pi = -1$이고, $\sin\pi = 0$이라는 사실을 이용하면 되니까, 한번 해보세요!)

허수 이야기가 나왔으니 한 가지 더 생각해볼까요? 허수 i의 i 거듭제곱의 값은 도대체 얼마일까요? 허수의 허수 거듭제곱이라니, 참 난감합니다. 그런데 놀랍게도 오일러 공식을 이용해서 이 값을 구할 수 있습니다.

우선 x 자리에 $\frac{\pi}{2}$를 대입하면 다음을 얻습니다.

$$e^{\frac{\pi}{2}i} = \cos\frac{\pi}{2} + i\ \sin\frac{\pi}{2} = i\ \ (\because \cos\frac{\pi}{2} = 0,\ \sin\frac{\pi}{2} = 1)$$

양변을 모두 i 거듭제곱하면 다음과 같습니다.

$$(e^{\frac{\pi}{2}i})^i = i^i$$

$i^2 = -1$이므로 좌변의 지수는 $-\frac{\pi}{2}$가 되고, 다음을 얻습니다.

$$i^i = e^{-\frac{\pi}{2}}$$

$e^{-\frac{\pi}{2}}$ 은 약 0.208의 값을 갖는 실수입니다.

위의 계산을 통해 i^i가 실수라는 것을 발견한 오일러는 친구에게 보내는 편지에 "나는 너무나도 놀랐다"라고 썼습니다. 자신의 손끝에서 새로운 사실이 발견됐을 때, 놀람과 동시에 황홀한 즐거움을 느꼈을 거란 생각이 듭니다.

오일러 공식이 아름다운 이유

세상에서 가장 아름다운 오일러 공식을 다시 볼까요?

$$e^{i\pi} + 1 = 0$$

이 공식이 세상에서 가장 아름다운 공식으로 꼽히는 데에는 만든 사람이 오일러이기 때문이라는 이유가 분명 있을 것 같습니다. 새로운 수학 이론을 만들어 사람들이 풀지 못하고 있던 문제들을 풀어내는 천재적인 문제 해결사였던 오일러는 능력적인 면에서 봐도 사랑받을 만합니다. 그런데 사람들은 그의 천재적 능력보다 그의 인간적인 면모를 더 사랑하고 나아가 존경합니다. 오일러는 평생 열정적으로 수학에 몰입했고 죽음이 다가온 마지막 순간까지도 수학을 연구했습니다. 바로 이 점 때문에 사람들은 더욱 오일러를 사랑합니다.

오일러의 초상화를 살펴보면 주로 왼쪽 얼굴 부분을 보여주고 오른쪽 눈이 부자연스러워 보입니다. 열정적으로 연구에 몰입하다 1738년, 서른한 살의 나이에 오른쪽 시력을 잃었기 때문입니다. 기한 내에 계산을 해야만 하는 문제를 상트페테르부르크 학술원의 여러 학자들이 몇 달이 걸려도 해결하지 못하자 오일러가 집중하여 3일 만에 계산했

1753년 그려진 오일러의 초상화.

는데, 이때 무리한 것이 원인이 되어 시력을 잃었다는 이야기가 전해집니다.

오일러에게 고난은 여러 모습으로 찾아왔습니다. 오일러는 스물네 살에 결혼해서 13명의 아이를 낳았는데, 그중 8명의 아이들을 하늘나라로 먼저 떠나보내야 했습니다. 서른한 살, 힘들게 얻은 직장에서 열심히 일하다가 과로로 갑자기 한쪽 눈의 시력을 잃었습니다. 새로 옮긴 직장에서는 상사에게 대놓고 무시당했지만 25년 동안 성실하게 근무하며 인정해줄 것을 기대했습니다. 예순을 앞두고 그 기대가 깨져 첫 직장으로 돌아왔습니다. 예순네 살, 어렴풋이 보이던 한쪽 눈마저 수술에 실패해 사람 얼굴이나 근처 물건조차 볼 수 없게 되었습니다. 집에 불이 나 심혈을 기울여 작성한 원고가 다 타버렸습니다.

오일러는 이런 고난을 하나하나 이겨냈습니다. 수학자의 길을 가기 전, 목사가 되라는 아버지의 가르침을 통해 얻은 신앙이 그에게 큰 힘이 되었던 겁니다. 오일러는 점점 시력이 나빠지는 것이 느껴지자 종이에 쓰지 않고 암산으로 계산하는 연습을 하고 좀 더 많은 지식을 기억하려 애썼습니다. 양쪽 시력을 모두 잃게 된 상황에서도 "마음을 산만하게 하는 것이 하나 줄었다"라고 말하며 긍정적인 면을 찾아냈습니다. 집은 불탔지만 목숨을 건질 수 있었던 것에 감사하면서 아들과 조수의 도움을 받아 불타버린 원고를 천부적인 기억력을 이용해 다시 썼습니다. 늘 머릿속으로 숫자들을 계산하고 기억해둔 내용을 조수에게 받아쓰게 해서 새로운 논문을 썼습니다.

놀랍게도 오일러는 앞을 볼 수 있었을 때보다 실명한 후에 오히려 더 많은 논문을 발표했습니다. 예순여덟 살이었던 1775년, 오일러가 발표한 논문은 52개였습니다. 평균 일주일에 논문 1편을 발표한 겁니다. 남들은 평생을 바쳐도 해내기 어려운 굉장히 수준 높은 논문을 단 한 해 동안 쏟아냈습니다. 시력을 잃은 후 생의 마지막 17년 동안 오일러는 아들과 조수의 도움으로 자신의 전체 업적 중 절반 이상을 작업했습니다. 베토벤(1770~1827)이 청력을 잃고도 많은 작품을 남긴 것에 비유해서 오일러를 '수학계의 베토벤'이라고 하는데, 사실 베토벤이 오일러보다 후대의 인물이므로 그를 '음악계의 오일러'라고 부르는 게 맞습니다.

오일러가 이뤄놓은 수많은 수학적 업적만으로도 그를 18세기 대표 수학자로 부르기에 충분합니다. 하지만 고난 중에도 감사하며 성실함과 인내로 모든 어려움을 극복하는 그의 삶이야말로 '세상에서 가장 아름다운 공식'이라는 생각이 듭니다.

지도와 연표로 보는 수학사

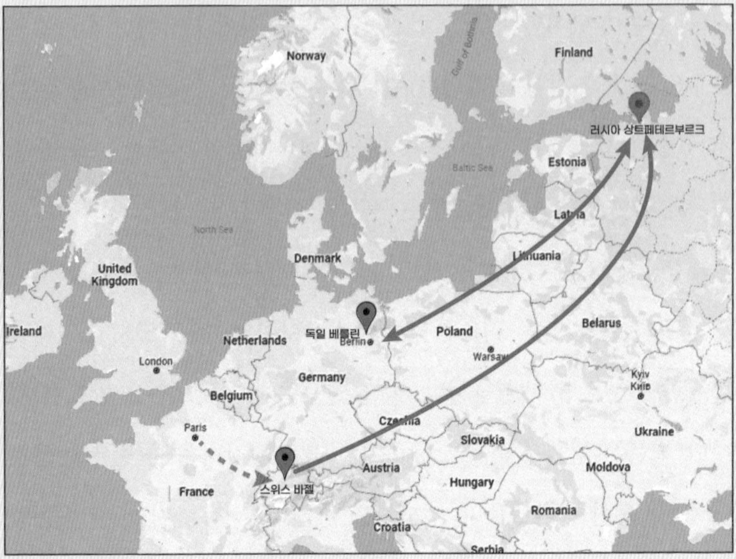

연표

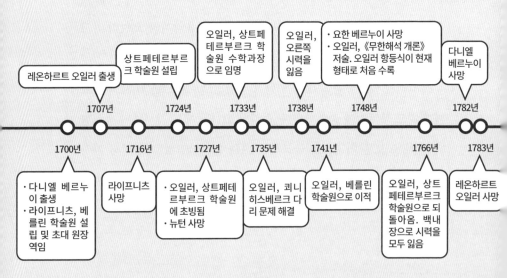

- **1700년**
  - 다니엘 베르누이 출생
  - 라이프니츠, 베를린 학술원 설립 및 초대 원장 역임
- **1707년** 레온하르트 오일러 출생
- **1716년** 라이프니츠 사망
- **1724년** 상트페테르부르크 학술원 설립
- **1727년**
  - 오일러, 상트페테르부르크 학술원에 초빙됨
  - 뉴턴 사망
- **1733년** 오일러, 상트페테르부르크 학술원 수학과장으로 임명
- **1735년** 오일러, 쾨니히스베르크 다리 문제 해결
- **1738년** 오일러, 오른쪽 시력을 잃음
- **1741년** 오일러, 베를린 학술원으로 이적
- **1748년**
  - 요한 베르누이 사망
  - 오일러, 《무한해석 개론》 저술. 오일러 항등식이 현재 형태로 처음 수록
- **1766년** 오일러, 상트페테르부르크 학술원으로 되돌아옴. 백내장으로 시력을 모두 잃음
- **1782년** 다니엘 베르누이 사망
- **1783년** 레온하르트 오일러 사망

18세기 수학 천재 오일러, 문화의 변방 독일과 러시아에 가다

17세기 프랑스에서 시작한 계몽사상은 유럽 각국으로 퍼져 나갔습니다. 독일 하노버왕국의 외교관이기도 했던 라이프니츠는 1700년에 베를린 학술원을 창설하고 초대 원장을 맡았고, 유럽 각국을 다니며 과학 학술원 설립에 힘을 쏟았습니다. 그 결과 라이프니츠가 세상을 떠난 후 8년 만에 상트페테르부르크 학술원이 세워졌습니다.

18세기 프로이센과 러시아의 권력은 계몽주의에 입각해서 온건한 방법으로 사회를 개혁하려는 계몽군주 프리드리히 2세와 여제 예카테리나의 손에 있었습니다. 이들은 선진 문화와 과학을 받아들이려는 노력의 한 가지로 학술원을 학문 연구의 중심으로 삼고 지원을 아끼지 않았습니다. 덕분에 베를린과 상트페테르부르크 학술원에서 오일러는 마음껏 수학적 창조에 몰두할 수 있었죠.

베르누이 가문과 친분이 두터웠던 오일러는 자연스럽게 미적분에 대해 관심을 가졌습니다. 라이프니츠와 베르누이 형제가 기초를 세운 미적분학을 더욱 발전시켰죠. 오일러가 쓴 《미분학 원리》, 《적분학 원리》는 지금까지도 미적분학의 원전으로 꼽히고 있습니다. 그러고 보면, 오일러는 라이프니츠의 실질적인 후계자라고 할 수 있습니다. 그의 학문적 기반은 물론, 실제 그가 몸담았던 직장도 라이프니츠가 마련해준 거니까요.

18세기 수학은 오일러의 시대라고 간단하게 표현할 수 있습니다. 거의 모든 수학 분야에 손을 대고 뛰어난 연구 결과를 얻어낸 오일러의 공헌이 워낙 방대해서 몇 줄로 간추릴 수 없습니다. 베를린과 상트페테르부르크 학술원은 오일러의 연구 성과로 파리왕립과학아카데미 못지않은 학문의 중심지로 자리매김할 수 있었습니다.

PART 10

새로운 기하학을 만든 가우스

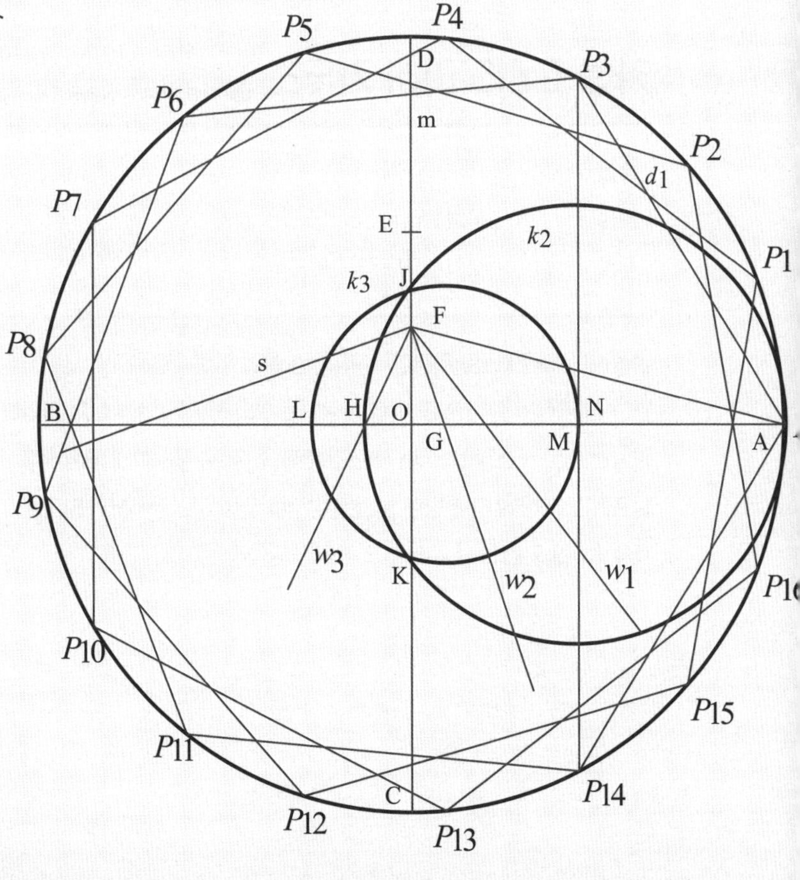

카를 프리드리히 가우스 Carl Friedrich Gauss

출생 - 사망	1777년~1855년
출생지	독일 브라운슈바이크
직업	수학자, 천문학자, 물리학자

'수학의 왕자'라 불린 위대한 수학자. 열 살에 이미 고등학교에서 배우는 등차수열의 합 공식을 알고 있던 수학 신동으로 20대에 최고의 수학자 자리에 올랐다. 괴팅겐 천문대 소장이 된 후 48년간 수학, 천문학, 물리학에 대한 수많은 이론을 발표했다. 세상을 바꿀 만한 놀라운 연구를 해놓고도 완벽하지 않다는 이유로 노트에 적어놓기만 했던, 지나치게 꼼꼼한 완벽주의자였다.

엄청난 완벽주의자였다고?

평행선은 정말 만나지 않을까?

르네 마그리트의 〈유클리드의 산책〉(1955)이라는 작품이 있습니다. 창문 바로 앞에 놓인 이젤 위에 그림 한 점이 놓여 있고, 창밖의 풍경을 캔버스에 그대로 옮겨놓은 그림입니다. 그림 속의 풍경과 창밖의 풍경이 절묘하게 연결되어 그림과 풍경이 잘 구분되지 않는 것이 재미있죠. 건물들 사이에 곧게 뻗은 길을 나타내는 평행한 두 직선은 아득히 먼 지평선에 이르면 한 점에 만나 창밖 가까이에 있는 뾰족한 탑처럼 보입니다. 길 위에 두 사람이 걸어가는 모습이 보이는데, 그림 제목으로 보아 그림을 그린 화가 마그리트 자신과 유클리드가 아닐까 짐작해봅니다. 두 사람은 걸으면서 무슨 이야기를 하고 있을까요?

르네 마그리트의 〈유클리드의 산책〉(1955) ⓒ René Magritte / ADAGP, Paris-SACK, Seoul, 2022

아마도 두 사람은 평행선에 대해 이야기하고 있을 겁니다. 마그리트가 유클리드에게 이렇게 말할 것 같습니다.

"선생님, 평행선은 정말 만나지 않나요? 평행선을 무한히 길게 그려본 사람이 없는데 절대 만나지 않는다는 걸 어떻게 증명하죠?"

마그리트의 질문에 유클리드는 친절하게 대답하죠.

"자네 말대로 수학에서는 증명이 중요하지. 하지만 내가 말했듯이 너무 당연한 것은 증명 없이 받아들여야 해. 그것을 출발점으로 생각을 엄밀하게 증명하며 쌓아 올려가는 것이 수학이지."

마그리트는 물러나지 않고 말할 것 같습니다.

"평행선이 만나지 않는다는 것은 증명이 필요한 것 같습니다. 제가 그린 그림에서는 평행선이 만나거든요."

그의 대답에 유클리드는 답답하다는 듯 가슴을 쾅쾅 치며 이렇게 대답할 것 같습니다.

"평행선이 만나지 않는다는 것은 내가 만든 기하학의 출발점이네! 그냥 받아들이게! 증명 없이 그냥 받아들이는 거야!"

유클리드가《기하학 원론》을 쓴 이후 2천 년이 넘는 시간 동안, 사람들은 아무 의심 없이 유클리드가 제시한 수학의 기초(정의, 공리, 공준)를 받아들였습니다. 그 위에 아리스토텔레스의 논리학으로 탄탄하게 쌓아 올린 유클리드 기하학은 당시의 사람들이 관측할 수 있는 거의 대부분의 상황에 완벽하게 들어맞았기 때문에 영원불변한 '진리'로 여겨졌습니다.

그렇지만 많은 수학자들은 '평행선은 만나지 않는다'는 공준에 대해 의문을 품었습니다. 증명할 수 없으니, 그냥 받아들이라는 유클리드의 주장에 반대하여 그것을 증명하려고 했습니다. 만약 유클리드가 증명할 수 없으니 그냥 받아들이라고 한 것을 누군가 증명한다면 그는 수학의 역사에 길이 이름을 남길 위대한 수학자가 되는 것이겠죠. 많은 사람들이 '평행선은 만나지 않는다'는 것을 증명하려고 했습니다. 하지만 모두 실패했죠.

'평행한 두 직선은 만나지 않는다'는 것과 수학적으로 같은 것이 '삼각형의 내각의 합은 180°이다'입니다. 다시 말해 삼각형의 내각의 합이 180°라는 것을 증명하려고 많은 수학자들이 다양한 방법으로 접근했습니다. 어떤 사람은 '만약 삼각형의 내각의 합이 180°가 아니라면 새로운 기하학이 만들어진다'라는 혁신적인 아이디어를 발견하기도 했습니다. 하지만 유클리드 기하학만이 진리라는 생각의 틀을 깨지 못하고 거기에서 멈추고 말았습니다. 덕분에 새로운 기하학을 발견하는 건 '수학의 왕자'라고 불리는 위대한 수학자 카를 프리드리히 가우스(1777~1855)의 몫이 됩니다.

천재 소년 가우스

1777년, 독일 브라운슈바이크의 가난한 서민 가정에서 태어난 가우스는 어릴 적부터 천재성을 드러냈습니다. 세 살도 되기 전에 혼자서 알파벳과 숫자 읽는 법을 깨우쳐서 아버지의 부기장부에서 잘못된 계산이 있는 것을 발견해 바른 답을 알려주었다는 이야기가 전해집니다. 일곱 살 생일이 지나고 얼마 후 가우스는 학교에 들어갔는데, 당시의 학교는 "시키는 대로 해라, 아니면 맞는다"라는 분위기였습니다. 이 학교에서는 3학년부터 초급 산술을 배울 수 있었는데, 가우스 입장에서는 이미 세 살 전에 스스로 깨우친 내용을 다시 배우는 거였죠. 이 수업에서 어린 가우스의 천재성이 외부에 알려지게 됩니다.

아이들을 조용히 시키고 자기의 밀린 일을 하고 싶었던 선생님은 이제 막 덧셈, 뺄셈을 배운 아이들에게 버거운 문제를 냈습니다. 칠판에 다음과 같이 쓴 겁니다.

$$1 + 2 + 3 + \cdots + 99 + 100 = ?$$

1에서 100까지의 숫자를 모두 더하는 계산을 학생들에게 시킨 선생님은 적어도 30분 정도는 자기 일을 할 수 있을 거라 생각했습니다. 선생님이 칠판에 문제를 적고 일을 막 시작하려고 할 때 반에서 제일 어린 가우스가 가장 먼저 석판에 답을 적어 냈습니다. 다른 학생들은 1시간이 지나서야 답을 적기 시작했습니다. 학생들의 답을 검사하던 선생님은 깜짝 놀랐습니다. 정답을 적은 건 가우스뿐이었고, 게다가 가우스의 석판에는 계산 흔적이 거의 없었으니까요.

가우스의 천재성에 깜짝 놀란 선생님은 가우스의 수준에 맞는 수학 교과서를 사주고 자신의 조수 마틴 바텔스(Johann Christian Martin Bartels)를 과외 교사로 붙여주며 가우스를 수학의 길로 이끌었습니다. 처음에는 가우스보다 여덟 살이 많았던 바텔스가 가르쳤지만, 얼마 지나지 않아 둘은 함께 공부하는 사이가 되었습니다. 바텔스는 가우스에게 공부만 도와준 것이 아니라 금전적 도움까지 주었습니다. 지역 유지와의 친분을 이용해 브라운슈바이크의 페르디난드 공작에게 가우스를 추천해서 후원을 이끌어냈던 겁니다. 같이 공부하면서 쌓은 두 사람의 우정은 바텔스가 세상을 떠날 때까지 계속되었습니다.

페르디난드 공작이 후원하겠다고 했지만, 제대로 된 교육을 받아본 적 없는 가우스의 아버지는 학문은 아무 쓸모없는 것이라 생각해서 아들이 계속 공부하는 것을 반대했습니다. 막노동으로 생계를 이어가는 평범한 아버지가 보기에 옛날 글자인 라틴어나 숫자 놀음처럼 보이는 수학 공부는 돈 한 푼 벌 수 없는 쓸데없는 짓이었을 겁니다. 다행히 가우스의 재능을 믿었던 어머니와 외삼촌의 도움으로 가우스는 아버지의 반대를 뚫고 계속 공부할 수 있었습니다.

가우스의 고등학생 시절 교과서는 뉴턴과 오일러, 라그랑주 등 당시 최고의 수학자들이 쓴 책이었습니다. 최고 수학자들의 책을 공부하는 데에서 그치지 않고 가우스는 한 발 더 나아가 자신만의 연구를 시작했는데, 대수학 중 특별히 정수의 성질을 파고들기 시작했습니다. 공작의 계속적인 후원에 힘입어 괴팅겐대학에 입학한 가우스는 진로 선택으로 고민에 빠졌습니다. 수학과 언어학 모두 뛰어난 재능을 가졌기 때문에 대학 입학 후 1년 동안 전공을 무엇으로 할지 망설였던 겁니다.

1796년 3월 30일, 마침내 가우스는 고민을 끝내고 수학을 선택했습니다. 수학 전공으로 마음을 굳히게 된 데에는 2천 년 동안 풀리지 않았던 작도 문제가 있었습니다. 이 문제와 관련해서 놀라운 발견을 한 가우스는 일기에 그 내용을 기록하면서 본격적인 수학자의 길을 걷게 됩니다. 물론 언어학은 그의 평생 취미가 되었고요.

그나저나 어린 가우스는 1부터 100까지의 합을 어떻게 계산했을까요? 선생님을 깜짝 놀라게 한 천재 소년 가우스의 계산은 아마도 다음과 같을 겁니다. 1부터 100까지의 더한 값을 S라고 하면, 다음과 같습니다.

$$S = 1 + 2 + 3 + \cdots + 99 + 100 \quad ①$$

그런데 100에서 1까지 거꾸로 더한 값도 이것과 똑같으므로 다음과 같이 쓸 수 있습니다.

$$S = 100 + 99 + \cdots + 3 + 2 + 1 \quad ②$$

①, ②의 식을 좌변끼리, 우변끼리 더하면 다음과 같습니다.

$$2S = 101 + 101 + \cdots + 101 + 101$$

좌변은 1부터 100까지 더한 값의 2배이고, 우변은 101을 100번 더한 값입니다. 따라서 다음과 같이 1부터 100까지 더한 값 *S*를 구할 수 있습니다.

$$2S = 101 \times 100$$
$$S = 101 \times 50 = 5050$$

열 살 가우스가 했을 것으로 짐작되는 이 계산 방법은 고등학교 과정에서 등차수열의 합을 구하는 방법으로 소개되어 있습니다. 1에서부터 n까지의 합을 계산하는 방법은 다음과 같습니다.

$$\begin{array}{r} S = 1 + 2 + 3 + \cdots + (n-1) + n \\ S = n + (n-1) + \cdots + 3 + 2 + 1 \\ \hline 2S = (n+1) + (n+1) + \cdots + (n+1) + (n+1) \end{array}$$

$$2S = (n+1) \times n$$

$$S = \frac{(n+1) \times n}{2}$$

가우스는 등차수열의 합에 관한 일반적인 계산법을 어린 나이에 이미 알고 있었던 거죠.

가우스를 수학자의 길로 이끈 문제는?

고등학교에서 2년, 대학에서 1년. 이렇게 3년이 조금 넘는 시간 동안 가우스는 오랫동안 수학자들을 괴롭히던 여러 문제들을 풀어냈습니다. 그중 하나가 유클리드 이후 2천 년 동안 삼각자와 컴퍼스만으로는 그릴 수 없다고 생각해왔던 정17각형의 작도법입니다.

정수론에 대해 연구하던 가우스가 기하학 문제인 정17각형의 작도 가능성을 증명했다니 좀 이상하다는 생각이 안 드시나요? 사실 가우스는 방정식 $x^n = 1$을 푸는 정수론과 관련된 문제를 생각했던 겁니다. "어떤 경우에 $x^n = 1$을 만족시키는 값을 제곱근의 계산만으로 찾을 수 있을까?" 하고 고민하던 중에 n의 값이 페르마 소수일 때 그렇다는 걸 발견하고 증명해냈던 겁니다. 페르마 소수 n은 $n = 2^{2^k} + 1$이라는 모양으로 나타내는 수인데, k의 값이 각각 0, 1, 2, 3, 4면 그 값은 3, 5, 17, 257, 65537이 됩니다. 이 수들은 모두 소수로, 현재까지 알려진 다섯 개의 페르마 소수입니다. '페르마 소수'는 이름에서 예상되듯 수학자 페르마가 발견해서 그의 이름이 붙은 소수입니다.

어떤 값을 제곱근의 계산으로 나타낼 수 있다는 이야기는 눈금 없는 자와 컴퍼스를 이용해서 그 값을 그릴 수 있다는 뜻입니다. 따라서 가우스가 발견한 정수론의 내용을 기하학적으로 해석하면 n이 페르마 소수일 때, 정n각형을 자와 컴퍼스로 작도할 수 있다는 뜻이 됩니다. 유클리드의《기하학 원론》을 통해 작도할 수 있는 것으로 알려진 정다각형은 변의 개수가 짝수인 것과 정3각형, 정5각형, 정15각형뿐이었습니다. 그래서 2천 년 동안 많은 수학자들은 소수인 정17각형을 작도할 수 있을 거라고는 상상도 못하고 있었습니다. 열아홉 살의 가우스는 정17각형의 작도가 가능하다는 것을 증명함으로써 기존의 상식을 산산조각 낸 겁니다.

정17각형의 작도 가능성 증명은 당시 수학계를 놀라게 했고, 가우스도 이 발견으로 수학자의 길을 가기로 마음을 굳혔습니다. 2년 후, 가우스는 자신의 정수론 연구 내용을 정리해《정수론 연구》를 완성했습니다. 물론 방정식 $x^n=1$의 해를 구하는 이론도 그 안에 들어 있었습니다. 인쇄에 시간이 걸려 가까스로 3년이 지나 1801년에서야 출판되었는데, 당시 유럽의 최고 수학자인 라그랑주, 라플라스, 르장드르 등이 크게 경탄하며 걸작이라 평가했습니다. 이로써 가우스는 순식간에 최고의 수학자 자리에 오르게 되었습니다.

정17각형의 작도법을 상징하여 가우스의 동상 바닥에 그려진 별 모양. ⓒ Benutzer:Brunswyk (Wikimedia)

가우스는 훗날 자신의 묘비에 정17각형을 새겨달라고 말했다고 합니다. 자신을 수학자의 길로 이끌었을 뿐만 아니라 최고 수학자의 자리에 올려준 업적이니 무척 자랑스러웠을 겁니다. 하지만 묘비 제작하는 석공이 자기 능력으로 정17각형을 새겨봐야 원과 구분 가지 않을 거라며 거절해서 그 소원은 이뤄지지 않았다고 하네요. 그 대신 17개의 점으로 이루어진 별 모양의 도형이 가우스의 동상 아랫부분에 그려 넣어져 있습니다.

수학으로 사라진 별을 찾아내다

수학 분야에서 뛰어난 업적을 이룬 가우스지만 실제로 그의 삶 대부분은 천문학, 물리학 연구로 채워졌습니다. 사실 그는 50년 가까이 수학과가 아닌 천문학과 교수였고 괴팅겐 천문대 소장을 지내기도 했습니다. 그가 괴팅겐 천문대에 자리 잡을 수 있게 된 것은 19세기가 열린 첫날에 발견된 소행성 덕분이었습니다.

1801년 1월 1일, 이탈리아의 수도사로 수학자이자 천문학자였던 주세페 피아치는 소행성 세레스를 발견했습니다. 겨우 몇 주 관측했을 때, 태양 가까이 다가간 이 소행성은 밝은 태양빛 속에서 자취를 감춰버렸습니다. 스물네 살이었던 가우스는 겨우 몇 주 동안의 관측 자료에 새로운 수학 이론을 적용해 소행성이 1년 후에 어디에서 나타날지 그 궤도를 예측했습니다. 1801년 12월, 가우스가 예측한 곳과 매우 가까운 장소에서 소행성 세레스가 다시 관측되었습니다.

이 일로 가우스의 이름이 널리 알려졌고, 1807년에는 괴팅겐대 천문학과 교수 겸 천문대 소장에 임명되었습니다. 이후 가우스는 48년 동안 괴팅겐 천문대 소장으로 지내면서 65권의 저서와 논문으로 천문학 관련 연구를 발표했고, 수학의 새로운 분야를 개척했습니다. 1831년에는 물리학과 교수로 취임해서 동료 교수와의 공동 연구로 많은 성과를 거두었습니다. 지구 자기장에 대한 연구 및 최초의 전기적 전신기 제작 등 전자기학 분야에도 공헌했습니다. 오늘날 자기장의 세기를 나타내는 단위 중 하나인 '가우스(G)'는 이 분야에 있어 가우스의 업적을 기념하는 의미에서 그의 이름을 따온 겁니다.

가우스는 어떤 사람이었을까?

가우스는 어려서부터 천재성을 인정받은 데다 이른 나이에 위대한 연구 성과도 많이 냈기 때문에 수학자로서 그의 명성은 매우 높았습니다. 그래서 당대 젊은 수학자들과 무명의 수학자 지망생들은 가우스에게 많은 연구 논문들을 검토해달라며 보냈다고 합니다. 자신이 한 연구를 이름난 수학자 가우스에게 인정받고 싶었던 거죠. 하지만 연구와 대학교수 일로 너무나 바빴던 가우스는 논문들을 읽지도 않고 그냥 쓰레기통에 넣어버렸습니다. 가우스에게 연구 논문을 보낸 사람 중에는 갈루아와 아벨도 있었습니다. 이 두 사람은 "천재는 일찍 죽는다"는 안타까움을 사람들에게 남긴 요절한 천재입니다.

에바리스트 갈루아(Évariste Galois)는 1811년 프랑스에서 태어나 1832년 갓 스물을 넘긴 어린 나이에 세상을 떠난 천재 수학자입니다.

그는 10대 때 수학의 오랜 난제였던 '5차 이상의 방정식은 일반적인 해를 찾을 수 없다'는 것을 군(group)이라는 개념을 도입하여 해결합니다. 추상대수학에 큰 기여를 한 것입니다. 그는 자신의 연구를 가우스에게 보냅니다. 하지만 가우스는 그의 논문을 보지도 않고 그냥 쓰레기통에 버린 겁니다. 갈루아에 대한 흥미로운 이야기는 그가 사랑하는 여인 때문에 벌어진 결투로 죽었다는 것입니다. 당시 프랑스에서는 권총 결투가 사회적으로 허용되던 시절이었습니다. 사랑을 위한 결투에서 젊은 갈루아는 죽음을 맞이하게 된 것이었죠.

닐스 헨리크 아벨(Niels Henrike Abel)은 1802년 노르웨이에서 태어나 1829년 가난과 질병에 시달리다 20대 중반에 이른 나이로 사망한 안타까운 천재 수학자입니다. 아벨 역시 갈루아와 비슷한 시기에 5차 이상의 대수방정식의 일반해는 존재하지 않는다는 것을 증명합니다. 뿐만 아니라 그의 몇몇 연구는 당대 최고 수학자들의 찬사를 받습니다. 하지만 아벨은 베를린대학에서 교수로 임용되었다는 편지가 오기 이틀 전에 결핵으로 숨을 거둡니다. 너무, 가슴 아픈 이야기죠. 아벨 역시 당대 최고의 수학자였던 가우스에게 자신의 연구 결과를 우편으로 보냈지만, 가우스는 아벨의 연구도 거들떠보지 않았습니다. 만약 가우스가 아벨의 연구 논문을 관심 있게 봤다면 어땠을까요? 아벨은 조금이라도 일찍 대학교수가 되었을 것이고, 그렇게 허망하게 꽃다운 나이에 빈곤 속에서 생을 마감하지는 않았을 것입니다. 실제로 아벨의 죽음에 연민과 책임감을 느낀 가우스는 이후 자신에게 보내온 사람들의 논문을 챙겨 읽었다고 합니다. 가우스의 입장도 이해는 됩니다. 아마추어 수학자라는 사람들이 말도 안 되고 논리적으로 틀린 연구들을 계속 보내오면 그것을 보는 것도 스트레스를 받는 일이었을 겁니다.

아벨과 관련해서는 수학의 아벨상을 이야기하지 않을 수 없네요. 노벨상에는 수학 분야가 없습니다. 그래서 수학에서 가장 권위 있는 상은 필즈상인데요, 노벨상과 달리 만 40세 이전의 수학자들에게 4년에 한 번씩 수여하고, 상금도 1400만 원 정도밖에 안 됩니다. 상금이 대략 12억에 달하는 노벨상과 크게 비교되죠. 상의 권위를 상금으로만 매길 수 있는 것은 아니지만, 그래도 상금 차이가 너무 많이 나는 것은 안타까운 일이었습니다. 2002년 노르웨이 왕실은 아벨의 탄생 200년을 기념하며 아벨상을 만들었습니다. 아벨상은 상금이 대략 12억 정도로 노벨상과 비슷합니다. 아벨상은 매년 수학 분야에서 업적을 이룬 사람들에게 수여되고 있습니다. 수학의 노벨상과 같은 것이죠.

가우스와 여성 수학자 소피 제르맹(Sophie Germain)의 인연도 흥미롭습니다. 가우스가 1801년 출간한 《정수론 연구》는 수학을 연구하는 사람들에게 매우 중요한 길잡이가 되었습니다. 소피 제르맹도 이 책을 보며 정수론을 연구한 사람 중 하나였죠. 그녀는 자신의 연구 성과를 가우스에게 보내고 편지를 통해 수학에 대한 폭넓은 이야기를 주고받았습니다. 당시는 여성의 사회 활동이 제한받았던 시대여서 소피 제르맹은 가우스와 편지를 주고받을 때 르블랑이라는 남자 이름을 썼습니다.

감췄던 소피 제르맹이라는 본명이 밝혀진 건 나폴레옹전쟁 때입니다. 나폴레옹의 독일 침공 소식에 아르키메데스의 죽음을 떠올린 소피 제르맹은 가우스의 신변을 걱정해, 친척이었던 페르네티 장군에게 가우스의 안전을 부탁했습니다. 가우스 집 근처를 장악한 페르네티 장군은 비밀스럽게 사람을 보내 가우스가 안전한지 확인했습니다. 그 과정에서 르블랑과 소피 제르맹이 동일인이라는 걸 알 리 없는 가우스는 소피를 아느냐는 밀사의 질문에 모른다고 대답했습니다. 두 사람이 한두 차례 편지를 주고받은 후에야 가우스는 르블랑이란 이름을 쓰는 사람이 소피라는 여성인 줄 알게 되었습니다. 가우스는 깜짝 놀라면서 "그녀야말로 가장 숭고한 용기를 가진 사람이자 특별한 재능을 가진 사람"이라고 극찬했다고 합니다. 이후 소피 제르맹은 연구를 계속하여 당시 수학계의 난제였던 '페르마의 마지막 정리'를 해결하는 데 중요한 이론을 정립하고, 현대 탄성물리학의 기초를 이룬 중요한 논문을 발표하기도 했습니다.

완벽주의자 가우스

가우스는 스스로에게 무척 철저한 성격이었던 것으로 보입니다. 그는 연구에 관한 세 가지 원칙을 가지고 있었습니다. 첫째 원칙은 "소수의, 그러나 원숙한". 발표하는 논문의 수는 적을지라도 내용만큼은 완성도 있는 것이 되어야 한다는 겁니다. 둘째 원칙은 "더 이상 남은 일은 없다". 단순히 아이디어를 제시하고 발전시키는 정도가 아니라 하나의 이론으로 완벽하게 받아들여질 정도가 되어야 한다는 거죠. 셋째 원칙은 "극도의 엄밀함"이었습니다. 탄탄한 논리로 무장해서 어느 누구도 반박할 수 없도록 하겠다는 천재 수학자의 의지가 느껴집니다.

가우스는 수학, 천문학, 물리학에 관해 수많은 연구를 했지만, 그 내용이 완벽하게 정리되기 전에는 절대 발표하지 않았습니다. 찬사를 받을 수밖에 없는 완벽한 내용일 때만 외부에 공개했던 겁니다. 이렇게 철저한 자기검열 끝에 나온 논문과 저서는 빼어난 걸작이었고, 가우스의 명성은 높아져갔습니다. 덕분에 그는 많은 학회와 아카데미의 회원으로 선출되고, 여러 대학에서 초청을 받기도 했습니다. 하지만 가우스는 이를 고사하고 1855년 세상을 떠날 때까지 괴팅겐대학 천문대 소장 및 교수의 자리만 지켰습니다.

가우스의 완벽주의 성향 때문에 그의 연구 결과 중 상당수는 일기 속에 메모로만 남아 있는 경우가 많았습니다. 동료, 선후배 들이 연구 업적을 발표하면 가우스는 "내가 이미 오래전에 연구한 결과"라고 주장해서 다른 사람의 연구 결과를 훔쳤다는 오해를 사기도 했습니다. 최초의 발견자가 누구인지에 관한 논쟁에도 자주 휩쓸렸는데, 새로운 기하학이 발견될 때도 그랬습니다.

새로운 기하학을 발견한 사람들

헝가리의 수학자 보여이 파르가스(Bolyai Farkas, 헝가리식 이름에서는 성이 앞에 오고 이름이 뒤에 옵니다. 따라서 '보여이'가 성입니다)는 가우스의 대학 시절 '절친'이었습니다. 가우스와 함께 평행선 공준 증명 문제에 도전하기도 했던 그는 시골 학교에서 수학을 가르치고 있었습니다. 아들 보여이 야노시(Bolyai János)가 열네 살이 되던 해, 그는 가우스에게 아들을 맡아 가르쳐달라고 부탁했습니다. 자신보다 더 뛰어난 수학적 재능을 보이는 아들을 유명 대학에 보낼 학비를 마련할 수 없어서 부탁했지만, 남을 가르치기 싫어했던 가우스는 이 부탁을 거절했습니다.

가우스의 도움 없이도 야노시는 자신의 재능을 드러냈습니다. 아버지가 도전했던 평행선 공준 문제를 파고들어 평행선 공준은 증명될 수 없으며, 이를 다른 것으로 대체하면 새로운 기하학의 세계가 펼쳐진다는 것을 발견했습니다. 1823년, 새로운 기하학을 발견하고 흥분에 휩싸여 야노시는 아버지에게 다음과 같은 문구를 보냈습니다. "저는 그러한 놀라운 발견을 했다는 것에 제 스스로 놀라곤 합니다."

야노시는 새로운 기하학에 관한 내용을 발전시켜 논문으로 작성해 1829년 아버지가 쓴 수학 교과서에 부록으로 엮었는데, 이 책은 1832년이 되어서야 공식적으로 출간되었습니다. 아들의 연구 결과가 자랑스러웠던 파르가스는 가우스에게 이 책을 보냈습니다. 책을 받아본 가우스는 야노시의 연구를 칭찬하는 답장을 보냈습니다. 하지만 온전한 칭찬은 아니었습니다. 가우스 자신도 30년 전에 이미 비슷한 결론에 이르렀다고 덧붙였죠. 이에 야노시는 큰 충격을 받았습니다. 놀라운 발견을 했다고 기뻐했는데, 수학의 대가는 이미 오래전에 발견을 하고도 묻어두었다는 사실이 야노시의 의욕을 꺾어버린 겁니다. 이후 건강을 잃은 야노시는 간간이 수학을 연구했지만 더는 어린 시절에 보였던 재능을 드러내지 못했습니다. 결국 야노시는 수학계에서 인정받지 못하고 그의 연구 역시 조용히 잊혀갔습니다.

사실 새로운 기하학을 발견해 논문으로 가장 먼저 발표한 한 사람은 러시아의 로바쳅스키(Nicolai Ivanovich Lovachevsky)입니다. 로바쳅스키가 공부했던 카잔대학에는 독일 출신 교수가 많았는데, 놀랍게도 소년 시절 가우스와 함께 공부하던 바텔스가 그곳의 교수로 있었고 로바쳅스키를 지도했습니다. 로바쳅스키는 첫 논문에서 기하학에 대한 자신의 이론을 펼쳤습니다(이 논문은 당시 수학계의 공용어인 프랑스어로 쓰였습니다). 새로운 기하학의 공식적인 탄생을 알리는 이 논문이《기하학 원리》라는 제목으로 출판된 것은 3년 후인 1829년이었습니다. 공교롭게도 야노시가 논문을 작성한 시기와 일치합니다. 로바쳅스키는 자신이 발견한 새로운 기하학에 대한 연구 결과를 좀 더 많은 사람들에게 알리려고 러시아어, 독일어로 발표했습니다. 덕분에 1840년에 독일어로 출판된《평행선 이론에 관한 기하학적 연구》가 가우스의 손에 들어갔고, 로바쳅스키는 1842년 가우스의 추천으로 새로운 기하학을 창시한 공로를 인정받아 괴팅겐 과학학회에 들어갔습니다.

아마 이때 로바쳅스키는 당대 최고의 수학자 가우스의 추천을 받았으니 자신이 발견한 새로운 기하학도 사람들의 관심을 얻을 거라 기대했던 것 같습니다. 안타깝게도 가우스의 지원은 딱 거기까지였습니다. 유클리드 기하학을 '진리'로 여겼던 사람들에게 새로운 기하학은 너무나 기괴한 것이어서 쉽게 받아들일 수 없는 것이었습니다. 새로운 기하학이 공개되면 그 내용을 제대로 이해하지 못한 채 사소한 결함을 꼬투리 삼아 공격하는 사람들과 무의미한 논쟁에 휘말리게 될 것이 두려웠던 가우스는 침묵했습니다. 새로운 기하학에 대한 자신의 연구를 발표하지도 않고, 보여이와 로바쳅스키의 성과를 지원하지도 않았던 겁니다. 그렇게 새로운 기하학은 사람들의 무관심 속에 묻히는 듯했습니다.

하지만 새로운 기하학은 사라지지 않고 뿌리를 단단히 해서 다시 세상에 나타났습니다. 1854년, 괴팅겐대학 신임 교수로 채용된 가우스의 제자 베른하르트 리만(Georg Friedrich Bernhard Riemann)은 가우스가 지켜보는 취임 강의에서 공간의 모양에 따라 유클리드 기하학 외에 다양한 기하학이 존재한다는 사실을 밝혔습니다. 젊은 시절 자신

유클리드 기하학의 평행선 공준을 대체한 새로운 기하학을 발견한 가우스, 로바쳅스키, 보여이.

이 발견했으나 세상의 비난이 두려워 묻어뒀던 새로운 기하학이 다시 발견된 것을 본 가우스의 기분은 어땠을까요?

유클리드 기하학과 비유클리드 기하학

보여이와 로바쳅스키가 만든 새로운 기하학은 유클리드 기하학의 다섯 번째 공준 "평행한 두 직선은 만나지 않는다"를 받아들이지 않고 만든 기하학입니다. 수학적으로 "평행한 두 직선은 만나지 않는다"는 것은 "삼각형의 내각의 합이 180°이다"를 의미하는데, 이들이 만든 새로운 기하학은 삼각형의 내각의 합이 180°보다 큰 것도 있고 작은 것도 있습니다. 삼각형의 내각의 합이 180°보다 큰 것은 타원기하학, 180°보다 작은 것은 쌍곡기하학이 대표적인데, 이런 기하학들을 모두 비유클리드 기하학이라고 합니다. 간단하게 이해하는 방법으로는 평평한 땅 위에 직선을 긋고 도형을 그리는 것이 유클리드 기하학인 반면, 동그란 구 위에 또는 오목하게 들어간 곡면 위에 선을 긋고 도형을 그리는 것이 바로 비유클리드 기하학인 겁니다.

기하학은 영어로 Geometry인데, 이것은 'geo + metry'로 땅을 측량한다는 의미입니다. 고대 이집트와 바빌론에서 사람들은 땅을 측량하

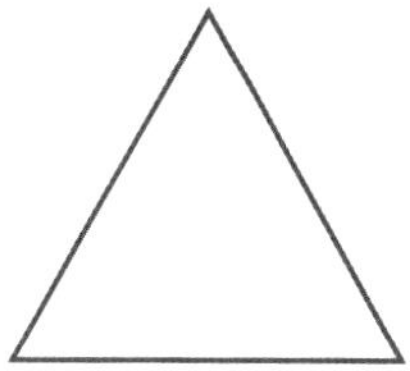

평평한 땅 위에 그려진
삼각형의 내각의 합은 180°이다.

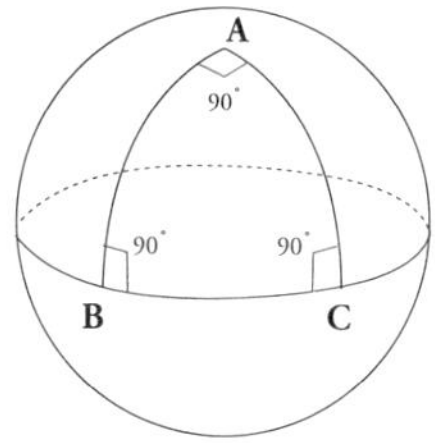

둥근 구 위에 그려진
삼각형의 내각의 합은 180°보다 크다.

며 건물을 짓고 도로를 만들며 문명을 이루었습니다. 당시의 수학은 그런 용도로 쓰였기 때문에 기하학이 바로 수학이었습니다. 이후로도 집을 짓고 건물을 짓고 도로를 내는 정도에서 기하학이 사용되었기 때문에 평평한 땅 위에 선을 긋고 도형을 그리는 유클리드 기하학으로 충분했습니다. 그런데 15세기 이후 사람들은 바다로 나가 지구 전체를 돌아다니기 시작했습니다. 그러면서 점점 종이 위에 그린 도형을 기준으로 생각하면 맞지 않는 경우가 생기는 것을 느꼈을 겁니다. 지구 위를 움직일 때에는 공 위에 선을 긋고 도형을 그리는 것이 더 합리적이었겠죠. 세상의 변화가 비유클리드 기하학을 생각하게 한 것입니다.

비유클리드 기하학 중 구면기하학이 있습니다. 앞에서 언급한 것처럼 공 같은 구면 위에 선을 긋고 도형을 그리는 기하학입니다. 구면

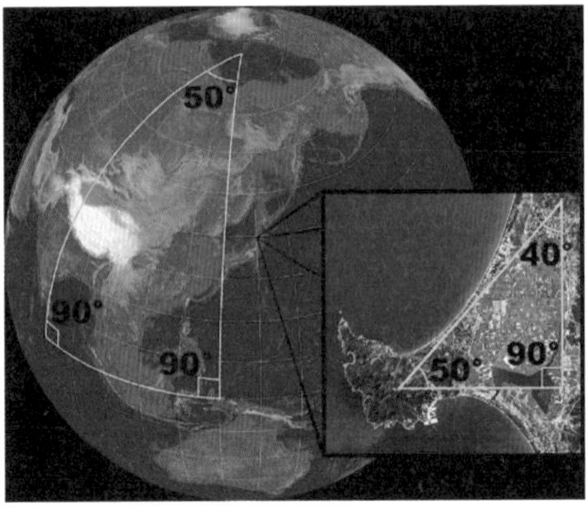

구면 위 삼각형 내각의 합은 180°보다 크다.

위에 삼각형을 그리면 삼각형의 내각의 합은 180°보다 큽니다.

비유클리드 기하학 중 쌍곡기하학은 다음과 같이 오목한 곡면 위에 선을 긋고 도형을 그리는 기하학입니다. 삼각형을 그리면 삼각형의 내각의 합이 180°보다 작습니다.

비유클리드 기하학은 유클리드 기하학이 다루지 않는 좀 더 확장된 공간을 다루는 기하학입니다. 비유클리드 기하학은 아인슈타인이 "우주가 평평하지 않고 중력에 의해서 휘어져 있다"는 이론을 만드는 데 이론적인 기초를 제공했습니다. 평범한 일상에서 일어나는 일들을 해석하고 분석하는 일은 유클리드 기하학만으로도 충분합니다. 하지만 아주 작은 미시적인 공간이나 매우 큰 극대 공간 또는 다양한 곡면

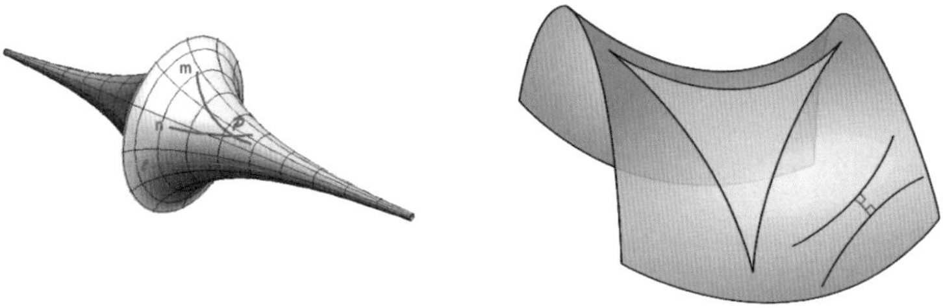

오목한 곡면 위 삼각형 내각의 합은 180° 보다 작다.

위에서 일어나는 일들을 해석하고 분석하는 일에는 비유클리드 기하학이 폭넓게 활용되고 있는 것입니다.

> *"나는 기하학의 이러한 해석이 대단히 중요하다고 생각한다. 만일 내가 그 기하학을 몰랐다면 나는 결코 상대성이론을 만들어낼 수 없었을 것이다."*
>
> *– 알베르트 아인슈타인*

역사상 가장 위대한 수학자

수학자이자 작가였던 에릭 템플 벨(E. T. Bell)은 고대부터 근대에 이르기까지 수학자들의 생애를 통해 수학의 역사를 기술하는 책 《수학을 만든 사람들(Men of Mathematics)》(1937)에서 위대한 세 사람의 수학자로 아르키메데스, 뉴턴, 가우스를 꼽았습니다. 순수와 응용수학 양쪽에서 뛰어난 업적을 쌓은 세 사람을 가장 위대한 수학자로 평가한 겁니다. 인류 역사상 가장 위대한 10명의 수학자를 꼽는다고 하면 누가 10명을 선정하느냐에 따라 들어가는 사람도 있고 빠지는 사람도 있을 텐데, 가우스는 누가 선정하는지에 상관없이 항상 목록에 포함되는 사람입니다.

1855년 가우스가 죽었을 때 독일 정부는 그를 위한 기념주화를 발행했다고 합니다. 그 기념주화에는 "하노버왕 조지 5세가 수학의 왕자에게"라는 문구가 새겨졌습니다. 1977년 가우스 탄생 200년을 기념하는 기념주화가 발행되기도 했으며, 유럽이 통합되어 EU가 단일

가우스의 초상화가 새겨진 독일의 화폐.

화폐 유로를 쓰기 전에 독일은 자국의 화폐 10마르크에 가우스의 초상을 사용하기도 했습니다. 역사상 최고의 수학자 가우스에 대한 독일인들의 큰 자부심을 엿볼 수 있습니다.

가우스가 이 정도로
많은 업적을 쌓은
수학자였다니!

수학 외전

수학자의 묘비

묘비는 고인의 삶을 압축해서 보여줍니다. 가우스는 정17각형을 새겨 최고의 수학자로 인정받은 첫 연구 결과를 기록하고자 했습니다. 다른 수학자들은 묘비에 무엇을 기록했을까요?

아르키메데스

3대 수학자 중 가장 오래전 인물인 아르키메데스는 고향 시라쿠사에서 최후를 맞았습니다. 로마군의 침략으로 혼란스러운 가운데에도 땅바닥에 도형을 그려놓고 기하학 문제 풀이에 열중하다가 죽음을 맞이한 대수학자를 기리기 위해 로마 장군이 묘비를 세워주었다고 합니다. 묘비에는 아르키메데스의 수많은 발견과 발명 중 스스로가 가장 자랑스러워했던 기하학의 발견, 바로 원기둥과 그에 접하는 구의 부피 비를 보여주는 그림을 새겼습니다.

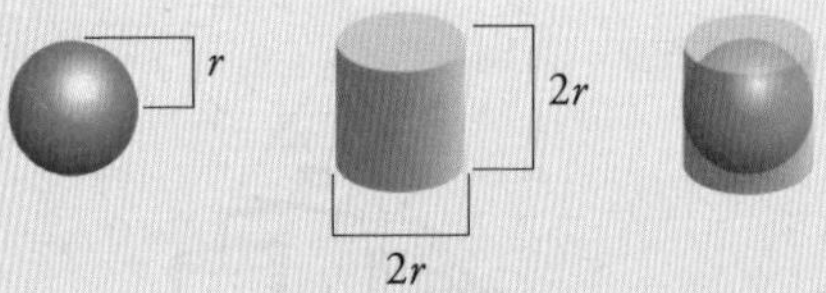

$$\frac{\text{원기둥의 부피}}{\text{구의 부피}} = \frac{\pi r^2 \cdot (2r)}{\frac{4}{3}\pi r^3} = \frac{3}{2}$$

$$\frac{\text{원기둥의 겉넓이}}{\text{구의 겉넓이}} = \frac{2 \cdot \pi r^2 + 2\pi r \cdot 2r}{4\pi r^2} = \frac{3}{2}$$

아르키메데스가 죽기 직전에 밝힌 원기둥과 구의 체적 관계 ⓒLwphillips

야코프 베르누이

라이프니츠와 함께 미적분을 발전시킨 베르누이 가문의 큰형, 야코프 베르누이는 앵무조개의 모양에서 찾아볼 수 있는 나선 모양(등각 나선 또는 로그 나선이라고 함)을 극좌표계에서 로그함수로 나타낼 수 있다는 것을 제대로 밝혀냈습니다. 그는 로그 나선을 기적의 나선(Spira mirabilis)이라 불렀고, 자신이 죽은 후에 묘비에 이것을 새겨주기를 원했습니다. 하지만 석공은 로그 나선에 대해 알지 못했기 때문에, 바젤 성당에 있는 그의 묘비에는 일반 나선, 즉 아르키메데스의 나선이 새겨져 있습니다.

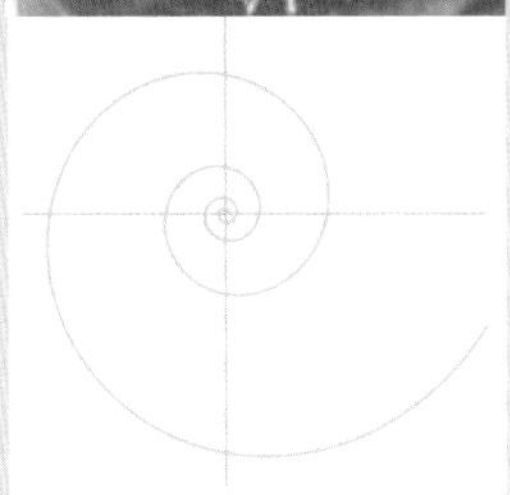

왼쪽 야코프 베르누이의 묘비.
오른쪽 위 야코프 베르누이의 묘비에 새겨진 나선. 한 바퀴씩 돌 때마다 원점으로부터의 거리가 일정하게 증가하는 아르키메데스 나선이다.
오른쪽 아래 한 바퀴 돌 때마다 똑같은 비율로 늘어나는 나선. 야코프 베르누이가 묘비에 새기고 싶어 했던 것은 바로 이 나선이다.

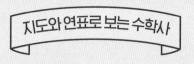

지도와 연표로 보는 수학사

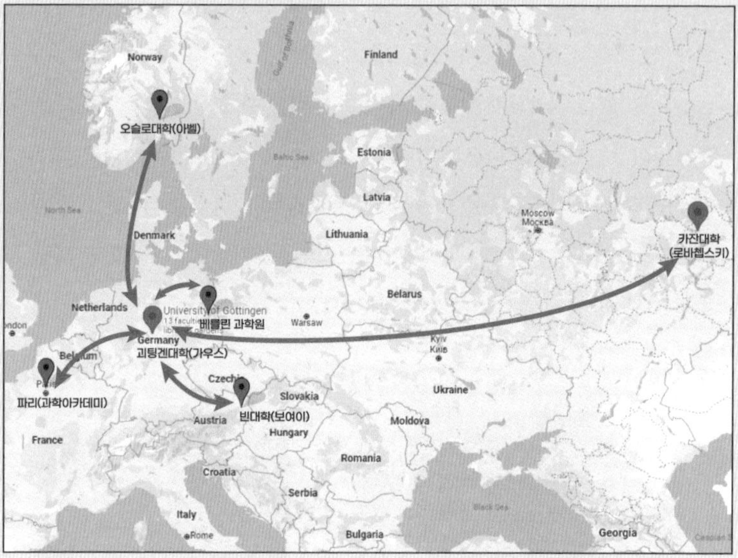

연표

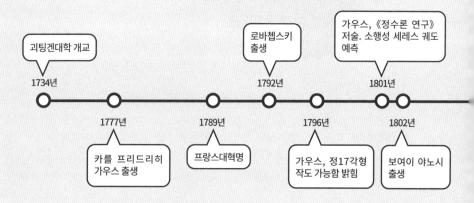

- 1734년: 괴팅겐대학 개교
- 1777년: 카를 프리드리히 가우스 출생
- 1789년: 프랑스대혁명
- 1792년: 로바쳅스키 출생
- 1796년: 가우스, 정17각형 작도 가능함 밝힘
- 1801년: 가우스, 《정수론 연구》 저술. 소행성 세레스 궤도 예측
- 1802년: 보여이 야노시 출생

수학의 왕자가 앉은 곳, 수학의 중심지가 되다

왕이 절대 권력을 쥐고 나라를 부강하게 만들었던 왕정 시대, 프랑스는 수학, 과학 및 문화, 예술의 강대국이었습니다. 비록 18세기를 대표하는 수학자로 오일러를 꼽지만, 유럽 수학계의 중심은 여전히 프랑스 파리왕립과학아카데미에 있었습니다. 하지만 18세기 말 프랑스혁명의 여파로 프랑스 사회가 급격한 변화를 겪는 동안 수학의 중심지는 천재 가우스가 있는 독일로 이동하기 시작했습니다. 특히 가우스가 천문대 소장 및 천문학과 교수로 부임한 괴팅겐대학(1734년 개교)이 독일 수학의 중심지 역할을 하게 됩니다.

1789년 일어난 프랑스혁명은 절대적인 권력을 가진 왕이 다스리는 시대가 끝났음을 알리는 역사적 사건이었습니다. 신에게서 절대 권력을 받은 단 한 사람의 왕이 아니라 다수의 대표가 다스리는 공화정이 세워지는 정치 제도의 변화는 수학자들의 생각에도 커다란 변화를 가져오게 됩니다. 절대 진리로 의심하지 않고 받아들였던 유클리드 기하학을 의심하게 된 겁니다. 유클리드 기하학에서 가장 허술한 고리로 여겨졌던 평행선 공준을 부정하면서 가우스, 보여이, 로바쳅스키 등의 수학자들은 다양한 가능성이 공존하는 새로운 세계를 열게 됩니다.

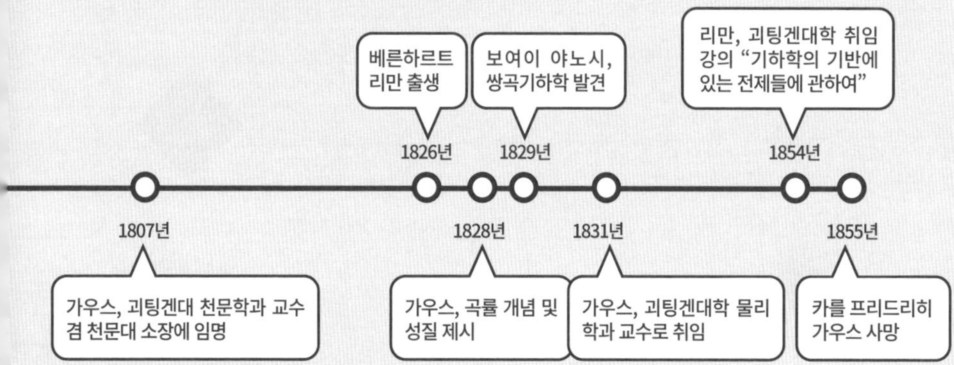

PART 11

무한으로 가는 길을 연 사람, 칸토어

E_0 = m m m m m m m m m

E_1 = w w w w w w w w w

E_2 = m w m w m w m w m

E_3 = w m w m w m w m w

E_4 = w m m w w m m w m

E_5 = m w m w w m w m w

E_6 = m w m w w m w w m

E_7 = w m m w m w m w m

E_8 = m m w m w m w m w

E_9 = w m w m m w w m w

E_{10} = w w m w m w m w m

E_{11} = m w m w w m w m m

게오르크 칸토어 Georg Cantor

출생 - 사망	1845년~1918년
출생지	러시아 상트페테르부르크
직업	수학자

고대부터 수많은 수학자들이 피했던 '무한'을 정면으로 바라본 용감하고 대담한 수학자. 셀 수 있는 무한과 그렇지 않은 무한이 있다는 것을 증명함으로써 무한에도 종류와 계층이 있다는 걸 밝혔다. 지도교수를 비롯한 기존 수학계의 비난과 방해로 정신질환을 앓는 가운데 완성한 칸토어의 무한집합에 대한 이론은 현대 수학의 바탕이 되었다.

세상의 비난을 견디지 못하고 정신병원에 입원했다?

무한, 닫힌 서랍 속에서 긴 잠을 자다

종교재판에서 목숨을 구하는 대신 자신의 신념을 꺾은 갈릴레오 갈릴레이. 그는 재판장을 나오며 "그래도 지구는 돈다"고 중얼거렸다고 합니다. 목숨을 건진 대가로 갈릴레이는 여생을 집에서 보내는 가택연금에 처해졌습니다. 여기저기 돌아다니며 실험하는 것을 좋아한 그에게는 무척 가혹한 벌이었을 겁니다. 집에 갇힌 신세가 된 갈릴레이의 관심은 실험에서 순수 수학으로 옮겨 갔습니다. 특히 그는 무한에 대해 진지하게 탐구하기 시작했습니다. 수녀였던 딸과 매일 기도하는 것으로 시간을 보낼 수밖에 없던 그에게 무한은 신을 의미하는 것이었는지도 모릅니다.

그러던 어느 날, 갈릴레이는 다음과 같은 일대일 대응을 떠올렸습니다.

$$
\begin{array}{ccccccc}
1 & 2 & 3 & 4 & 5 & 6 & \cdots \\
\downarrow & \downarrow & \downarrow & \downarrow & \downarrow & \downarrow & \cdots \\
1^2 & 2^2 & 3^2 & 4^2 & 5^2 & 6^2 & \cdots \\
\parallel & \parallel & \parallel & \parallel & \parallel & \parallel & \\
1 & 4 & 9 & 16 & 25 & 36 & \cdots
\end{array}
$$

즉, 자연수 1, 2, 3, …과 그것의 제곱수인 1, 4, 9, …를 짝짓는 겁니다. 두 집합 사이에 일대일 대응이 존재한다는 건 두 집합의 개수가 같다는 것을 의미하니까 자연수와 제곱수의 개수가 같다고 얘기할 수 있겠네요. 앗, 뭐라고요? 분명히 자연수 안에 제곱수가 있는데, 어떻게 둘의 개수가 같을 수 있나요? 부분과 전체가 같은 크기를 갖는다는 게 말이 되나요? 말이 안 되지만 분명 자연수 하나에 제곱수 하나를 짝지을 수 있으니까 개수가 같다고도 볼 수 있기도 하고… 뭔가 혼란스럽습니다.

갈릴레이 시대의 수학자들은 이런 문제에 대해 별다른 관심을 갖지 않았습니다. 당시만 하더라도 무한은 인간이 셈할 수 있는 한계를 넘어서는 것이고, 무한 자체를 '신'으로 여겼기 때문에 무한을 분석하고 연구하는 것은 수학계의 금기였습니다. 갈릴레이는 1638년 출판된 그의 마지막 책《두 가지 새 과학에 대한 논의와 수학적 논증》에서 이 일대일 대응을 다루면서 "자연수의 개수와 제곱수의 개수가 같다"는 결론을 내렸습니다. 분명히 뭔가 이상하다는 걸 느꼈을 텐데 갈릴레이는 이 문제에 더 깊이 들어가지 않았습니다. 그저 문제를 돌돌 말아 서랍 속에 넣고 닫아버렸습니다. 이미 지동설을 주장해서 종교재판을 받은 갈릴레이 입장에서는 또다시 신의 영역을 건드리고 싶지 않았을 겁니다.

알쏭달쏭 무한의 세계

갈릴레이는 무한에 대해 "본성상 우리가 이해할 수 없는 것"이라고 주장했고, 수학의 왕자 가우스조차 무한을 실제적인 것으로 사용하는 것에 반대하며 "무한은 단지 말하는 방법에 지나지 않는다"고 했습니다. 수학자들은 무한을 다루면서 직관에서 벗어나는 이상한 일이 자꾸 생기자 무한을 피해버렸습니다. 도대체 어떤 이상한 일이었을까요? 무한의 놀라운 모습을 살짝 맛보도록 하죠.

반지름이 1인 원 위의 점의 개수와 2인 원 위의 점의 개수 중 어느 쪽이 많을까요? 생각해보세요.

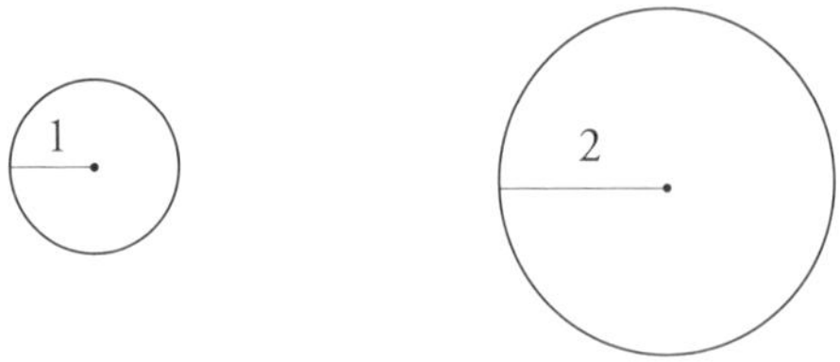

반지름이 1인 원의 원둘레는 2π, 반지름이 2인 원의 원둘레는 4π입니다. 원둘레가 2배만큼 기니까 원 위에 있는 점도 2배만큼 많을 거란 생각이 듭니다. 하지만 원 위의 점의 개수는 무한이기 때문에 그렇게 간단하지 않습니다. 두 집합 사이에 일대일 대응이 있으면 두 집합의 개수가 같다고 한 걸 기억하면서 다음 그림과 같은 일대일 대응을 생각해보죠.

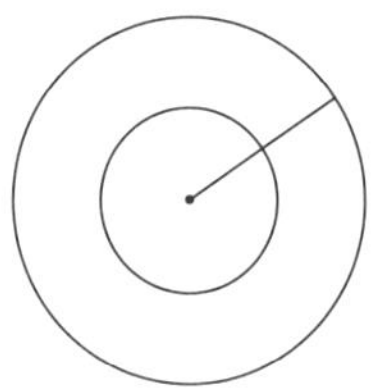

두 원의 중심을 같은 위치에 놓고 원의 중심에서 바깥쪽으로 직선을 그립니다. 그러면 작은 원, 큰 원과 각각 한 점에서 만납니다. 직선과 만난 이 두 점을 짝지으면 바로 일대일 대응이 되는 겁니다. 원둘레의 길이는 분명히 다르지만, 원 위에 있는 점의 개수는 같습니다. 달리 이야기하면 모든 직선은 길이가 길거나 짧거나 관계없이 그 위에 있는 점의 개수가 완전히 똑같다는 겁니다.

무한 호텔의 손님 맞이

이런 무한의 놀라운 모습을 또 다른 이야기로 만나보겠습니다. 무한히 많은 방을 가진 호텔이 있다고 해볼까요? 각 방에는 1번 방, 2번 방, 3번 방, … 이렇게 자연수로 번호가 매겨져 있습니다. 모든 방이 손님으로 가득 차 있는데, 예기치 않게 새로운 손님이 왔습니다. 기존의 손님을 내보내지 않고 새 손님을 받을 수 있을까요?

빈방이 없어서 새 손님을 받을 수 없을 것 같은데, 가능합니다. 새로 온 손님을 잠깐 기다리게 하고 기존 손님들에게 자신의 방 번호에 1을 더한 방으로 옮겨달라고 부탁하면 됩니다. 1번 방 손님은 2번 방으로, 2번 방 손님은 3번 방으로, 일반적으로 n번 방 손님은 $(n+1)$번 방으로 옮기는 겁니다. 이렇게 하면 기존의 손님은 하나도 나가지 않고 1번 방이 비게 됩니다. 이제 비어 있는 1번 방을 새 손님에게 배정하면 되는 거죠.

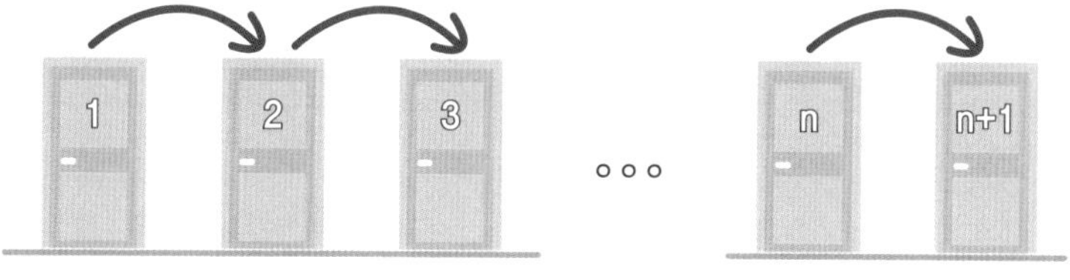

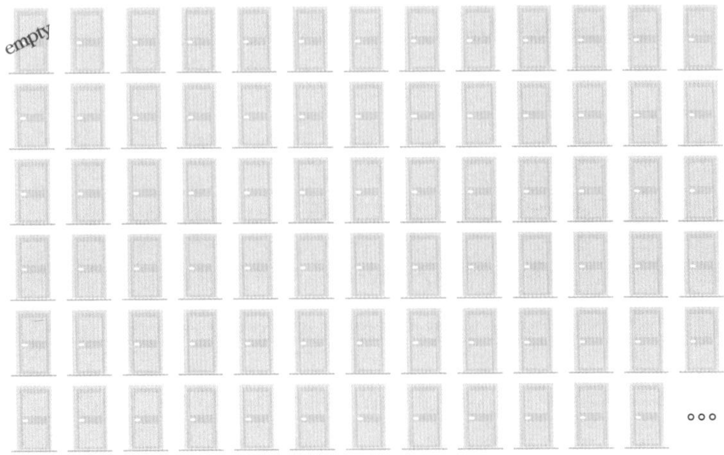

만일 손님이 한 명이 아니라 무한히 많은 손님들을 실은 버스가 오는 경우에도 손님을 받을 수 있을까요? 물론이죠. 이번에는 기존에 있는 손님들에게 자신의 방 번호에 2를 곱한 방으로 옮겨달라고 하면 됩니다. 그러면 모든 짝수의 방에 기존 손님들이 들어가게 되고, 무한히 많은 홀수 번호의 방들이 남게 됩니다. 이 빈방들에 버스를 타고 온 무한히 많은 손님들이 한 명씩 들어가면 되는 거죠.

무한히 많은 손님을 실은 버스가 한 대가 아니라 무한히 많이 올 때도 손님을 받을 수 있을까요? 믿기 어렵겠지만 이번에도 가능합니다. 우선 기존에 있는 손님들에게 자신의 방 번호만큼 2를 거듭제곱한 방으로 옮겨달라고 합니다. 즉, n번 방 손님은 2^n번 방으로 옮기는 겁니다. 이제 버스에 있는 손님들에게 방을 배정해보죠. 버스를 타고

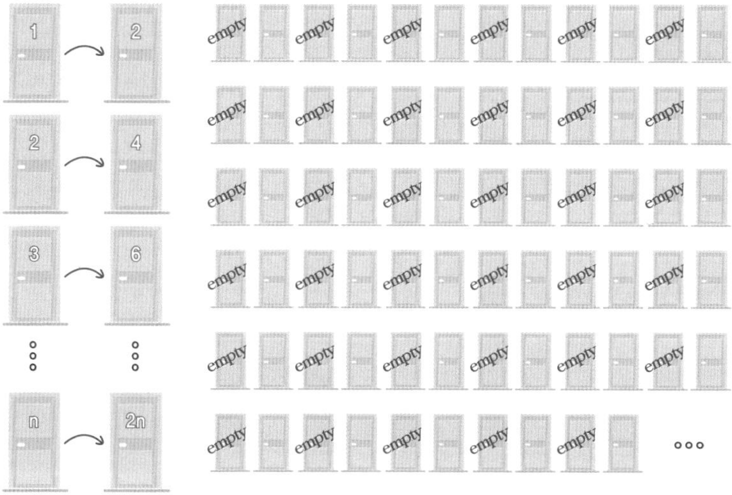

온 손님들의 좌석 번호를 이용해서 배정하는 겁니다. 첫 번째 버스의 손님들에게 자신의 좌석 번호만큼 3을 거듭제곱한 방을 배정합니다. 즉, 좌석 번호가 n번인 손님은 3^n번 방을 배정받는 겁니다. 두 번째 버스 좌석 번호 n번 손님은 5^n번 방을, 세 번째 버스 좌석 번호 n번 손님은 7^n번 방을, 이런 식으로 k번째 버스 좌석 번호 n번 손님은 $((k+1)$번째 소수$)^n$번 방을 배정받는 거죠. 소수의 개수 역시 무한하기 때문에 무한히 많은 버스가 오더라도 모든 손님에게 방을 줄 수 있는 겁니다.

무한 호텔 이야기는 무한에 1을 더해도 무한, 무한에 무한을 더해도 무한, 무한에 무한을 곱해도 무한이라는 다음 수식을 쉽게 표현한 겁니다.

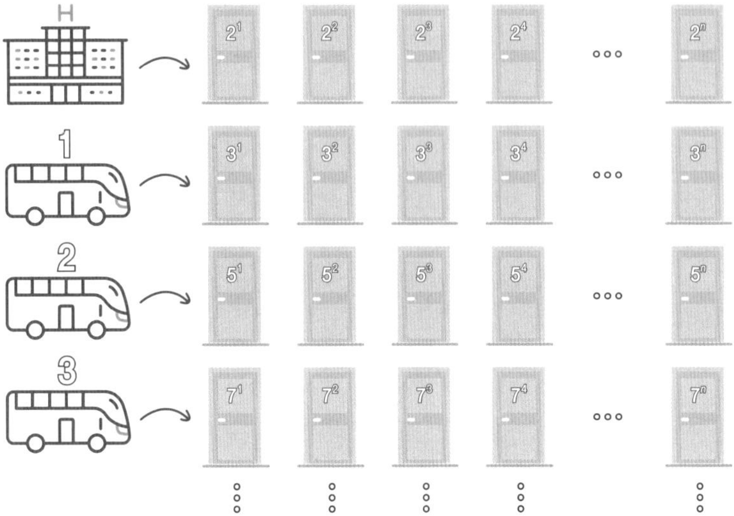

$$\infty + 1 = \infty$$

$$\infty + \infty = \infty$$

$$\infty \times \infty = \infty$$

칸토어, 무한을 셈하다

직관을 벗어나는 무한의 문제는 수학자들을 괴롭혀왔습니다. 답을 찾을 수 없는 수학자들은 무한을 건드리지 않고 서랍 속에 그냥 놔두었죠. 그런데 갈릴레이가 세상을 떠난 지 200여 년이 지난 후, 수학자 한 사람이 대담하게 닫힌 서랍을 열었습니다. 잊혔던 문제를 꺼내 들고 '일대일 대응'이라는 도구를 이용해서 무한을 셈하기 시작했습니다. 겁도 없이 뚜벅뚜벅 '신의 영역'으로 들어선 그의 이름은 게오르크 칸토어(1845~1918)입니다.

자연수와 제곱수의 개수가 같다는 갈릴레이의 주장에서 칸토어는 아주 놀라운 사실을 발견했습니다. 유클리드가 너무나 당연하므로 증명 없이 받아들여야 한다고 주장했던 공리 중 하나는 '전체는 부분보다 크다'입니다. 원소의 개수가 한정된 유한집합에서는 당연한 이야기입니다. 하지만 원소의 개수가 무한히 많은 무한집합에서는 그렇지 않다는 걸 발견한 겁니다. 제곱수들은 분명히 자연수 전체의 부분이지만, 자연수 하나에 제곱수 하나를 짝지을 수 있으니까 제곱수의 집합과 자연수의 집합은 크기가 같다고 할 수 있습니다. 즉, 전체와 부분의 크기가 같은 겁니다.

칸토어는 이런 무한집합의 놀라운 성질을 계속해서 연구했습니다. 그는 자연수 하나에 유리수 하나를 짝지어주는 일대일 대응이 있는지 찾아보기 위해, 우선 유리수를 다음과 같이 순서대로 늘어놓았습니다.

1/1	1/2	1/3	1/4	1/5	1/6	1/7	…
2/1	2/2	2/3	2/4	2/5	2/6	2/7	…
3/1	3/2	3/3	3/4	3/5	3/6	3/7	…
4/1	4/2	4/3	4/4	4/5	4/6	4/7	…

이렇게 늘어놓고 가로로 옆으로 가면서 유리수와 자연수를 짝지어 주려고 해보니 아무리 해도 첫 줄이 끝나지 않았습니다. "첫 줄 아래에도 무한히 많은 유리수들이 있는데 첫 줄을 벗어나지도 못하다니!"

모든 유리수를 자연수와 대응시키는 방법을 궁리하던 칸토어는 기발한 방법을 찾아냈습니다. "1/2와 2/1은 분자와 분모의 합이 모두 3이네. 1/3, 2/2, 3/1은 분자와 분모의 합이 4로 같고. 분자와 분모의 합이 일정한 값이 되는 유리수들이 대각선으로 한 줄에 모여 있군!"

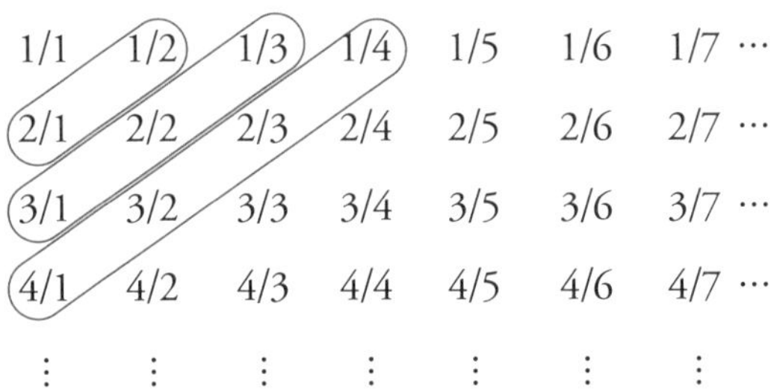

"그래, 분자와 분모의 합이 같은 유리수들부터 자연수와 짝을 지어 주면 되겠어. 중간에 2/2나 3/3같이 앞에 나온 유리수는 제외하면 될 거고."

칸토어는 유리수를 다음 그림처럼 늘어놓고 화살표를 따라 순서대로 자연수에 대응시켰습니다. 1/1은 1과 짝이 되고, 2/1은 2와, 1/2는 3과, 1/3은 4와 짝이 되고, 2/2는 1과 같으니까 제외하고, 그

다음 3/1을 5와 짝짓고, … 이렇게 계속해서 자연수와 유리수 사이의 일대일 대응을 찾아냈습니다. 즉, 자연수와 유리수의 개수가 같다는 걸 증명한 겁니다.

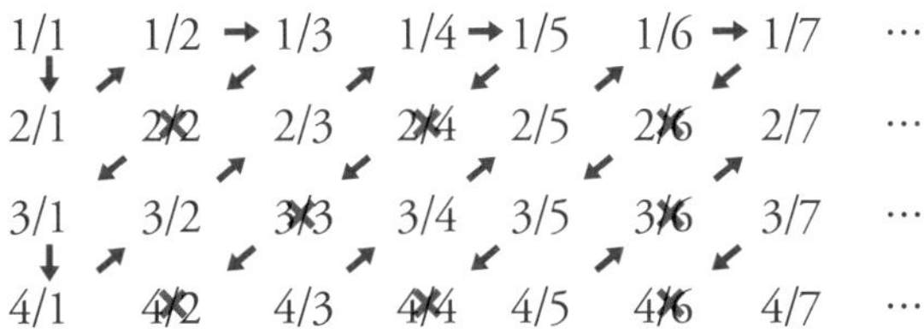

이제 칸토어는 실수의 개수가 얼마나 되는지 궁금해졌습니다. 자연수의 개수보다 많을까? 아니면 유리수의 경우처럼 개수가 같을까?

만일 실수를 일정한 순서대로 늘어놓은 다음 자연수와 하나씩 짝지을 수만 있다면 실수의 개수도 자연수의 개수와 같게 될 겁니다. 그런데 실수의 경우는 그렇게 순서대로 늘어놓을 수 없다는 사실을 칸토어가 '대각선 논법'이라는 흥미로운 방법으로 증명했습니다. 즉, 실수는 자연수나 유리수보다 더 많을 뿐만 아니라, 사실 차원이 다른 무한이라는 것을 알아낸 겁니다. 무한집합이라고 다 크기가 같지 않다는 사실을 밝힌 칸토어의 연구는 수학의 기초가 되는 집합론의 시작이 되었습니다.

칸토어의 생애

수학계에서 금기로 여겼던 무한을 파헤친 대담한 수학자 칸토어. 하지만 수학자로서 그의 시작은 무척 모범적이었습니다. 우선 칸토어의 출생지는 오일러가 생을 마감한 상트페테르부르크입니다. 열한 살이 되던 해, 건강이 나빠진 아버지를 위해 가족 전체가 따뜻한 남쪽 나라 독일로 옮겨 오게 됩니다. 사춘기 시절 수학에 매력을 느낀 칸토어는 일찌감치 수학, 과학 분야로 진로를 정해 취리히대학을 거쳐 베를린대학으로 진학했습니다. 대학생 칸토어는 베를린수학협회에서 적극적으로 활동해 1864년에서 1865년 사이에는 협회 회장을 지내기도 했습니다.

칸토어가 대학에서 공부할 당시, 베를린대학에는 수학계의 세계적인 대가들이 자리 잡고 있었습니다. 해석학 분야에는 바이어슈트라스가, 대수 분야에는 크로네커가 있었습니다. 칸토어는 두 대가의 강의를 모두 들었습니다. 모든 과목에서 뛰어난 성적을 얻었지만, 특히 정수론에 매력을 느낀 칸토어는 가우스가 연구한 정수론 분야의 문제로 박사 학위를 받았습니다(1869년). 크로네커는 자신의 분야를 연구하는 영특한 학생 칸토어에게 호감을 가졌던 것 같습니다. 박사 학위를 받은 칸토어는 베를린대학에서 110km 떨어진 할레대학의 교수 자리를 얻었는데, 이때 크로네커가 도움을 주고 다음 논문 주제까지 정해줬다고 하니까요. 그런데 수학의 중심부 베를린대학에서 멀리 떨어진 할레대학에서 칸토어는 홀로 연구에 몰두했습니다. 지도교수 크로네커가 바라는 정수론이 아니라 바이어슈트라스에게 배운 해석학 분야로 방향을 틀어서 말입니다.

칸토어는 일대일 대응이라는 도구를 가지고 무한집합의 크기를 비교함으로써 무한에는 서로 다른 여러 단계가 있다는 사실을 발견했습니다. 자연수의 집합과 유리수의 집합은 같은 크기를 갖는 무한집합이지만, 무리수의 집합과 실수의 집합은 이들보다 훨씬 큰, 또 다른 단계의 무한집합이라는 걸 증명했습니다. 칸토어는 무한집합에 관한 이 놀라운 발견을 발표하려 했지만, 지도교수 크로네커가 무리수와 집합의 크기에 대한 자신의 연구를 반대하고 있다는 걸 알고 있었습니다. 정수론이 아닌 다른 주제의 논문이 발표되는 걸 방해할 거라고 생각한 칸토어는 살짝 꼼수를 썼습니다. 논문 제목에서 크로네커의 신경을 건드릴 만한 단어를 빼고 그가 좋아할 만한 '대수'라는 단어를 넣었던 겁니다.

스승 바이어슈트라스와 친구 데데킨트는 칸토어의 연구를 높게 평가했습니다. 그러나 수학계의 중심을 차지하고 있던 크로네커에게 '무한을 세기도 하고, 크기도 비교할 수 있다'는 생각은 상식적으로 도저히 받아들일 수 없는 것이었습니다. 크로네커는 칸토어를 "타락한 젊은이"라고 비난하며 그의 논문이 게재되는 것을 막기까지 했습니다. 지도교수에게 밉보여서 베를린대학의 교수 자리는 생각하지도 못하게 된 칸토어는 크게 낙담했습니다. 당시 독일어권 수학자들은 수학의 중심지인 베를린대학이나 괴팅겐대학의 교수가 되는 게 소원이었습니다. 유명 대학의 교수로 자리 잡으면 다른 연구자들과 친분을 맺으면서 더 좋은 논문도 쓸 수 있을 텐데, 자신은 시골의 이름 없는 작은 대학에서 혼자 아무도 알아주지 않는 연구를 하고 있어서 외로움이 더 컸을 것 같습니다.

그런 중에도 칸토어는 무한에 대해 더 깊이 연구했습니다. 무한으로 이끄는 좁은 길 속에서 그는 '자연수의 크기보다 크고 실수의 크기보다 작은 무한이 있는가?' 하는 문제에 부닥치게 되었습니다. 칸토어는 그런 무한이 없다고 생각했는데, 이를 '연속체 가설'이라고 합니다. 1884년, 칸토어는 이 가설에 대한 연구를 스웨덴의 수학자 미타그 레플러(Mittag Leffler)가 발행하는 수학 학술지 〈악타 매스매티카〉에 실으려 했지만 실패했습니다. 연속체 가설을 증명했다고 생각했는데, 다시 보니 치명적인 결함을 발견해서 반대 결과를 증명하고, 다시 결함을 발견하는 일이 반복되었기 때문입니다. 결국 세상의 비난과 연속체 가설의 벽에 부딪힌 서른아홉 살의 칸토어는 그 충격으로 정신병원에 입원하고 맙니다.

이후에도 칸토어는 우울증과 유사한 증세를 보이며 몇 년을 주기로 입원하고 다시 교수직으로 돌아오기를 반복했습니다. 그러는 동안 그는 사람들이 이해할 수 없는 행동을 했습니다. 갑자기 영문학 연구에 몰두하고, 집합론에 대한 초청 강의에서 셰익스피어의 정체가 사실은 프랜시스 베이컨이었다는 이야기를 늘어놓기도 했습니다. 중상모략을 당하고 있다는 망상에 사로잡혀 대학에 이상한 편지를 보내는 황당한 일도 있었습니다. 그럼에도 불구하고 할레대학은 칸토어가 교수직을 유지할 수 있도록 많은 도움을 주었고, 덕분에 칸토어는 대각선 논법을 발표하고 집합론이라는 새로운 학문을 만들어낼 수 있었습니다.

1870년경과 1900년대 초반의 칸토어. 풍성한 턱수염은 20대나 50대나 그대로인데, 30년이 지나는 동안 풍성한 머리카락은 사라졌다. 무한의 신비를 엿본 대가일까?

수학의 본질은 자유

무한집합에 대한 연구에서 나온 칸토어의 집합론은 현대수학의 시작점이 되었습니다. 오늘날 수학과 전공 필수 과목에 들어갈 정도로 모든 수학의 기초가 된 집합론이지만 처음 세상에 나왔을 때는 비난을 피할 수 없었습니다.

스승인 크로네커의 비난과 방해는 말할 것도 없고, 19세기 말 프랑스를 대표하는 수학자 앙리 푸앵카레(Henri Poincare)도 거세게 비판했습니다. 엄밀성과 형식보다 직관이 우월하다는 믿음을 가졌던 푸앵카레는 무한에 대해 가우스와 동일한 태도를 가졌습니다. 그도 무한을 실제적인 것으로 인정하지 않았고, 집합론을 '수학이 걸린 병', '언젠가 나을 병'으로 여겼습니다.

하지만 푸앵카레의 최대 경쟁 상대였던 독일의 힐베르트는 정반대 입장이었습니다. 집합론을 창시한 칸토어의 업적을 "누구도 칸토어가 창조한 낙원에서 우리를 추방할 수 없다"는 표현으로 격찬했습니다. 집합론으로 새로운 세계를 만든 칸토어를 세상을 창조한 신에 비유한 겁니다. 단순한 찬사에 그치는 게 아니라 앞에서 소개한 '무한호텔'이라는 사고 실험을 고안해 무한의 놀라운 성질을 대중에게 알리기도 했습니다.

1885년 이후 칸토어의 관심은 수학에서 신학으로 옮겨졌습니다. 비판과 반대만 하는 수학자들과는 달리 신학자들은 칸토어를 인정해 주었기 때문입니다. 무한에 대한 그의 연구에 관심을 가지는 신학자 및 철학자와 교류하면서 칸토어는 자신의 생각이 지닌 신학적 의미에 깊은 관심을 가졌습니다. 주어진 무한집합을 발판으로 삼아 그것보다 무한하게 더 큰 집합을 항상 만들 수 있기 때문에 '가장 큰' 무한은 없으며, 인간의 지성으로는 크기를 가늠할 수 없는 '절대 무한'이 바로 신이라고 생각했습니다. 신학자들의 지지는 그에게 자신감을 주었고, 수많은 수학자들의 반대에도 불구하고 자신의 연구가 중요하다는 확신을 갖게 해주었습니다.

수학의 중심지에서 홀로 외롭게 연구하던 칸토어는 국내외의 수학단체를 조직하는 일에 앞장섰습니다. 괴팅겐대학과 베를린대학으로 대표되는 소수 독일 수학자들이 휘두르는 권력에 대항하여, 학문적 자유를 얻기 위해 1890년 독일수학자연맹의 출발에 주도적 역할을 했습니다. 또한 1897년 최초의 세계수학자대회가 스위스의 취리히에서 개최되는 것에 크게 기여했습니다. 자신에게 적대적인 독일의 수학자들보다 상대적으로 호의적이었던 다른 유럽 국가의 수학자들과 교류하길 원했던 겁니다.

수학계의 중심에 서고 싶다는 야망을 품고 외롭게 무한의 세계로

가는 길을 닦았던 칸토어는 그가 가꾼 세계의 아름다움을 보러 사람들이 하나둘 모여들었을 때, 그곳에 있지 못했습니다. 연속체 가설을 연구할 때부터 시작된 정신질환이 또다시 칸토어를 괴롭혔던 겁니다. 제1차 세계대전 중이었던 1917년 6월, 또다시 정신병원에 입원한 칸토어는 6개월 후 심장마비로 세상을 떠나고 말았습니다.

칸토어는 새로운 개념과 아이디어를 열린 마음으로 탐구해야 한다는 신념에 따라 연구하고 그 결과를 발표했습니다. 그는 아이디어가 어디로 뻗어가든 그 아이디어를 밀고 나가는 것이 허용되어야 한다고 믿었습니다. 그의 생각과 삶은 그가 남긴 명언 하나로 압축됩니다.

"수학의 본질은 자유로움에 있다."

할레대학에 세워진 기념물의 한 면으로 왼쪽 칸토어의 초상 아래 연속체 가설을 나타내는 수식 $C=2^{\aleph_0}$가 있다. 그 아래에는 '수학의 본질은 자유로움에 있다'는 뜻의 독일어 문구(DAS WESEN DER MATHEMATIK LIEGT IN IHRER FREIHEIT)가 적혀 있다. 오른쪽은 유리수의 개수가 자연수의 개수가 같다는 것을 보여주는 그림이다. ⓒWolfgang Volk

무너지는 유클리드 기하학

2천 년 동안 유클리드 기하학은 엄밀한 증명의 대명사이자 교과서로 여겨져왔습니다. 수학자들은 유클리드 기하학을 단단한 반석이라 여기고 그 위에 집을 지어왔던 겁니다. 대수학의 발전과 해석기하학, 미적분학의 발명으로 수학이라는 구조물은 이제 고층 빌딩이 되어가는 중이었습니다. 다섯 번째 공준, 평행선 공준이라는 바위에 살짝 난 금을 손보기 위한 여러 수학자들의 시도는 자신들이 기초로 삼았던 바위들이 생각보다 허술하다는 사실을 깨닫는 계기로 이어졌습니다.

비유클리드 기하학 연구 결과가 널리 알려지면서 유클리드 기하학의 결함이 드러나자 지금까지 쌓아 올린 수학이라는 구조물이 모래성처럼 무너질지도 모른다는 위기감이 수학자들을 덮쳤습니다. 동시에 수학자들은 아예 다른 바위를 가지고도 집을 지을 수 있다는 것을 깨달았습니다. 평행선 공준을 부정했는데도 연역적 추론을 통해 다양한 비유클리드 기하학이 탄생되는 걸 목격하면서 수학이 반드시 자연현상과 일치해야 한다는 고정관념에서 벗어난 겁니다. 논리적 모순만 없으면 얼마든지 연역적 추론을 통해 새로운 수학적 사실을 얻어낼 수 있다는 생각을 하게 된 겁니다.

이제까지 쌓아 올린 고층 빌딩을 포기할 수 없었던 수학자들은 수학의 기초를 단단하게 만들겠다는 야심 찬 프로젝트를 시작했습니다. 유클리드 기하학 대신 미적분학의 논리를 세우는 것부터 출발했습니다. 그런데 이 작업을 하다 보니 복소수 및 실수 체계를 제대로 세우는 게 필요하다는 것을 깨닫게 되었습니다. 유리수를 이용해 무리수를 정의하고 무리수의 성질을 유도하는 등의 작업을 하면서 수학자들은 근본적으로 자연수의 체계를 논리적으로 단단히 해야 한다는 결론에 이르렀습니다. 수학의 발전은 피타고라스에서 라이프니츠까지 자연수와 유리수, 무리수, 대수, 미적분학 순서로 이루어져 왔는데, 그 기초를 단단히 하는 작업은 거꾸로 이루어졌다는 사실이 흥미롭습니다.

이런 배경 속에서 칸토어는 자연수와 유리수, 실수와 같은 무한집합을 연구했습니다. 그런데 이번에는 다섯 번째 공리 '전체는 부분보다 크다'라는 유클리드의 공리가 항상 성립하지 않는다는 게 발견되었습니다. 원소의 개수가 무한히 많은 무한집합에서는 전체와 부분의 개수가 같다는 걸 칸토어가 발견한 겁니다. 완벽하다고 믿었던 유클리드 기하학에서 심각한 오류가 발견되자, 수학자들은 칸토어의 집합론을 발판으로 삼아 수학의 기초를 새로 다지기 시작했습니다.

집합론의 배신

논리적으로 엄밀하게 진짜 튼튼한 기초를 세우고 있던 1901년, 수학자들은 다시 한번 뒤통수를 맞았습니다. 믿었던 집합론에서 모순이 발견된 겁니다. 영국의 수학자이자 철학자인 버트런드 러셀은 자신이 발견한 모순을 일반인이 쉽게 이해할 수 있게 이야기로 만들었는데, 이는 '이발사의 역설'이라는 이름으로 널리 알려져 있죠.

러셀이 '이발사의 역설'을 발견하자, 다른 수학자들도 이와 비슷한 역설들을 발견하기 시작했습니다. 마치 빨간색 옷을 입고 나선 날, 나와 똑같은 빨간색 옷을 입은 사람들을 많이 보는 것처럼 말입니다. 보통 사람들에겐 말장난으로 가볍게 넘겨버릴 역설이지만, 당시 수학자들에게는 공포로 다가왔습니다. 간신히 수학의 기초를 건설한 단단한 바위를 찾았다고 생각했는데, 다시 그 기초가 흔들리게 된 거니까요.

이발사의 역설

러셀은 다음과 같은 집합을 만들어 집합론의 모순을 지적했습니다.

$$S = \{x \mid x \notin S\}$$

이 집합은 자신에게 속하지 않는 원소들을 포함하는 집합입니다. 다시 말해 어떤 원소가 이 집합에 속한다면($x \in S$), 그 원소는 이 집합에 속하지 않게 됩니다($x \notin S$). 그런데 이 집합에 속하지 않는 원소($x \notin S$)는 이 집합에 속하게 됩니다($x \in S$). 이 집합은 논리적 구성에서 아무런 문제가 없어 보이지만 실제로는 모순을 안고 있고 존재할 수도 없습니다. 러셀은 이 상황을 쉽게 설명하기 위해 다음과 같이 이발사에 대한 이야기를 만들었습니다.

어느 마을에 이발사가 딱 한 사람만 있었답니다. 그 마을 이발사는 스스로 면도를 하는 사람에게는 면도를 해주지 않지만, 스스로 면도를 하지 않는 사람들은 빠짐없이 면도를 해줬다고 합니다. 그런데 어느 날 거울 속에서 수염이 수북하게 자란 자신의 모습을 본 이발사는 스스로 면도를 해야 할지 말아야 할지 결정하지 못해 안절부절못했다고 합니다. 왜 그랬을까요?
만일 이발사 스스로 면도를 하려 한다면 스스로 면도하는 사람에게는 면도를 해주지 않겠다고 했으므로 규칙을 깨게 됩니다. 그러나 만일 스스로 면도를 하지 않는다면 그런 사람에게 면도를 해주겠다고 했으므로 면도를 해야 하는 거죠. 이발사는 논리적 곤경에 빠져 이러지도 저러지도 못하게 된 겁니다.

수학의 기초를 세우기 위한 노력

결자해지일까요? 집합론의 모순을 지적했던 러셀은 수학의 기초를 자기가 세우겠다고 나섰습니다. 수학이라는 구조물이 서 있는 바탕을 논리적으로 하나하나 검토해 모순을 일으키는 것을 제거해서 모든 수학적 명제가 논리적으로 성립되는 최소한의 기본이 되는 공리만 남기겠다고 한 겁니다.

이 작업의 결과물로 나온 것이 바로 러셀과 알프레드 화이트헤드가 함께 쓴《수학 원리(Pricipia mathematica)》입니다. '프린키피아 매스매티카', 어디서 들어본 듯하죠? 네, 과학혁명을 완성했다는 뉴턴이 쓴《자연철학의 수학적 원리》, 간단히《프린키피아》라고 부르는 그 책에서 제목을 따온 겁니다.

세 권으로 된 이 책은 첫 권은 1910년에, 마지막 권은 1913년에 발간되었습니다. 전문지식을 습득하지 않으면 알아볼 수 없는 기호가 빽빽하게 늘어선 페이지로 가득 찬 이 책은 집합론으로 시작해서 자연수, 유리수, 실수의 기초적인 성질을 다뤘습니다. 유치원생도 아는 '1 + 1 = 2'를 논리적으로 증명한 것으로 유명합니다. 어찌나 내용이 어려운지 이 책을 처음부터 끝까지 다 읽은 사람은 딱 세 명이라는 농담도 있습니다. 저자인 러셀과 화이트헤드, 그리고 이 책에 관한 논문을 써서 수학계를 뒤흔든 쿠르드 괴델. 이렇게 세 명만 읽었다는 거죠.

20세기 초반의 30년 동안, 힐베르트를 비롯한 여러 수학자들은 최소한의 공리를 기초로 해서 엄밀한 추론을 통해 수학 체계를 세우려

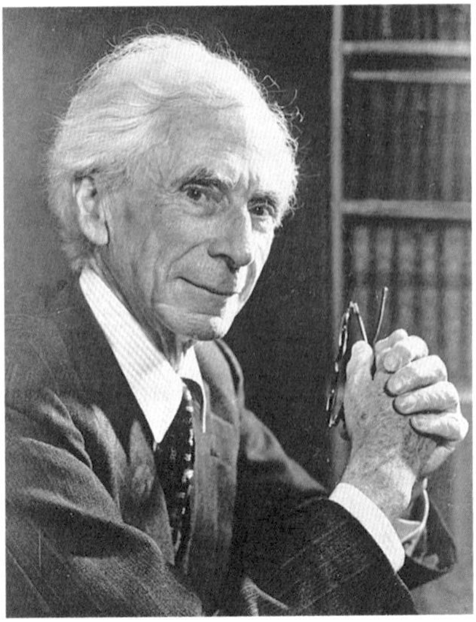

어린 시절, 인생이 지루해서 자살을 생각했지만 수학을 더 알고 싶어서 그러지 못했다는 러셀은 98세로 세상을 떠날 때까지 수학자, 철학자, 사회운동가로 활동했다. 1950년에는 "인도주의적 이상과 사고의 자유를 옹호하는 다양하고 의미 있는 작품들"을 쓴 공로로 노벨문학상을 받기도 했다. 수학자 중 노벨상을 받은 사람은 여럿 있지만, 문학상을 받은 인물은 러셀이 유일하다.

고 시도했습니다. 수학자들은 논리적으로 완벽한 수학 체계를 만들고 싶어 했습니다. 그 체계 안에서는 참인 모든 명제를 증명할 수 있고, 어떤 명제가 참인지 거짓인지 구분할 수 있으며, 참인 동시에 거짓이 되는 모순되는 상황은 존재하지 않는 수학자들의 '꿈의 나라'를 세우려고 했던 겁니다. 러셀과 화이트헤드도 이런 생각을 가지고《수학 원리》를 썼고, 다른 수학자들과 생각을 공유했습니다. 여러 수학자들이 자연수의 연산과 집합론에 필요한 공리를 정해서 수학의 기초를 세우고 연역적 추론으로 단단한 구조물을 쌓아 올리는 이른바 '힐베르트 프로그램'을 진행하면서 수학자들의 꿈이 곧 이루어지는 듯 보였습니다. 오스트리아 빈대학에서 열린 '러셀의 수리철학 입문' 세미나에 괴델이 참석하기 전까지는 말입니다.

세미나를 통해 수리논리학의 세계에 빠져든 괴델은 그 후《수학 원리》를 철저하게 파고들었습니다. 박사 학위를 딴 다음 해인 1931년, 스물다섯 살의 젊은 수리논리학자 괴델은 '《수학 원리》 및 그와 연관된 체계들 속에서 형식적으로 결정될 수 없는 명제에 관하여'라는 제목의 논문을 발표했습니다. 괴델은《수학 원리》의 이론 오류를 지적하는 동시에 어떤 수학 체계이든지 간에 '참이지만 증명할 수 없는 명제가 반드시 존재한다'는 것을 증명했습니다. 이것을 괴델의 '불완전성 정리'라고 부릅니다.

불완전성 정리로 유명한 수학자이자 논리학자 쿠르드 괴델의 빈대학 시절 초상.

이 정리가 발표되자 수학계는 발칵 뒤집혔습니다. 수학적 명제는 증명을 통해 참이라는 것이 밝혀지는데, 증명할 수 없는 명제가 참인지 어떻게 알 수 있느냐 하는 문제가 생기니까요. 또한 수학적으로 참이라는 것의 의미는 무엇인지, 증명한다는 것은 정확히 무엇을 의미하는지 아주 근본적인 부분부터 다시 생각해야 되는 지경에 이르렀습니다. 괴델은 수학자들이 꿈꾸던 '완벽한 논리적 체계'는 정말 꿈일 수밖에 없다는 것을 보여준 겁니다. 단단한 기초 위에 수학을 세우려던 수학자들의 계획, 힐베르트 프로그램은 괴델의 '불완전성 정리'로 산산조각 나버렸습니다.

불완전성 정리를 발표한 괴델의 다음 관심은 칸토어가 세상을 마칠 때까지 고민했고, 힐베르트가 20세기에 해결되길 바라던 첫 번째 문제인 '연속체 가설'이었습니다. 1940년에 괴델은 연속체 가설이 집합론의 공리들과 모순되지 않음을 증명했습니다. 연속체 가설 문제의 절반을 해결한 셈입니다. 나머지 반은 1963년, 미국의 젊은 수학자 폴 코언(Paul Cohen)이 해결했습니다. 코언은 집합론 공리 체계들로는 연속체 가설이 참인지 거짓인지 밝힐 수 없다는 것은 보여줌으로써 1966년에 '수학의 노벨상'이라고 불리는 필즈상을 받았습니다.

완벽한 논리적 체계를 세우고자 하는 수학자들의 꿈은 깨져버렸지만, 불완전성 정리를 통해 수학 기초론의 모순이 드러나게 되어 오히려 수리논리학이 더 발전할 수 있는 계기가 되었습니다. 또한 불완전성 정리는 폰 노이만, 앨런 튜링과 같은 천재 수학자들에게 직접적으로 영향을 끼쳐 세계 최초의 현대적 컴퓨터 설계를 만드는 이론의 바탕이 되었습니다.

수학 외전

실수는 자연수보다 많다! - 칸토어의 대각선 논법

칸토어는 일단 0과 1 사이의 모든 실수를 늘어놓는 어떤 방법이 분명히 있다고 가정했습니다. 이어서 그는 0과 1 사이의 실수를 순서대로 늘어놓아 목록을 만들 수 있다고 가정했습니다. 이렇게 순서대로 늘어놓은 실수들을 각각 하나의 자연수와 짝지으려고 했던 겁니다. 늘어놓은 수 가운데 첫 번째 수는 1과, 다음 수는 2와, 이런 식으로 계속하면 0과 1 사이의 실수를 모두 자연수와 짝지을 수 있다고 생각했습니다. 그렇게 늘어놓은 수의 목록이 다음과 같다고 해봅시다.

1	0.2364367756 76...
2	0.0984732945 43...
3	0.1932140422 02...
4	0.8432792420 93...
5	0.0129348123 43...
6	0.6394234129 34...
7	0.0177739238 45...
8	0.2389200909 09...
9	0.1239847329 99...
10	0.6463298781 22...
.	.
.	.
.	.
	0.2932339921...

칸토어는 늘어놓은 무한히 많은 수를 이용해 '대각선 수'를 만들었습니다. 첫 번째 수에서 소수점 아래 첫째 자리 수를 가져오고, 두 번째 수에서 소수점 아래 둘째 자리 수를, 세 번째 수에서 소수점 아래 셋째 수를, 이렇게 계속해서 수 하나를 만들었습니다. 위의 예를 이용해 만든 수는 0.2932339921…입니다. 그런 다음, 대각선 수의 소수점 아래 각 자리 수에 1을 더해 0.3043440032…라는 새로운 수를 얻었습니다. 이렇게 새롭게 얻은 수는 분명히 0과 1 사이의 수입니다. 그런데 이 수는 늘어놓은 모든 수와 다릅니다. 늘어놓은 모든 각각의 수에서 가져온 특별한 수에 1을 더했기 때문에 적어도 1을 더한 만큼은 다르게 되지요. 즉, 새로 만든 수는 0과 1 사이의 실수 목록에 들어가지 않는 겁니다. 이 얘기는 0과 1 사이의 모든 실수를 늘어놓은 목록이 있다는 가정에 모순이 있다는 거고, 결국 그런 목록은 없다는 결론에 이르게 됩니다. 즉, 0과 1 사이의 실수는 자연수보다 훨씬 많다는 거죠.

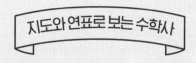

지도와 연표로 보는 수학사

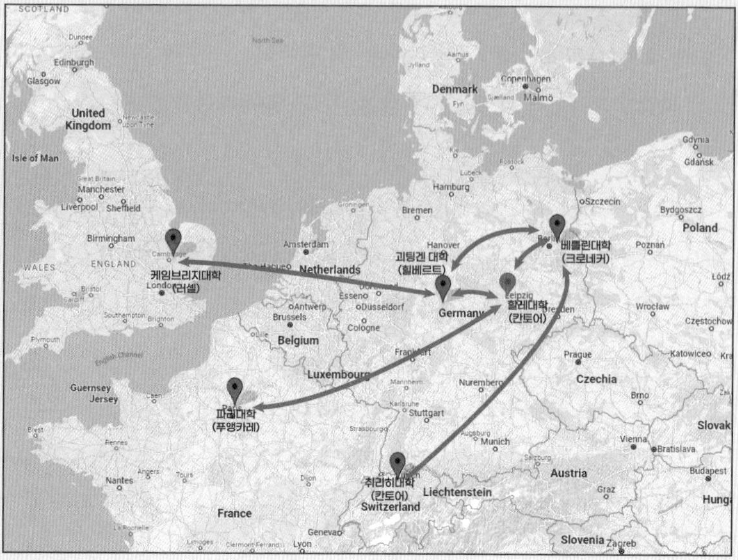

연표

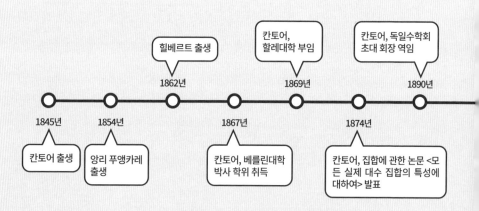

- 1845년: 칸토어 출생
- 1854년: 앙리 푸앵카레 출생
- 1862년: 힐베르트 출생
- 1867년: 칸토어, 베를린대학 박사 학위 취득
- 1869년: 칸토어, 할레대학 부임
- 1874년: 칸토어, 집합에 관한 논문 <모든 실제 대수 집합의 특성에 대하여> 발표
- 1890년: 칸토어, 독일수학회 초대 회장 역임

수학의 중심지, 파리에서 베를린으로 옮겨지다

19세기 후반, 가우스가 교편을 잡았던 괴팅겐대학과 그의 제자들이 교수로 있던 베를린대학은 독일 수학의 중심지가 되었습니다. 두 대학 사이에 자리 잡은 할레대학은 새로운 세대의 수학자를 위한 공간으로 독일 중심지에서 교수가 되기 위해 거쳐야 하는 디딤돌이라고 생각할 만한 장소였습니다. 괴팅겐대학과 베를린대학을 중심으로 형성된 수학 학파는 19세기 후반부터 20세기 초반까지 선구적인 연구를 진행하여 세계 수학계를 이끌었습니다.

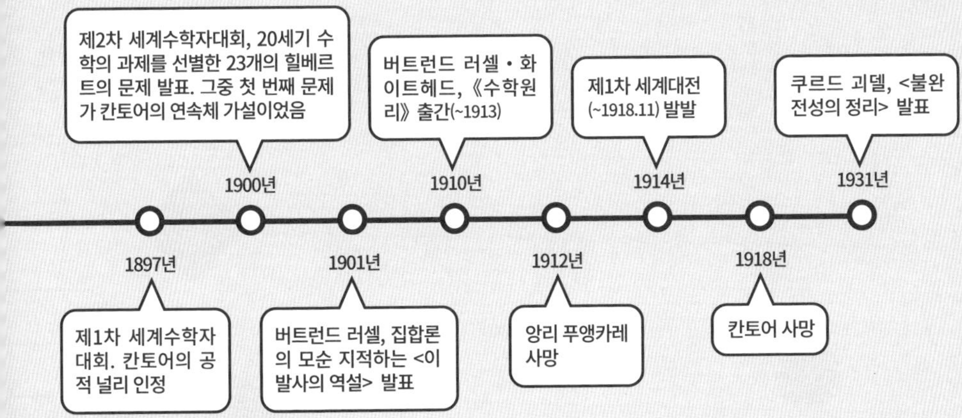
1897년
제1차 세계수학자대회. 칸토어의 공적 널리 인정
1900년
제2차 세계수학자대회, 20세기 수학의 과제를 선별한 23개의 힐베르트의 문제 발표. 그중 첫 번째 문제가 칸토어의 연속체 가설이었음
1901년
버트런드 러셀, 집합론의 모순 지적하는 <이발사의 역설> 발표
1910년
버트런드 러셀・화이트헤드, 《수학원리》 출간(~1913)
1912년
앙리 푸앵카레 사망
1914년
제1차 세계대전 (~1918.11) 발발
1918년
칸토어 사망
1931년
쿠르드 괴델, <불완전성의 정리> 발표

PART 12

인공지능의 아버지, 앨런 튜링

앨런 튜링 Alan Turing

출생 - 사망	1912년~1954년
출생지	영국 런던
직업	수학자

제2차 세계대전을 연합군의 승리로 이끄는 데에 큰 공헌을 한 암호 해독기를 발명한 수학 천재. 군사기밀을 이유로 업적 대부분이 가려져 있던 중 동성애자임이 밝혀져 범죄자 낙인이 찍히고, 소련의 스파이라는 의혹까지 받는 등 고단한 삶을 살다 끝내 독이 든 사과를 베어 물고 스스로 세상을 떠났다. 컴퓨터의 기본 구조를 고안하고 인공지능이란 개념을 맨 처음 제안해서 '컴퓨터와 인공지능의 아버지'라고 불린다.

암호 해독으로 전쟁을 승리로 이끌었다!

화폐 속 인물이 된 수학자는?

대한민국 최고액권 화폐인 5만 원권에는 신사임당이 그려져 있습니다. 1만 원권에는 세종대왕, 5천 원권에는 율곡 이이, 1천 원권에는 퇴계 이황의 얼굴이 그려져 있고요. 다른 나라 화폐에도 사람의 얼굴이 그려져 있는 경우가 많습니다. 대부분 위대한 업적을 남겨 사람들에게서 존경받는 정치인이나 예술가, 과학자 들이죠. 각 나라의 화폐는 지폐와 동전을 합해서 기껏해야 10가지 정도로 종류가 많지 않고, 디자인을 자주 바꾸지 않기 때문에, 치열한 경쟁을 뚫어야 화폐 속 인물이 될 수 있습니다.

'제2의 국기'라고도 하는 화폐 속 인물이 된 수학자도 여러 명 있습니다. 유럽의 화폐가 유로화로 통일되기 전에는 여러 수학자들의 얼굴을 화폐에서 볼 수 있었습니다. 이탈리아 500리라 동전에는 루카 파치올리, 2000리라 지폐에는 갈릴레오 갈릴레이의 얼굴이 있었습니다. 프랑스 500프랑과 100프랑 지폐의 주인공은 각각 블레즈 파스칼, 르네 데카르트였고요. 스위스 10프랑 속 인물은 레온하르트 오일러였고, 독일 5마르크, 10마르크에는 고트프리트 라이프니츠, 카를 프리드리히 가우스였습니다. 이 책에서 다뤘던 수학자들 대부분이 화폐의 주인공이었네요!

영국에서는 지난 2021년 6월부터 새로운 디자인의 50파운드 지폐가 유통되었습니다. 지폐 소재를 내구성이 우수하고 위조가 어려

영국의 50파운드 지폐 뒷면. 앨런 튜링의 초상과 그의 업적을 나타내는 그림들이 실려 있다. 초상 아래 "지금 벌어지는 일들은 앞으로 다가올 일의 맛보기에 불과하며, 미래에 벌어질 일들의 그림자를 보는 것에 불과하다"는 인공지능에 관한 튜링의 전망이 적혀 있다. ⓒBank of England

운 폴리머로 바꾸면서 인물도 바꾸기로 했습니다. 이전에는 산업혁명의 동력이 된 증기기관을 발명한 제임스 와트와 그의 동료 매슈 볼턴(Matthew Boulton)의 얼굴이 있었습니다. 지폐에 들어갈 인물로 물리학자 스티븐 호킹(Stephen Hawking)과 물리학자 제임스 클러크 맥스웰(James Clerk Maxwell) 등 11명이 추천되었는데, 최종적으로 결정된 인물은 수학자 앨런 튜링(1912~1954)이었습니다.

비밀에 싸인 수학자

18세기 산업혁명을 상징하는 인물 제임스 와트에 이어 화폐의 주인공이 된 앨런 튜링. 어떤 위대한 업적을 쌓았길래 그는 50파운드 지폐의 주인공이 되었을까요? 영국중앙은행(Bank of England)이 밝힌 선정 이유는 이렇습니다. "앨런 튜링은 현대적인 컴퓨터의 이론적 토대를 제공했으며 기계도 사고할 수 있는지 질문을 던져 인공지능(AI)의 기초를 설정했다." 간단히 말해 컴퓨터와 인공지능의 창시자가 바로 앨런 튜링이라는 거죠.

21세기 디지털 세상을 여는 데에 큰 공을 세운 앨런 튜링이지만 그의 이름은 그리 널리 알려지지 않고 있었습니다. 2015년 앨런 튜링의 생애를 소재로 해서 만들어진 영화 〈이미테이션 게임〉이 개봉했을 때, 많은 사람들이 이 영화가 실화를 바탕으로 한 것이라는 데에 놀랐습니다. 암호 해독으로 제2차 세계대전에서 연합군의 승리에 큰 공을 세웠음에도 동성애자라는 이유로 범죄자로 낙인이 찍혀 사회적으로 추방되었던 앨런 튜링. 소련 측의 스파이라는 누명까지 쓴 채 41세라는 젊은 나이에 죽음에 이르렀던 그의 실제 삶이 영화 속에 고스란히 재현되었습니다.

전쟁 영웅으로 대접받아야 마땅했지만 업적 대부분이 군사기밀이라는 이유로 가려졌던 비운의 수학자. 앨런 튜링에 대한 제대로 된 평가는 그가 세상을 떠난 지 50년이 넘어서야 이뤄졌습니다. 2009년엔 영국 정부의 공식 사과가 있었고, 2013년에는 여왕의 공식 사면이 이루어졌죠. 2021년에는 여러 과학자를 제치고 50파운드 지폐에 튜링의 얼굴이 새겨지고, 그의 생일인 6월 23일에 신권의 유통이 시작되기까지 했습니다.

놀라운 반전의 주인공, 앨런 튜링이 어떻게 컴퓨터와 인공지능의 창시자가 되었는지 이제부터 알아보도록 하죠.

‘불완전성 정리’로 좌절된 수학자들의 꿈

‘처음’, ‘시작’이라는 말은 언제나 설레고 희망에 부풀게 하는 마법을 지니고 있는 듯합니다. 20세기 초반의 30년 동안, 냉철하고 완벽하게 논리적일 것 같은 수학자들도 희망에 부풀어 큰 꿈을 꿨습니다. 당시 수학계를 이끌던 힐베르트는 가장 순수하고 모든 과학의 토대가 되는 수학을 완전하게 재구축하고자 했습니다. 완전하고 모순 없는 수학을 만들면 모든 문제를 자동적으로 풀어내는 만능의 공식 체계를 찾을 수 있을 거란 꿈을 가졌던 겁니다. 여러 수학자들이 힐베르트와 함께 꾸었던 이 꿈을 ‘힐베르트 프로그램’이라고 부릅니다.

수학자들은 집합론을 기초로 삼아 수학을 세워가는 도중 기초가 무너지는 난관을 만났습니다. 토대가 되는 집합론에서 러셀의 ‘이발사의 역설’을 비롯한 여러 모순이 발견된 겁니다. 힐베르트 프로그램에 동참한 여러 수학자들은 집합론의 모순을 도려낼 뿐 아니라 다시는 이러한 모순이 나타나지 않도록 수학 전체를 확고한 기반 위에 세우기 위해 노력했습니다. 젊은 천재 존 폰 노이만(John von Neumann)은 ‘이발사의 역설’을 극복하는 방법을 제시해서 위기에 처한 집합론을 구해냈고, 러셀과 화이트헤드는 기호 논리학을 도입, 확립해 수학 체계를 재구성하는 작업을《수학 원리》에 담아냈습니다. 이런 과정을 통해 수학의 체계는 점점 발전해가고 있는 듯 보였습니다. 당시 수학계는 공리적인 방법만으로도 완전한 수학의 체계를 세울 수 있으리라는 확신에 차 있었습니다. 힐베르트가 자신의 정년퇴임(1930년) 기념 연설문을 마무리하는 구절은 이런 수학계의 흐름을 반영한 듯합니다. "우리는 알아야만 한다, 우리는 알게 될 것이다."

하지만 바로 다음 해, 스물다섯 살의 괴델이 발표한 '불완전성 정리'는 수학자들의 꿈을 산산조각 내버렸습니다. 기계적인 방법만으로는 참인지 거짓인지 판단할 수 없는 명제가 항상 존재할 수밖에 없다는 것을 보임으로써 완전하고 모순 없는 수학은 존재할 수 없다고 선언한 겁니다. 괴델이 불완전성 정리를 발표한 강연에 참석한 사람 중 그 의미를 가장 먼저 깨달은 사람은 폰 노이만이었다고 합니다. 복잡한 수식이 칠판을 가득 채우면서 괴델의 강연이 끝나자, 폰 노이만이 "끝장이군요!"라고 탄식했다는 이야기가 전해집니다. 그는 자신이 구해낸 집합론이 다시 산산조각 나버린 것을 누구보다 먼저 알아챘던 것 같습니다. 이후 폰 노이만은 수학 기초론에 대한 연구에서 완전히 손을 뗍니다.

불완전성 정리가 당대 수학계에 던진 큰 충격 때문에 유명 대학 수학과에서는 괴델의 증명이 정말 맞는지 이해하고 다시 확인하는 세미나와 강의가 열렸습니다. 케임브리지대학의 젊은 수학과 교수 맥스

뉴먼(Max Newman)도 학생들에게 괴델의 증명을 소개하는 강의를 열었습니다. 이 강의에 참석한 학생 중에는 이제 막 수학과 학부 과정을 최우수 성적으로 졸업하고 프린스턴 고등연구소 유학을 앞둔 앨런 튜링도 있었습니다.

뉴먼 교수의 강의를 통해 괴델의 증명을 이해한 튜링은 똑같은 증명을 자기만의 방식으로 할 수 있겠다는 생각을 했던 것 같습니다. 수학계 전체에 영향을 준 놀라운 증명이라고 해서 무시무시할 줄 알았는데 차근차근 배워보니 충분히 따라갈 만했던 겁니다. '나도 수학이라면 꽤 하는 사람인데' 하는 젊은 패기로 재증명에 도전했을 것 같습니다. 튜링이 1936년 스물네 살의 나이로 완성한 논문 〈계산 가능한 수에 관하여, 결정문제에 대한 응용을 중심으로〉가 바로 그 결과물입니다.

튜링 머신에 컴퓨터의 원리가

괴델은 불완전성 정리를 증명하는 과정에서 '괴델 수 대응'이라는 획기적인 아이디어를 떠올렸습니다. 어떤 문자나 단어, 문장도 자연수와 일대일 대응으로 나타낼 수 있다는 생각이죠. 10진수로 표현된 자연수는 당연히 2진수로 표현할 수 있고, 그 반대도 언제나 가능합니다. 따라서 어떤 문장도 0과 1의 조합으로 나타낼 수 있다는 얘기가 되는 거죠. 모든 문장을 수로 나타낼 수 있으므로 수학 명제를 증명한다는 것은 계산을 통해 답을 얻는 것과 같은 얘기가 됩니다. 어떤 계산식을 정해진 방식대로 풀 때, 계속 풀어 나가다 보면 언젠가는 계산이 완료되고 답을 얻을 수 있는가, 없는가를 미리 확실히 알 수 있느냐 하는 결정문제는 괴델의 불완전성 정리를 달리 서술한 것입니다. 기존에 있는 노래를 편곡해서 분위기를 바꾸듯이 수학 정리도 '리메이크'한 셈이죠.

튜링은 결정문제에 대해 '알 수 없다'는 결론을 내렸습니다. 불완전성 정리를 다시 증명해 완벽한 수학을 만들겠다는 수학자들의 꿈이 완전히 깨져버렸다는 걸 확인 사살한 거죠. 그런데 이 결론에 이르는 과정에서 튜링은 '괴델 수 대응'을 활용하고 발전시켜 '튜링 머신(Turing machine)'을 고안했는데, 이 기계에는 현재 우리가 사용하는 컴퓨터의 원리가 담겨 있었습니다.

튜링 머신은 실제 기계가 아니라 머릿속 가상의 기계인데, 입력 테이프와 제어장치로 구성되어 있습니다. 입력 테이프는 작은 칸들로 나눠져 있고, 각 칸에서는 특정한 기호를 읽고, 쓰고, 지울 수 있습니다. 제어장치에 의해서는 테이프의 좌우로 원하는 칸만큼 이동할 수 있습니다. 튜링은 대단히 복잡하고 어려운 계산도 세세하게 쪼개고 쪼개어 간단한 단위로 분해해서 늘어놓으면 튜링 머신으로 처리할 수 있다는 것을 보여주었습니다. 튜링 머신은 일종의 컴퓨터의 원시적인 모델이라고 할 수 있습니다. 튜링은 이 기계로 풀 수 없는 계산 문제를 구성함으로써 불완전성 정리를 증명한 겁니다. 튜링 머신은 현재의 컴퓨터로 이어지는데, 이 컴퓨터는 '거의' 모든 문제를 풀어내는 '거의' 만능 계산 기계가 되었습니다. 만능 계산 기계를 만들려는 수학자들의 꿈을 와장창 깨버린 이론에서 '거의' 만능 계산 기계의 원리가 생겨나다니, 참 아이러니합니다. 문 하나가 닫힌 순간, 다른 문이 열린 거죠.

튜링 머신은 무한히 많은 칸을 가진 테이프, 테이프에 기록되는 기호들, 테이프에 기록된 기호를 읽거나 쓰는 장치, 그 장치의 상태들, 기계의 작동 규칙표, 이렇게 다섯 가지 부품으로 이루어지는 가상 기계다. 위 사진은 하버드대학의 마이크 데비(Mike Davey)가 튜링 머신을 물리적으로 구현해놓은 것이다(2012). Photo ⓒ Rocky Acosta (Wikimedia)

이후 튜링은 폰 노이만이 근무하는 프린스턴대학 수학과에 박사 과정 학생으로 들어가게 됩니다. 폰 노이만은 튜링의 1936년 논문에 언급된, 수학의 정리들을 기계적으로 증명할 수 있는 보편 만능 기계(일종의 튜링 머신)라는 아이디어에 매료되었죠. 튜링이 박사 학위를 얻기 위해 프린스턴에 머문 시간은 후에 '컴퓨터의 아버지'라고 불리는 두 사람이 한자리에 모여 생각을 나누는 시간이었습니다.

암호 해독 업적을 인정받지 못한 영웅들

튜링이 박사 학위를 받은 1938년, 히틀러가 이끄는 독일이 점차 세력을 키워가면서 유럽에는 전운이 감돌았습니다. 마침내 1939년 8월, 독일의 폴란드 침공으로 제2차 세계대전이 시작되었습니다. 네덜란드와 벨기에, 프랑스가 차례로 항복하고 영국도 위험에 처했습니다. 프린스턴대학에 더 있어달라는 폰 노이만의 제안을 정중히 거절한 튜링은 전쟁의 위기에 처한 자신의 조국, 영국으로 돌아왔습니다.

당시 독일 잠수함은 영국 전투함이나 선박을 침몰시켜 영국에 큰 피해를 입혔기 때문에, 영국으로선 독일군 지휘부와 독일 잠수함 사이에 주고받는 암호를 푸는 일이 시급했습니다. 그래서 영국의 최고

대학인 케임브리지와 옥스퍼드 사이에 있는 블레츨리 파크에 암호 해독을 위한 특별 연구소를 꾸렸습니다. 여러 과학자, 수학자 외에 퍼즐을 잘 푸는 이들을 찾는다는 신문광고를 내고 사람들을 이곳에 모았죠. 프린스턴에서 학위를 받고 돌아온 튜링과 그에게 괴델의 증명을 소개했던 뉴먼 교수도 이 연구소에서 일하게 되었습니다.

독일군은 그리스어로 수수께끼라는 뜻의 '에니그마(Enigma)'라는 암호 기계를 사용했는데, 생성하는 경우의 수가 수억 개에 달해 사람이 직접 암호를 푸는 일은 불가능한 일이었습니다. 튜링은 암호 해독을 자동화할 수 있는 전기 기계식 계산기 봄베(Bombe)를 설계했고, 이에 따라 만들어진 암호 해독기 봄베는 빠른 속도로 독일군의 에니그마 암호문을 풀어냈습니다.

하지만 자신들의 암호문이 해독되고 있다는 걸 눈치챈 독일군도 가만히 있지 않았습니다. 1943년, 기존의 에니그마보다 강화된 암호 체계를 사용해 봄베를 무력화시켰습니다. 영국군은 튜링의 봄베를 개선해서 1943년 12월, 새로운 암호 해독기 '콜로서스(colossus)'를 만들었습니다. 1944년 봄, 영국은 콜로서스를 이용해 독일군의 교신 암호를 푸는 데 성공했습니다. 제2차 세계대전을 연합국의 승리로 이끈 노르망디 상륙작전도 콜로서스 덕분에 가능했습니다.

전쟁 당시 여러 대의 콜로서스가 사용되었지만, 영국은 그 존재를

블레츨리 파크에 위치한 영국 국립 컴퓨팅 박물관에 복원된 암호 해독기 봄베(왼쪽). 복원된 암호 해독기 봄베의 뒷부분(오른쪽). Photo ⓒ Antoine Taveneaux (Wikimedia)

숨겼습니다. 강력한 암호 해독기인 콜로서스의 존재가 알려지면 보안에 위협이 될 거라 여긴 거지요. 이런 이유로 전쟁이 끝난 뒤 블레츨리 파크 연구원들은 봄베와 콜로서스 기계 및 설계도를 모두 스스로 폐기해야 했고, 관련 연구 내용을 절대 비밀로 한다는 서약까지 해야 했습니다. 콜로서스는 세계 최초의 프로그래밍 가능한 전자 디지털 컴퓨터였지만, 1970년대 중반까지 존재 자체가 비밀에 부쳐졌기 때문에 관련 연구자들은 생전에 초기 컴퓨터 개발에 참여했다는 업적을 인정받지 못했습니다. 전쟁을 승리로 이끌고 미래를 연 영웅들의 활약이 비밀로 묻힌 겁니다.

미국, 컴퓨터 개발에서 앞서가다

제2차 세계대전 동안 군사적 용도로 컴퓨터가 유용하게 사용되는 것을 경험한 영국과 미국은 본격적으로 컴퓨터 개발에 뛰어들었습니다. 콜로서스를 제작하고 암호 해독에 직접 사용한 영국은 가장 앞서 나가고 있었지만 군사기밀로 했기 때문에 표면적으로는 미국이 앞서고 있었습니다.

1943년 미 육군의 의뢰로 개발이 시작된 에니악(ENIAC)은 본래 수소폭탄의 탄도 계산을 위한 계산기였습니다. 하지만 에니악은 제2차 세계대전이 종전된 이후 완성되어 실제 전쟁용으로 활용되지는 않았습니다. 펜실베이니아대학의 모클리(John William Mauchly)와 에커트(John Presper Eckert)가 개발한 에니악은 1946년에야 언론에 공개되었습니다. 높이 5.5m, 길이 24.5m, 무게 30톤, 여기에 18,000여 개의 진공관이 사용되는 이 거대한 컴퓨터를 당시 언론 보도에서는 '거대뇌(Giant Brain)'라고 표현했다고 하네요. 그런데 에니악은 작업 내용

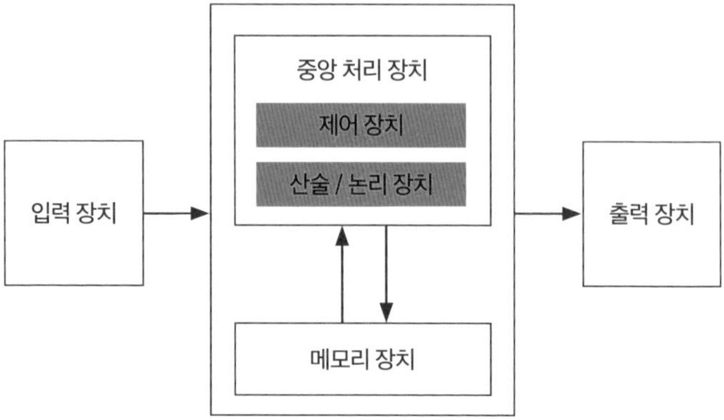

폰 노이만 구조. 이 기본 구조는 이후 모든 컴퓨터 설계의 모범이 되었다.

에 따라 전기회로 배선을 바꿔야 하는 불편한 방식이었고 2진법이 아닌 10진법을 기반으로 제작된 것이었습니다.

사실 에니악 개발자들은 이런 문제점을 알고 있었지만 개발을 진행하는 중에 설계를 뒤엎고 다시 만들 수 없어서 문제점을 개량한 차기 모델 에드박(EDVAC)의 설계를 동시에 진행했습니다. 에드박의 설계가 시작된 건 1944년 8월이었는데, 1945년에 프린스턴 고등연구소의 천재 수학자이자 물리학자 폰 노이만이 자문으로 참여하게 되었습니다. 튜링 머신을 이해하고 있던 폰 노이만은 데이터는 물론 컴퓨터의 명령도 코드로 만들어 컴퓨터에 입력하자고 제안했습니다. 프로그래밍을 컴퓨터 내부에서 처리할 수 있는 새로운 구조의 컴퓨터를 제안한 겁니다.

개발자들과 논의가 끝난 후 폰 노이만은 관련 내용을 정리해서 〈에드박 보고서 1차 초안〉을 작성했습니다. 100쪽 분량의 이 보고서는 타자기로 복사본 몇 부가 만들어져 공개되었는데, 표지에 폰 노이만의 이름만 적혀 있어서 이 보고서에 기록된 내장형 프로그램 컴퓨터 구조는 그의 이름을 따서 '폰 노이만 구조'라고 불리게 되었습니다. 잠깐 참여해 아이디어를 보탠 폰 노이만이 모든 걸 다 한 것처럼 알려지게 된 거죠.

영국, 미국의 뒤를 따르다

사실 영국의 컴퓨터 개발은 1820년대로 거슬러 올라갑니다. 찰스 배비지(Charles Babbage)는 영국 정부의 지원을 받아 기계식 계산기 차분기관(differential engine)을 만들었고, 그 원리를 바탕으로 최초의 자동 계산기 해석기관(analytical engine)을 설계했습니다. 물론 당시 예산과 기술 부족으로 해석기관은 완성되지 못했지만 말입니다.

제2차 세계대전이 끝난 후, 영국 국립물리연구소는 해석기관의 뒤를 잇는 컴퓨터를 개발한다는 의미로 '자동 계산 장치 에이스(ACE, Automatic Computing Engine)'란 프로젝트를 시작했습니다. 연구소 담당자는 가장 먼저 미국에서 어떤 컴퓨터가 개발되고 있는지 조사했습니다. 에니악을 직접 눈으로 보고 폰 노이만의 이름이 적힌 〈에드박 보고서 1차 초안〉까지 얻어 온 연구소 담당자는 돌아오자마자 이 프로젝트의 책임자로 튜링을 초빙했습니다. 연구소 담당자가 튜링의 보편 만능 기계에 대해 알고 있었던 터라 적임자를 찾을 수 있었던 겁니다.

튜링은 이 프로젝트를 통해 자신이 고안한 보편 만능 기계를 직접 만들고자 했습니다. 그뿐만 아니라 인간의 뇌와 비슷한 기능을 하는 기계를 만드는 것이 가능한지에 대해서도 깊게 파고들어 갔습니다. 1946년 2월, 튜링이 작성해서 제출한 프로젝트 제안서에는 자동 계산 장치 에이스의 세부 구성과 성능, 1만 2,200파운드의 비용까지 구체적으로 명시되어 있었습니다. 하지만 실용화 여부가 불투명하고 예산이 충분하지 않다는 이유로 이 제안서는 반려되고 말았습니다. 블레츨리 파크에서의 연구를 비밀로 해야 하는 상황에서 자동 계산 장치 개발의 중요성을 주장해서 예산위원회를 설득하기가 쉽지 않았던 것으로 보입니다. 자신의 아이디어를 기반으로 한 컴퓨터가 미국에서는 이미 만들어지고 있는데, 정작 조국인 영국에서는 지체되는 이런 상황이 튜링으로서는 무척 답답했을 듯합니다.

폰 노이만의 에드박 보고서는 케임브리지대학에도 영향을 끼쳤습니다. 케임브리지 수학연구소가 에드박 설계를 기반으로 대학에서 사용할 수 있는 소형 컴퓨터 에드삭(EDSAC) 제작에 들어간 겁니다. 간단히 말하면 영국판 에드박을 만들려고 한 거죠. 에이스를 지원하지 않았던 국립물리연구소가 에드삭 개발은 지원하는 것을 보면서 튜링은 크게 실망했던 것 같습니다. 결국 1948년, 튜링은 국립물리연구소를 떠나 대학원과 블레츨리 파크에서 함께했던 뉴먼 교수가 있는 맨체스터대학으로 자리를 옮깁니다.

기계도 생각할 수 있을까? - 튜링 테스트

튜링은 맨체스터대학에서도 새로운 컴퓨터 개발과 관련된 연구를 계속했습니다. 당시 개발되는 컴퓨터들은 수학적 계산을 빠르게 처리하는 데에 초점이 맞춰져 있었지만, 튜링은 시야를 넓혀 체스 게임이나 퍼즐 풀이 등 더 다양한 일에 컴퓨터를 사용하는 방법을 고민하기 시작했습니다. 이미 블레츨리 파크에서 계산기를 단순 계산이 아닌 암호 해독이라는 다른 분야의 일에 사용했던 튜링이라서 가능했던 거죠. 튜링의 최종적인 목표는 '생각하는 컴퓨터', 즉 인공지능 컴퓨터를 만드는 것이었습니다.

'지능'에 대한 명확한 답이 없는 상황에서 무엇이 인공지능인지 정

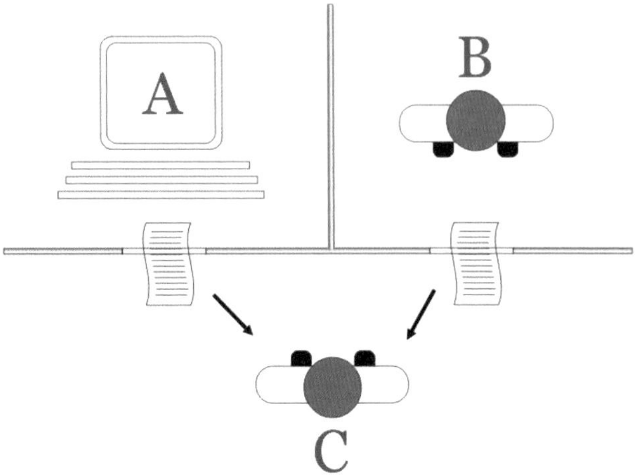

튜링 테스트. 질문자인 C는 A와 B 중 어느 쪽이 컴퓨터인지 사람인지 판별해야 한다.
ⓒJuan Alberto Sánchez Margallo (Wikimedia)

하는 건 불가능합니다. 튜링은 일단 컴퓨터가 사람이 보기에 생각하는 것처럼 보이면 '생각하는 컴퓨터'로 치자고 했습니다. 컴퓨터와 사람이 자연스럽게 대화를 주고받을 수 있다면 그 컴퓨터도 지능, 정확하게는 인공지능을 지녔다고 보자는 거죠. 1950년 발표된 그의 논문 〈컴퓨터 기계와 지능〉에는 컴퓨터가 인공지능을 갖췄는지 판별하는 실험인 '튜링 테스트'가 제시되어 있습니다.

'튜링 테스트'의 내용은 이렇습니다. 테스트를 위해서 질문자(C)와 질문에 대답하는 컴퓨터(A)와 사람(B)이 있어야 합니다. 질문자는 A와 B 중 어느 쪽이 컴퓨터인지 모르는 상태에서 질문을 던집니다. 질문과 대답은 문자나 팩스 등 통신으로만 이루어져야 합니다. 이런 조건에서 이루어지는 질문과 답변을 통해 질문자가 어느 쪽이 컴퓨터인지 판별할 수 없다면 컴퓨터는 테스트를 통과한 것입니다. 다시 말해, 컴퓨터가 사람인 척 대답을 했을 때 질문자가 사람인지 아닌지 구분하지 못하고 컴퓨터에 속아 넘어간다면 지능을 갖췄다고 보는 겁니다.

물론 튜링도 논문을 발표하던 당시에는 이런 컴퓨터가 불가능하지만, 2000년까지는 작업 처리 속도와 저장 능력이 획기적으로 개선되어 스스로 배우고, 스스로 프로그램을 바꾸는 컴퓨터가 나올 것이라 예측했습니다. 튜링의 이 논문은 인공지능의 개념적 기반을 제공했고, 튜링 테스트는 인공지능을 판별하는 기준이 되었습니다.

비운의 천재

컴퓨터 시대를 여는 천재로 사람들의 주목을 받던 튜링은 1951년, 동성애자라는 사실이 밝혀지면서 보수적인 영국 사회에서 추방되었습니다. 동성애 혐의로 고소된 튜링은 징역형과 화학적 거세형 중 하나를 선택해야 했습니다. 감옥에서는 연구를 할 수 없을 거라 생각했던 튜링은 수감되는 대신 화학적 거세형을 선택했습니다. 호르몬 치료 때문에 튜링의 정신은 피폐해졌습니다. 게다가 소련의 스파이라는 의혹까지 받게 되자 더이상 삶을 지탱하기 힘들어졌습니다. 결국 1954년, 42세의 튜링은 시안화칼륨(청산가리)을 주사한 사과를 베어 먹음으로써 스스로 목숨을 끊었습니다. 너무 일찍 미래를 내다본 천재의 안타까운 죽음이었죠.

1977년부터 1998년까지 애플의 로고는 무지개 빛깔의 '한 입 베어 먹은 사과'였습니다. 이 사과가 무엇을 뜻하는지에 대해서는 의견이 분분합니다. 성경 속의 맨 처음 창조된 여자 하와가 따서 먹고 눈이 밝아진 에덴동산의 선악과를 상징한다고도 하고, 나무에서 떨어진 사과를 보고 만유인력의 법칙을 발견한 뉴턴을 기념하는 것이라고도 합니다. 컴퓨터공학 전공자들 사이에선 컴퓨터 이론을 확립한 튜링의 죽음을 추모하는 의미라는 설이 가장 그럴듯하게 받아들여지고 있습니다. 애플에서는 그 어떤 의미도 가지고 있지 않다고 이야기하고 있지만, 인류에게 편리한 도구를 만들어주고도 외롭게 죽음을 맞은 비운의 천재를 추모하는 의미를 담은 것이어도 좋겠다는 생각이 듭니다.

수학
외전

전쟁과 수학

전쟁은 많은 인명과 재산 피해를 발생시키지만 다양한 수학, 과학기술의 발전을 가져오기도 합니다. 제2차 세계대전에서 독일군의 암호를 해독하기 위한 노력은 최초의 컴퓨터 콜로서스의 발명으로 이어졌습니다. 1946년 미국이 만든 컴퓨터 에니악은 원래 대포의 탄도를 계산할 목적으로 개발되었습니다. 수학이 전쟁에 어떻게 이용되어 왔는지 잠깐 살펴보겠습니다.

아르키메데스의 포물선 거울

알렉산드리아 시대의 대표 수학자인 아르키메데스는 외부로부터 자주 침입을 당하던 고향 시라쿠사를 지키기 위해 다양한 전쟁 무기를 개발했습니다. 아르키메데스가 포물선 모양으로 설치한 거울로 태양 빛을 반사해 쳐들어온 로마 전함에 불을 붙였다는 이야기도 전해집니다. 기하학 원리를 활용한 멋진 사례지만, 과연 실제 있었던 일인지 의문이 제기되기도 해서 실

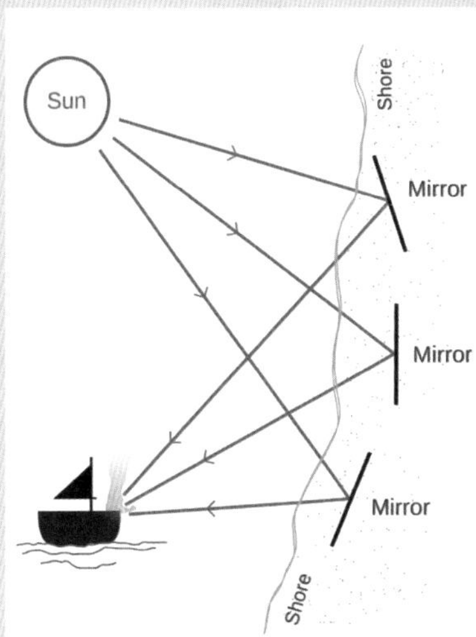

아르키메데스의 열 광선 개념도.
ⓒ Tablizer at English Wikipedia

험으로 증명해보려는 시도도 있었습니다. 거울 대신 윤이 나는 청동이나 구리 방패를 대규모로 늘어놓아 햇빛을 적의 배에 집중시키면 불이 붙을 수도 있었을 거라 생각되고 있습니다.

포병장교 나폴레옹

어릴 때부터 수학을 잘했던 나폴레옹은 육군사관학교를 거쳐 포병장교가 되었습니다. 1793년 당시 24세였던 나폴레옹은 프랑스 남부 항구에서 영국군과의 전투를 치르게 되었습니다. 나폴레옹의 직속상관은 칼과 총으로써 맞붙어 싸워서 영국군의 요새를 차지하려 했지만 역부족이었습니다. 나폴레옹은 적과 거리를 두고 싸울 방법을 찾았습니다. 칼과 총 대신에 경량포를 절벽 위로 옮겨놓고 영국군을 향해 포탄을 퍼붓는 전략을 썼던 겁니다. 수학을 잘해서 등고선 지도와 포탄의 궤적을 이해하는 나폴레옹이었기에 가능한 전략이었지요. 영국군과의 첫 전투에서 승리한 나폴레옹은 이후 지도자로서 부각되었고 후에 황제의 자리까지 오르게 됩니다.

에두아르 디테일레(Édouard Detaille, 1848~1912),
〈툴롱 공성전에 참전한 나폴레옹〉(1793)

통계학자 나이팅게일

백의의 천사로 더 익숙한 영국의 플로렌스 나이팅게일. 그녀는 크림전쟁에서 야전병원 간호사로 활동하면서 위생 상태가 부상자의 사망률에 큰 영향을 끼친다는 걸 알아챘습니다. 통계를 통해 이를 입증한 나이팅게일은 여러 숫자들을 한눈에 파악할 수 있도록 도표와 그림으로 정리해 800쪽이 넘는 통계보고서를 작성했습니다. 정책을 결정하는 공무원이 쉽게 이해할 수 있도록 방대한 통계자료를 압축적으로 표현한 그림 덕분에 나이팅게일은 야전병원 시설 개선에 필요한 지원을 받을 수 있었습니다. 야전병원의 위생 상태를 개선하자 6개월 만에 부상자의 사망률이 42%에서 2%로 대폭 감소했습니다. 통계학으로 많은 이들의 생명을 구한 나이팅게일은 1858년 영국 왕립통계학회 최초의 여성 회원으로 선출되었습니다.

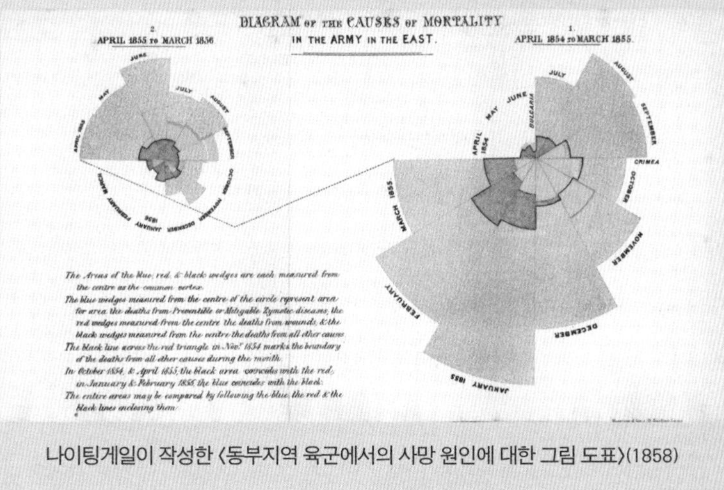

나이팅게일이 작성한 〈동부지역 육군에서의 사망 원인에 대한 그림 도표〉(1858)

지도와 연표로 보는 수학사

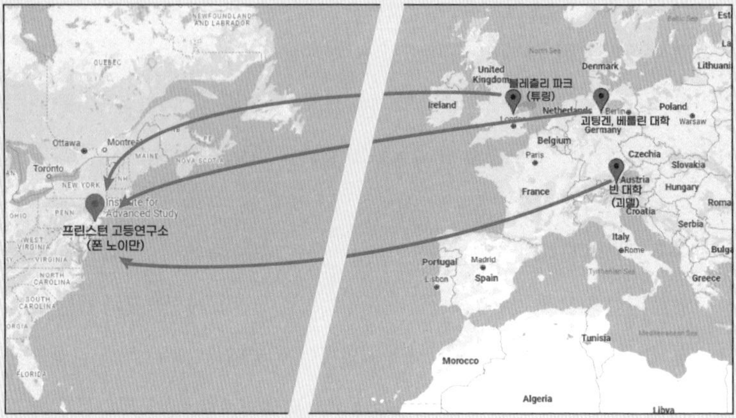

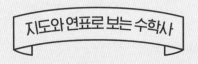

수학자들의 새 둥지, 프린스턴 고등연구소

독일 나치 정권의 박해로 유럽의 과학과 수학 명문으로 불리던 괴팅겐대학과 베를린대학, 빈대학 등은 쇠퇴의 길을 걷게 되었습니다. 나치의 핍박을 피해 많은 학자들이 미국으로 망명했고, 이로써 학문의 중심이 유럽에서 미국으로 바뀌었습니다.

1930년 5월 20일, 미국 뉴저지주 프린스턴에 지어진 민간 연구소가 학문의 중심지로 떠올랐습니다. 연구소 설립 실무와 초대 연구소장을 맡은 플렉스너(Abraham Flexner)는 당시 세계적인 명성을 떨치고 있던 수학자, 물리학자 다섯 명을 교수로 초빙했고, 마침 유럽 전역에 몰아치던 나치로부터 피난처를 찾던 저명한 학자들이 이곳으로 모여들었습니다.

아인슈타인은 이곳에서 통일장 이론을 연구했고, 폰 노이만이 초청한 괴델은 이곳에서 아인슈타인과 절친이 되어 함께 연구했습니다. 맨해튼 프로젝트의 연구 책임자 오펜하이머도 이곳 소속이었습니다. 후에 오펜하이머는 고등연구소 소장까지 지내게 되죠. 영화 <뷰티풀 마인드>의 실제 인물이자 게임 이론을 발전시켜 노벨 경제학상을 받은 존 내쉬(John Nash), 페르마의 마지막 정리를 해결한 영국의 수학자 앤드루 와일즈도 이곳을 거쳐간 세계적인 학자입니다.

고등연구소의 종신교수로 초빙되면 학생 지도나 강의하는 데에 시간을 쓰지 않고 온전히 자신이 하고 싶은 연구를 할 수 있습니다. 폰 노이만과 아인슈타인은 고등연구소에서 이런 혜택을 처음으로 받은 사람들이었습니다. 매년 세계 각국에서 1,500명 이상의 연구자들이 마음껏 연구할 수 있는 방문 교수 자격을 얻고자 신청하고, 엄정한 공개 경쟁을 통해 200명 미만이 선발된다고 합니다. 덕분에 1935년부터 프린스턴 고등연구소는 세계 수학계를 이끌어왔고 현재도 세계 순수과학 연구의 중심지로 여겨지고 있습니다.

연표

1903년 존 폰 노이만 출생

1906년 쿠르트 괴델 출생

1912년 앨런 튜링 출생

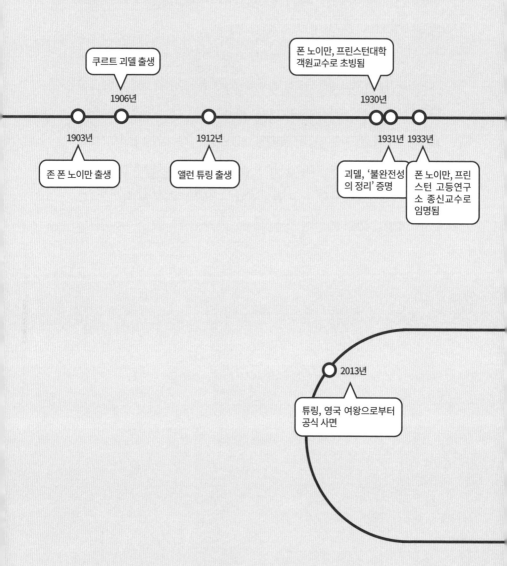

1930년 폰 노이만, 프린스턴대학 객원교수로 초빙됨

1931년 괴델, '불완전성의 정리' 증명

1933년 폰 노이만, 프린스턴 고등연구소 종신교수로 임명됨

2013년 튜링, 영국 여왕으로부터 공식 사면

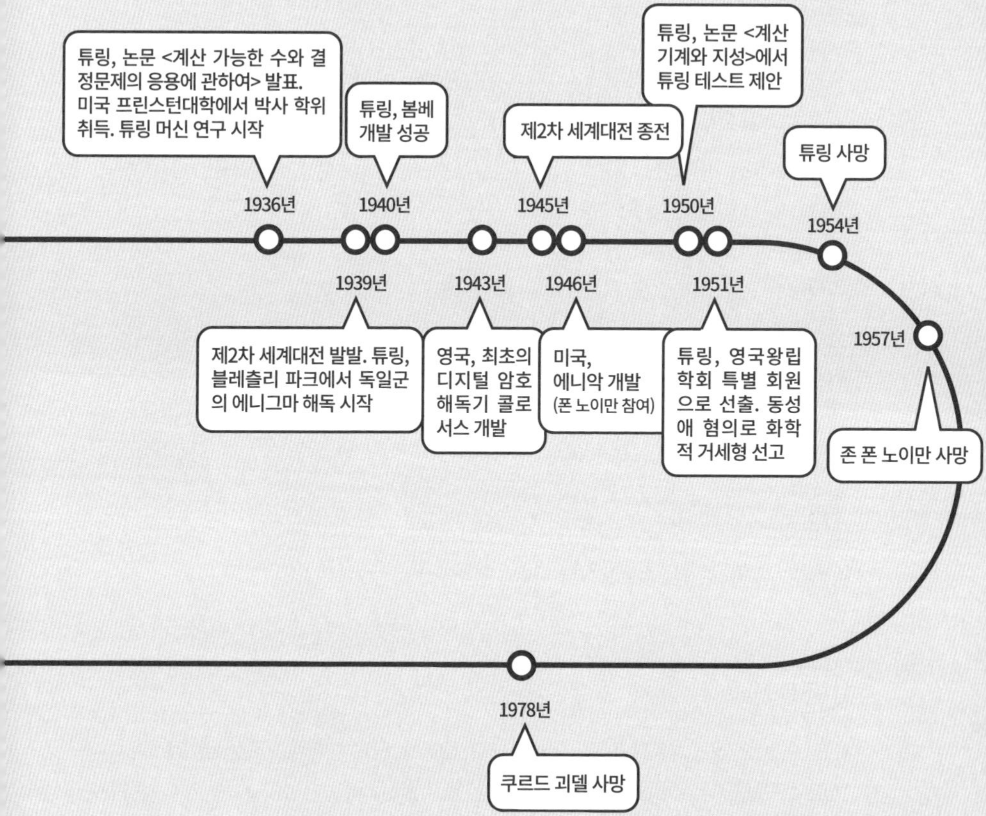
1936년
튜링, 논문 <계산 가능한 수와 결정문제의 응용에 관하여> 발표. 미국 프린스턴대학에서 박사 학위 취득. 튜링 머신 연구 시작
1939년
제2차 세계대전 발발. 튜링, 블레츨리 파크에서 독일군의 에니그마 해독 시작
1940년
튜링, 봄베 개발 성공
1943년
영국, 최초의 디지털 암호 해독기 콜로서스 개발
1945년
제2차 세계대전 종전
1946년
미국, 에니악 개발 (폰 노이만 참여)
1950년
튜링, 논문 <계산 기계와 지성>에서 튜링 테스트 제안
1951년
튜링, 영국왕립학회 특별 회원으로 선출. 동성애 혐의로 화학적 거세형 선고
1954년
튜링 사망
1957년
존 폰 노이만 사망
1978년
쿠르드 괴델 사망

참고문헌

수학사 전반에 관해 참고한 책들

《수학을 만든 사람들 상, 하》 E.T. 벨 지음, 안재구 옮김, 미래사

《수학의 역사》 데이비드 벌린스키 지음, 김하락·류주환 옮김, 을유문화사

《문명과 수학》 리처드 만키에비츠 지음, 이상원 옮김, 경문사

《수학의 확실성 : 불확실성 시대의 수학》 모리스 클라인 지음, 심재관 옮김, 사이언스북스

《수학사 대전》 김용운·김용국 지음, 경문사

《김용운의 수학사》 김용운 지음, 살림

《수학의 파노라마》 클리퍼드 픽오버 지음, 김지선 옮김, 사이언스북스

《BIG QUESTION 수학 : 사진으로 이해하는 수학의 모든 것》 조엘 레비 지음, 오혜정 옮김, 지브레인

《알수록 재미있는 수학자들 : 고대에서 근대까지, 근대에서 현대까지》 김주은 지음, 지브레인

《피보나치의 토끼 : 수학 혁명을 일으킨 50가지 발견》 애덤 하트데이비스 지음, 임송이 옮김, 시그마북스

《한 권으로 이해하는 수학의 세계》 콜린 베버리지 지음, 김종명 옮김, 북스힐

《수학의 스캔들》 테오니 파파스 지음, 이만근·고석구 옮김, 경문사

PART 01

《피타고라스의 정리 : 4천년 비밀의 역사》 엘리 마오 지음, 전남식·이동흔 옮김, 영림카디널

《신은 수학자인가?》 마리오 리비오 지음, 김정은 옮김, 열린과학

《서양의 지혜》 버트런드 러셀 지음, 이명숙·곽강제 옮김, 서광사

《익투스 153》 여인갑 지음, 24Harmony

PART 02

《유클리드의 창 : 기하학 이야기》 레오나르드 믈로디노프 지음, 전대호 옮김, 까치

PART 03

《지혜의 집, 이슬람은 어떻게 유럽 문명을 바꾸었는가》 조너선 라이언스 지음, 김한영 옮김, 책과함께

PART 04

《수학자 피보나치 : 그는 어떻게 역사를 바꾸었는가》 키스 데블린 지음, 전대호 옮김, 해나무

PART 05

《그림으로 보는 과학의 숨은 역사》 홍성욱 지음, 책세상

<루카 파치올리(2016)> 김성숙·강미경, 한국수학사학회지 29권 3호 p.173~190

《세계가 놀란 개성회계의 비밀》 전성호 지음, 한국경제신문

PART 06

《수학기호의 역사 : 상징의 기원을 탐구하는 매혹적인 여정》 조지프 마주르 지음, 권혜승 옮김, 반니

《데카르트의 비밀 노트》 아미르 D. 악젤, 김명주 옮김, 한겨레출판

PART 07

《페르마의 마지막 정리(2003)》 사이먼 싱 지음, 박병철 옮김, 영림카디널

《파스칼 평전 : 시대를 뛰어넘은 한 천재의 성찰과 삶》 권수경 지음, 이새

PART 08

《수학자 대 수학자》 핼 헬먼 지음, 노태복 옮김, 경문사

《뉴턴의 시계 : 과학혁명과 근대의 탄생》 에드워드 돌닉 지음, 노태복 옮김, 책과함께

《수학자들의 전쟁 : 수학사상 가장 흥미로웠던 뉴턴과 라이프니츠의 미적분 경쟁》 이광연 지음, 프로네시스

PART 09

《신의 방정식 오일러 공식 : 세상에서 가장 아름다운 공식 다섯 숫자의 비밀을 풀다》 데이비드 스팁 지음, 김수환 옮김, 동아엠앤비

《우리 모두의 수학자 오일러》 윌리엄 던햄 지음, 김영주·김지영 옮김, 경문사

PART 10

《소설 가우스 : 세상에서 가장 위대한 수학자 이야기!》 마거릿 텐트 지음, 김호일·이혜은 옮김, 일출봉

PART 11

《무한으로 가는 안내서 : 가없고 끝없고 영원한 것들에 관한 짧은 기록》 존 배로 지음, 전대호 옮김, 해나무

《무한의 신비 : 수학, 철학, 종교의 만남》 애머 액젤 지음, 신현용·승영조 옮김, 승산

《수학자 대 수학자》 핼 헬먼 지음, 노태복 옮김, 경문사

《로지코믹스 : 버트런드 러셀의 삶을 통해보는 수학의 원리》 글 아포스톨로스 독시아디스·크리스토스 H. 파파디미트리우, 그림 알레코스 파파다토스·애니 디 도나, 전대호 옮김, 랜덤하우스코리아

PART 12

《계산기는 어떻게 인공지능이 되었을까? : 주판에서 알파고까지 거의 모든 컴퓨팅의 역사》 더멋 튜링 지음, 김의석 옮김, 한빛미디어

《컴퓨터과학이 여는 세계 : 세상을 바꾼 컴퓨터, 소프트웨어의 원천 아이디어 그리고 미래》 이광근 지음, 인사이트

《앨런 튜링 : 생각하는 기계, 인공지능을 처음 생각한 남자》 글 짐 오타비아니, 그림 릴런드 퍼비스, 김아림 옮김, 푸른지식

《앨런 튜링 지능에 관하여》 앨런 튜링 지음, 노승영 옮김, 에이치비프레스

《수학자, 컴퓨터를 만들다 : 라이프니츠에서 튜링까지》 마틴 데이비스 지음, 박정일·장영태 옮김, 지식의풍경

《너무 많이 알았던 사람 : 앨런 튜링과 컴퓨터의 발명》 데이비드 리비트 지음, 고중숙 옮김, 승산

색 인

미치도록 기발한 수학 천재들

2022년 07월 25일 초판 01쇄 발행
2024년 11월 01일 초판 06쇄 발행

지은이 송명진

발행인 이규상 편집인 임현숙
편집장 김은영 책임편집 강정민
콘텐츠사업팀 문지연 강정민 정윤정 원혜윤 이채영
디자인팀 최희민 두형주
채널 및 제작 관리 이순복 회계팀 김하나

펴낸곳 (주)백도씨
출판등록 제2012-000170호(2007년 6월 22일)
주소 03044 서울시 종로구 효자로7길 23, 3층(통의동 7-33)
전화 02 3443 0311(편집) 02 3012 0117(마케팅) 팩스 02 3012 3010
이메일 book@100doci.com(편집·원고 투고) valva@100doci.com(유통·사업 제휴)
포스트 post.naver.com/black-fish 블로그 blog.naver.com/black-fish
인스타그램 @blackfish_book

ISBN 978-89-6833-386-6 03410